तापलेल्या पृथ्वीची गोष्ट

डॉ. गुरुदास नूलकर

सकाळ प्रकाशन

सकाळ प्रकाशन

Taplelya Pruthvichi Goshta

तापलेल्या पृथ्वीची गोष्ट

प्रथम आवृत्ती	:	जून, २०२६
प्रकाशक	:	सकाळ मीडिया प्रा. लि. ५९५, बुधवार पेठ, पुणे ४११ ००२.
संपादन	:	इरावती बारसोडे
मुद्रितशोधन	:	अश्विनी महाजन
मुखपृष्ठ	:	संतोष घोंगडे
आतील चित्रे	:	कृत्रिम बुद्धिमत्ता निर्मित
मांडणी	:	अरविंद आरती विष्णू राजंदेकर
ISBN	:	978-93-47138-65-2
संपर्क	:	९८८१५ ९८८१५/८८८८८ ४९०५० sakalprakashan@esakal.com

अर्पण पत्रिका

परिसरविज्ञान आणि निसर्ग संवर्धन या विषयातील माझे गुरू

प्रा. माधव गाडगीळ आणि **प्रा. प्रकाश गोळे**

आणि

माझ्या शाश्वत विकासाच्या अभ्यासाच्या वाटचालीला मोलाचा आधार देणारे

माझे मित्र **श्री. रवी पंडित**

यांच्या स्मृतीस

प्रस्तावना

हवामान बदलावरचे चांगले पुस्तक एकाच वेळी दोन गोष्टी करते. पहिली म्हणजे वाचकाची बुद्धिमत्ता गृहीत धरते, म्हणजे पातळी घसरू न देता सोप्या भाषेत मांडणी करते, आणि दुसरे म्हणजे तांत्रिक भाषा वापरून वाचकावर बोजा टाकत नाही. लेखक या पुस्तकात वैज्ञानिक मांडणी करतात, पण वाचकाला घाबरवत नाहीत; तातडी दाखवतात, पण नैराश्य नाही; उपाय सुचवतात, पण सूर उपदेशक नसतो. डॉ. गुरुदास नूलकर यांचे 'तापलेल्या पृथ्वीची गोष्ट' हे पुस्तक नेमके असेच आहे, आणि तेही मराठीत, अत्यंत स्वच्छ भाषेत.

या पुस्तकाची रचना पाहूनच लेखकाचा हेतू स्पष्ट होतो. सुरुवात होते 'हवामान बदल म्हणजे काय?'यापासून. मग 'आपलं हवामान इतक्या वेगाने का बदलत आहे?' नंतर 'निसर्ग कार्बन शोषण कसा करतो?', 'आपला ग्रह गरम होत आहे हे आपल्याला कसे कळते?' या प्रश्नांची उत्तरे देऊन नूलकर पुढे 'परिणाम कुठे दिसतील?' हे स्पष्ट करतात, आणि शेवटी 'आपण काय करू शकतो?' म्हणजे वाचकाला चर्चेकडून कृतीकडे नेत त्यातील आशा स्पष्ट करतात. ही मांडणी केवळ एखाद्या अभ्यासक्रमासारखी नाही, तर ती जीवनाशी जोडलेली आहे. हवामान बदल हा परीक्षेचा प्रश्न नसून आपल्या जगण्याचा प्रश्न आहे, हे पुस्तकाच्या रचनेतून दिसते.

लेखकाची ओळख

या पुस्तकाची प्रस्तावना लिहिताना लेखकाबद्दलही थोडे सांगणे मला आवश्यक वाटते. गुरुदास नूलकर यांना जवळून ओळखणाऱ्यांना ठाऊक असेल, की त्यांच्या कामात एक खास गुणधर्म आहे. त्यांच्यात अभियंत्याची व्यावहारिकता आणि सामाजिक कार्यकर्त्याची तळमळ आहे. ते उत्साही आहेत, ध्येयवादी आहेत, बुद्धिमान आहेत आणि जमिनीवर राहून काम करणारे आहेत. पण त्याहून महत्त्वाचे म्हणजे, ते अस्वस्थ आहेत, चांगल्या अर्थाने अस्वस्थ आहेत. संसाधनांचा अपव्यय, प्रदूषण आणि निसर्गसंपत्तीचा बेफिकीर ऱ्हास आपण 'नॉर्मल' मानू लागलो आहोत, याबाबतीत त्यांची अस्वस्थता आहे.

त्यांच्याविषयी हे येथे सांगण्याची गरज वाटते, कारण हवामान बदल हा वैज्ञानिक मुद्दा नसून तो आपल्या दैनंदिन जीवनातील निवडींची निष्पत्ति आहे. आपले वैयक्तिक, सामूहिक, तांत्रिक आणि राजकीय निर्णय यावर प्रभाव पाडतात. गुरुदास यांचे स्वतःच्या उपजीविकेचे निर्णय या संदेशाचे प्रतीक आहेत. प्रशिक्षणाने अभियंता आणि उद्योजक म्हणून त्यांनी यशस्वी व्यवसायही उभारला, आणि पुढे ते पूर्ण ताकदीने हवामान बदल, हरित जीवनशैली, चक्राकार अर्थव्यवस्था आणि नैसर्गिक संसाधनांचे संरक्षण या उद्दिष्टांवर ताकदीने काम करत आहेत. त्यांनी अनेक महत्त्वाचे सामाजिक प्रकल्प हातात घेतले आहेत; केवळ कागदावर नव्हे, तर प्रत्यक्षात बदल घडवणारे.

आज ते ज्या प्रकल्पांचे नेतृत्व करतात, त्याचा आवाका शाश्वत विकासाच्या वाटचालीत महत्त्वाचा आहे. एखादे गाव 'नेट-झीरो' करणे म्हणजे फक्त त्याची घोषणा करणे इतकेच नाही, तर त्यात अनेक गोष्टींचा समावेश असतो. गावातील उत्सर्जनाचे शास्त्रीय मोजमाप करणे, ऊर्जेच्या पुरवठासाखळीचा अभ्यास करणे, ग्रामस्थांना सहभागी करून घेणे आणि दीर्घकाळ टिकेल अशी संस्थात्मक प्रक्रिया बसवून देणे. हा प्रकल्प मुळशी तालुक्यातील एका गावात ते आणि त्यांचे सहकारी राबवत आहेत. कोकणातील मासेमारी ट्रॉलरमधून वापरलेले जळके तेल बाहेर पडते आणि समुद्रात त्याचे मोठे प्रदूषण होते. जलचर आणि मच्छीमार समुदायासाठी हे धोक्याचे आहे. यावर त्यांनी संशोधन केले आणि जळक्या तेलाची पुनर्चक्रण प्रणाली कोकणात स्थापित केली. यामुळे सागरी प्रदूषण आणि तेलाचा अपव्यय या दोन्ही गोष्टींवर मात केली. ही गोष्ट वाटते लहान, पण हजारो बोटी आणि अनेक लिटर जळके तेल समुद्रात वर्षानुवर्षे पडले, तर त्याचा मोठा परिणाम होतो. असाच त्यांचा आणखी एक प्रकल्प आहे - ओसाड जमिनीवर विशिष्ट गवताची शेती करणे व त्यापासून हायड्रोजन तयार करणे. ग्रामीण भागाच्या ऊर्जा संक्रमणाच्या वाटेवर हा महत्त्वाचा प्रकल्प आहे. त्यांची ही कामे फक्त तांत्रिक नाहीत, तर हे प्रकल्प सहकार्य, जनजागृती, संस्था-उभारणी आणि मानवी वर्तन बदलणारे आहेत.

त्याचबरोबर पुण्याच्या नद्यांच्या पुनरुज्जीवनासाठी त्यांची धडपड, मुलांना प्लॅस्टिकपासून दूर राहण्यासाठी प्रोत्साहन देणे, हे काम म्हणजे हवामान बदलाला जागतिक परिषदेत न ठेवता स्थानिक पातळीवर स्वायत्त करण्याचे कार्य आहे. म्हणूनच हे पुस्तक महत्त्वाचे ठरते. ते फॅशन म्हणून लिहिले गेले नाही, तर त्यांच्या कामाच्या अनुभवातून आणि जबाबदारीच्या भावनेतून कागदावर उतरले आहे.

बाजारपेठ व्यवस्था हवामान बदलाच्या संकटातून सोडवू का शकत नाही?

अर्थशास्त्र शिकलेल्यांना आणि धोरणकर्त्यांना असे वाटणे साहजिक आहे, की जर संसाधनांना योग्य किंमत मिळाली, कार्यक्षम करप्रणाली बसवली आणि योग्य अनुदान दिले तर हवामान बदलाचा प्रश्न सुटण्यास मदत होईल. पण हवामान बदल आपल्याला बाजारपेठेच्या मर्यादा स्पष्टपणे दाखवून देतो. सर निकोलस स्टर्न अनेक वर्षांपूर्वी म्हणाले होते, ते आजही तितकेच लागू आहे - हवामान बदल हे बाजारपेठ व्यवस्थेचे सर्वात मोठे अपयश आहे. याचे कारण सोपे आहे. पूर्णपणे कार्बनवर आधारित उत्पादन-उपभोग चक्रातून होणारा पर्यावरणीय तोटा ना उत्पादक भरतात, ना उपभोगकर्त्यांच्या खिशाला त्याचा चिमटा बसतो. हा तोटा सगळ्यांवर लादला जातो, राष्ट्रीय सीमेपलीकडे आणि भावी पिढ्यांपर्यंत त्याचे आघात पोहोचतात. हवामान बदल म्हणजे जणू 'अर्थव्यवस्थेतून बाहेर ठेवला गेलेला खर्च' या संज्ञेची व्याख्याच आहे.

स्टर्न पुढे म्हणतात, की अर्थव्यवस्थेत केवळ कार्बनची किंमत बाहेर ठेवली जात नाही, तर बाजार व्यवस्थेच्या इतर मर्यादांशीसुद्धा ती जोडली गेली असते. आणि म्हणून, तगडा आणि कार्यक्षम धोरणात्मक बदल येथे अनिवार्य आहे. म्हणजे कार्बन कर जरी आवश्यक असला, तरी फक्त तेवढे पुरेसे नाही. बाजार व्यवस्थेत अनेक घटक एकमेकांशी जोडलेले असतात, आणि त्यांच्या परस्पर संबंधांकडे दुर्लक्ष होते. बाजार व्यवस्थेत माहितीचा अभाव असतो, ज्यामुळे ग्राहकांना वस्तूंची पूर्ण माहिती मिळत नाही, विकल्प नसतात, नवकल्पनांसाठी दीर्घकालीन गुंतवणूक मिळणे कठीण जाते, आणि राजकीय किंवा प्रशासकीय विचारांचा प्रभाव असतो. स्टर्न यांनी हेही नमूद केले, की आर्थिक खर्च-हीत मूल्यांकनांमध्ये (कॉस्ट-बेनिफिट ॲनॅलिसिस) तरुणांचे आणि भविष्यातील पिढ्यांच्या उपजीविकेचे मूल्यमापन कमी धरले जाते. हे वाक्य अस्वस्थ करणारे आहे, कारण काही वेळा कॉस्ट-बेनिफिट ॲनॅलिसिसचा वापर करून निष्क्रियतेचे समर्थन करता येऊ शकते.

अशा प्रकारे अत्यंत गुंतागुंतीचा, परस्परावलंबी आणि नैतिकतेत अडकलेल्या हवामान बदलाच्या प्रश्नाला विकेड प्रॉब्लेम, म्हणजे दुष्ट समस्या असे म्हटले जाते. येथे विकेड म्हणजे निराशाजनक नाही, तर त्यातील क्लिष्टता मान्य करून आपण मार्ग काढणे, हा आहे.

भारतीय संदर्भ : पुरावे आपल्या दारात

भारतात हवामान बदल दूर कुठेतरी घडत आहे, अशी परिस्थिती काही आता राहिलेली नाही. मॉन्सूनचे चक्र बदलत आहे. तो कधी उशीरा येतो आहे, तर कधी तीव्रपणे पडतो अशी अनिश्चितता त्यात आली आहे. काही ठिकाणी दुष्काळ वाढला आहे, तर काही ठिकाणी पूर परिस्थितीत वाढ झाली आहे. स्थलांतराची करणे बदलतात; नोकरी किंवा पाण्याच्या टंचाईमुळे ग्रामीण भागातून शहरात स्थलांतर होते. तसेच पक्ष्यांच्या स्थलांतर मार्गांतही बदल झाले आहेत. हिमालयातील हिमनद्यांवर पडलेला हवामान बदलांचा ताण हा काही फक्त निसर्गसौंदर्याचा मुद्दा नाही, तो दीर्घकालीन जलसुरक्षेशी जोडलेला आहे. शहरांमधील अतिसूक्ष्म धुळीचे कण (पार्टिक्युलेट मॅटर) आणि खराब हवा हा तर सामाजिक आरोग्यासाठी मोठा भार ठरत चालला आहे. भारताच्या नद्यांचा ऱ्हास वाढत असल्याचे आपल्याला समोर दिसते आहे. प्रवाहात घट, रासायनिक प्रदूषण आणि नदीशी जोडलेले सांस्कृतिक-परिसंस्थात्मक नाते कमकुवत होत आहे.

हीं सगळी लक्षणे या विखुरलेल्या घटना नाहीत. हवामान बदल हा जोखीम वाढवणारा गुणक आहे, त्याने समाजात असलेली कमतरता अधिक तीव्र होत जाते. गरिबी, कमकुवत पायाभूत सुविधा, आरोग्य समस्या आणि नाजूक परिसंस्था या सगळ्या गोष्टी अधिक असुरक्षित होत जातात. स्टर्न यांच्या २०२१च्या मांडणीतही हे स्पष्ट दिसते. शून्य-कार्बन उत्सर्जनाच्या दिशेने केलेली गुंतवणूक ही फक्त हानी टाळण्यापुरती नसून, आरोग्य सुधारणा आणि जैवविविधता बळकट करण्यासही मदत करते.

राष्ट्रीय सकल उत्पन्न ऊर्फ जीडीपीचा गमतीदार पेच

प्रस्तावनेतून वाचकांसमोर एक अत्यंत महत्त्वाची गोष्ट समोर आणणे गरजेचे आहे, ती म्हणजे जीडीपीचा विचित्र पेच. जीडीपी एक उपयुक्त मापदंड आहे, पण तो तितकाच बोथट आहे. बाजारपेठेत उत्पादन आणि सेवांवर होणारा खर्च त्यात मोजला जातो, पण त्यात कल्याणकारी खर्च आणि हानीकारक खर्चाचा फरक केला जात नाही.

जर सल्फर डायऑक्साइडचे उत्सर्जन कमी करण्यासाठी एखाद्या कारखान्याने स्क्रबर यंत्रणा बसवली, तर खर्च वाढतो आणि जीडीपीला पुष्टी देतो, पण जेव्हा समाजातील गुन्हे वाढतात आणि पोलिस, न्यायालय आणि कारागृहांवर खर्च वाढतो, तेव्हासुद्धा जीडीपी वाढतो! युद्धासाठी होणारा खर्च जीडीपी वाढवतो. पण गुन्हे आणि युद्ध हे समाजासाठी चांगले आहे का? हा प्रश्न वाचून सुजाण वाचक नक्कीच नकारार्थी मान डोलवत असतील. अनेक वेळा जीडीपीतून सामाजिक समस्या निवारण करण्याचा खर्च मांडला जातो.

पण याहून गंभीर म्हणजे जीडीपीमध्ये नैसर्गिक भांडवलाचे योग्य मूल्यांकनच होत नाही. स्वच्छ नद्या, शुद्ध हवा, जंगले, माती, पाणथळ प्रदेश, जैवविविधता, खनिजे या सर्वांचे संतुलन निसर्ग राखतो, ते जीडीपीच्या आकडेवारीत येतच नाही. जंगल तोडून लाकूड विकले तर जीडीपी वाढतो; पण तेच जंगल पूर थांबवते, कार्बन साठवते, परागकण टिकवते, उपजीविका सांभाळते, याबाबतीत मात्र जीडीपी गप्प राहतो. म्हणूनच अर्थशास्त्रच बदलण्याची वेळ आली आहे, या मताचे स्टर्न आहेत. हवामान, निसर्ग आणि जैवविविधता केंद्रस्थानी ठेवून अर्थव्यवस्था बांधण्याची वेळ आली आहे.

पिढ्यांतर्गत नैतिकतत्त्वे

प्रत्येक हवामान चर्चेत शेवटी एक नैतिक प्रश्न येतो, तो म्हणजे आपल्यानंतर जन्माला येणाऱ्यांच्या कल्याणाची आपण किती कदर करतो? जर आपल्या निर्णय प्रक्रियेत भावी पिढ्यांचे जीवन जवळजवळ शून्य गणले असले, तर आपण आपल्या पर्यावरण चोरीसाठी नैतिक युक्तिवाद उभा करीत आहोत. निकोलस स्टर्न डिस्काउंटिंग म्हणजे आर्थिक कॉस्ट-बेनिफिट ॲनॅलिसिसमध्ये जो सवलत दर धरतो, त्यावर एक अत्यंत स्पष्ट मुद्दा मांडतात. ते केवळ कालावधीवर ठरवलेल्या सवलत दाराला 'जन्मतारखेवरून केला जाणारा भेदभाव' म्हणतात, आणि त्याला नैतिक आधार नाही. हे फक्त अर्थशास्त्रातील तांत्रिक भांडण नाही; हा सामाजिक न्यायाचा प्रश्न आहे.

म्हणूनच शाश्वत विकास निसर्गाशी आणि न्यायाशीही सुसंगत असणे अनिवार्य आहे. त्यासाठी नैसर्गिक भांडवलाला मोफत खाण न मानता सामूहिक वारसा मानले पाहिजे. आणि एक साधा विचार लक्षात ठेवला पाहिजे; आपण सातत्याने आर्थिक तुटीचे गणित केले, तर आपण केवळ हा भार भविष्यातील पिढ्यांवर ढकलत आहोत. आपल्याकडून होणाऱ्या पर्यावरणाच्या ऱ्हासातून अजून एक अपरिवर्तनीय गोष्ट होते, ती म्हणजे भविष्यातील पिढ्यांवर आपण धोके ढकलतो. म्हणजे, दोन्ही मार्गांनी आपली पिढी भावी पिढ्यांच्या भांडवलातून चोरी करते.

या पुस्तकाची गरज काय?

या चर्चेच्या पार्श्वभूमीवर डॉ. गुरुदास नूलकर यांचे हे पुस्तक अमूल्य ठरते. ते सामान्य, अवघड तांत्रिक भाषेपासून दूर राहणाऱ्या वाचकांसाठी लिहिलेले आहे, आणि म्हणूनच ते विज्ञान सहज सांगते, पुरावे नीट बसवते, परिसंस्थांनुसार परिणाम स्पष्ट करते, आणि शेवटी वाचकाला कृतीकडे, म्हणजे आशेकडे नेते.

पुस्तकाचा शेवटचा भाग विशेष महत्त्वाचा आहे. हवामान बदलाविषयीचे संदेश कधीकधी लोकांना हताश करतात. या समस्येची गहनता पाहून काही लोक मनात अपराधभाव धरतात, काही हे नाकारतात, तर काहींना हे ऐकूनच थकवा येतो. त्यामुळे योग्य मार्ग म्हणजे आपण याला एक संस्थात्मक रूप देणे. वैयक्तिक वर्तनाचे महत्त्व, सामूहिक निर्णयाचे फायदे, शहररचना, वाहतूक व्यवस्थेची आणि कचरा व्यवस्थापनाची भूमिका आणि योग्य धोरणांची निवड यातील प्रत्येक गोष्ट महत्त्वाची आहे. समाजाने विकासाची दिशा स्पष्ट केली, तर नवकल्पना वेगाने पुढे येऊ शकतात. स्टर्न सांगतात, की शाश्वत, लवचिक आणि सर्वसमावेशक अर्थव्यवस्था ही फक्त आपल्याला मोजावी लागणारी एक किंमत नाही, तर योग्य गुंतवणूक आणि नवकल्पनांमुळे ही आरोग्य, उत्पादकता आणि जीवनमान सुधारण्याची मोठी संधी आहे.

म्हणून हे पुस्तक केवळ हवामान बदलाची ओळख करून देत नाही, तर ते विकासाची नवी कल्पना समोर ठेवते. अशी कल्पना जी निसर्गाशी लढत नाही, तर निसर्गाशी जुळवून घेते; विषारी नद्या आणि तापलेली शहरे यांच्या पायावर समृद्धी उभी करू पाहत नाही, आणि जी भावी पिढ्यांना अनोळखी न मानता नैतिकदृष्ट्या समान मानते.

अशा अर्थाने हे पुस्तक योग्य वेळी आणि अत्यावश्यक वेळी आपल्या हातात येत आहे.

डॉ. अजित रानडे,
प्रख्यात अर्थतज्ज्ञ आणि विचारवंत, पुणे इंटरनॅशनल सेंटरमध्ये सीनियर फेलो,
गोखले राज्यशास्त्र व अर्थशास्त्र संस्थेचे माजी कुलगुरू, आदित्य बिर्ला समूहाचे माजी अर्थतज्ज्ञ.

मनोगत

हवामान बदल म्हणजे काय, ही समस्या खरोखरच आपल्या सर्वांच्या निष्काळजीतून उद्‌भवली आहे का, मी वैयक्तिक पातळीवर यावर काय करू शकतो... हे आणि असे अनेक प्रश्न मला वेळोवेळी विद्यार्थ्यांकडून, पालकांकडून आणि नागरिकांकडून येत असतात. या शंकेचे निरसन करण्यासाठी इंग्रजीमध्ये अनेक छान पुस्तके आणि साहित्य उपलब्ध आहे. पण साध्या सोप्या दैनंदिन मराठी भाषेत यावर एकही मार्गदर्शक पुस्तक नाही.

या पुस्तकासाठी मला खरोखरच *सकाळ प्रकाशना*चे आभार मानावेसे वाटतात. याचे कारण म्हणजे, २०२५मध्ये मला दै. *सकाळ*चे निरंजन आगाशे यांचा फोन आला आणि त्यांनी हवामान बदलावर मी एक लेखमाला लिहावी असा आग्रह धरला. त्यानिमित्ताने जवळजवळ २५ लेख लिहून झाले. दर शुक्रवारी ते लेख *सकाळ*च्या सर्व आवृत्त्यांमध्ये प्रकाशित होत होते. वर्तमानपत्राच्या मर्यादेमुळे प्रत्येक लेख सुमारे ५०० शब्दांच्या आत होता, पण त्यामधून सोप्या भाषेत हवामान बदलाची समस्या मी समजावून सांगण्याचा प्रयत्न केला होता. लेखमालेला वाचकांचा उत्तम प्रतिसाद मिळाला, असे मला आगाशे यांनी सांगितले.

लेखमाला संपल्यावर मला असे वाटू लागले, की याचे जर एखादे पुस्तक केले तर कसे? *सकाळ प्रकाशना*च्या माधव गोखले यांची मी भेट घेतली आणि माझ्या मनातली कल्पना त्यांच्यासमोर मांडली. कोणताही विलंब न करता त्यांनी ती स्वीकारली, आणि मला पुस्तकाची अनुक्रमणिका करून पाठवायची सूचना केली. माझ्याकडून अनुक्रमणिका मिळाल्यावर लगेच त्यांनी ती प्रकाशन समितीसमोर ठेवली, आणि त्याचा स्वीकार झाला. यासाठी मी त्यांचे मनापासून आभार मानतो. माझे मित्र आणि ज्येष्ठ पर्यावरणीय साहित्यिक संतोष शिंत्रे यांनीसुद्धा मला खूप प्रोत्साहन दिले. माझे हस्तलिखित तपासण्याचे काम वेळेत आणि उत्तमरितीने झाले, याचे श्रेय इरावती बारसोडे यांना जाते. या पुस्तकाच्या निर्मितीप्रक्रियेमध्ये सहभागी असणाऱ्या *सकाळ प्रकाशना*तील सर्वांनाच मनःपूर्वक धन्यवाद.

पुस्तकाच्या लेखनात घरच्यांचा फार मोठा सहभाग असतो हे वाचकांना सहज दिसून येत नाही. माझी पत्नी तृप्ती, माझी आई आणि दोन्ही मुली यांचे मला सतत सहकार्य आणि प्रोत्साहन असते. तासनतास वाचन आणि कॉम्प्युटरसमोर बसून माझे लेखन सुरू असताना घराची आणि आमच्या सर्वांचीच काळजी घेण्याची अत्यंत महत्त्वाची जबाबदारी समर्थपणे उचलून माझ्या कुटुंबाने या लिखाणात मला अमूल्य साथ दिली. माझे वडील, प्राचार्य वसंत कृष्ण नूलकर आज आपल्यात नाहीत. पण त्यांनी नेहमीच मला या विषयाचा अभ्यास करण्यासाठी भरभरून प्रोत्साहन दिले. त्यांची आज मला प्रकर्षाने आठवण होते. आमच्या गुरूंचे आशीर्वाद नेहमीच आमच्या सर्वांच्या पाठीशी असतात, आणि त्यातूनच मला हे पुस्तक पूर्ण करण्याची स्फूर्ती मिळाली.

गेली काही वर्षे या विषयावरचे माझे लिखाण अनेक वेगवेगळ्या मराठी नियतकालिकांनी उत्स्फूर्तपणे प्रकाशित केले. त्यांचेसुद्धा येथे आभार मानलेच पाहिजेत. ते लेख लिहिताना माझा अभ्यास अधिक सखोलपणे होत गेला. भारतीयच नव्हे, तर जागतिक कीर्तीचे अर्थतज्ज्ञ डॉ. अजित रानडे यांना मी प्रस्तावना लिहायची विनंती केली आणि त्यांनी ती तात्काळ मान्य केली. त्यांच्याबरोबर अनेक वेळा या विषयावर चर्चा होत असे, तीसुद्धा या पुस्तकासाठी अतिशय उपयोगी पडली. त्यांचे मनापासून आभार मानतो. माझे मित्र आणि ज्येष्ठ उद्योगपती रवी पंडित हे माझ्या कामाला नेहमीच हातभार देत असत. त्यामुळे मला जमिनीवरचा – फील्ड वर्कचा अनुभव मिळत गेला आणि पुस्तक लेखनात मला त्याचा खूप फायदा झाला.

मी या पुस्तकाची मांडणी सामान्य माणसाच्या मनात येणाऱ्या प्रश्नांना डोळ्यासमोर ठेवून केली आहे. त्यात भारतातील आणि जगातील उदाहरणे दिली आहेत. मी आकडेवारीवर फार भर दिलेला नाही, कारण जसा काळ पुढे सरकतो तसे आकडे बदलतात. हे पुस्तक काही काळ तरी वाचकांसाठी उपयुक्त राहील, या विचाराने त्याचे लेखन केले आहे. जीवशास्त्र, अर्थशास्त्र आणि समाजशास्त्र या तिघांची सांगड घालून मी हवामान बदलाची मांडणी केली आहे. शास्त्रामध्ये नेहमीच प्रगती होत असते, काही प्रमेय खोडून काढले जातात, तर काहीत मूलभूत बदल होतात. त्यामुळे भविष्यात या पुस्तकातील काही गोष्टी बदललेल्या असू शकतील, हे वाचकांनी ध्यानात ठेवावे. हे पुस्तक वाचून आपण आपल्या आयुष्यात थोडे बदल जरी सुरू केलेत, तरी मला पुस्तक लिहिण्याचे यथेच्छ समाधान मिळेल.

पुस्तकाच्या वाचकांना या विषयात कुतूहल आहे, हा विषय अधिक समजून घेण्याची गरज भासली आहे, हे मला खूप आशादायी वाटते, आणि म्हणूनच मी वाचकांचे मनापासून आभार मानतो.

गुरूदास नूलकर,
संचालक,शाश्वत विकास केंद्र,
गोखले राज्यशास्त्र आणि अर्थशास्त्र संस्था, पुणे.
विश्वस्त, इकॉलॉजिकल सोसायटी, पुणे.

अनुक्रमणिका

मुखपृष्ठाविषयी

औद्योगिक क्रांतीपासून ते आजपर्यंत जागतिक सरासरी तापमानात सुमारे १.५° सेल्सियस इतकी वाढ नोंदवली गेली आहे. पृथ्वीचे सरासरी तापमान यापेक्षा अधिक वाढले तर त्याचे पृथ्वीवर काय परिणाम होतील त्याची मांडणी या पुस्तकात केली आहे. त्यामुळे मुखपृष्ठावरील पृथ्वीच्या तप्त गोळ्यावरील तापमापक +1.5° सेल्सियस असे तापमान दाखवतो आहे.

भाग १

काय आहे हा हवामान बदल?

प्रकरण १

हवामान बदल? माझा काय संबंध?

"तुझं ठीक आहे रे, तू या क्षेत्रात काम करतोस, पण हवामान बदलाशी माझा काय संबंध?" आमच्या रविवार सकाळच्या चहाच्या मैफिलीत हा विषय निघाल्यावर माझ्या एका मित्राने मला विचारले. 'हवामान बदल' याची चर्चा सध्या सर्वत्र होत आहे. वर्तमानपत्र, दूरदर्शन आणि सार्वजनिक भाषणातूनही हा शब्द ऐकू येतो. पण हवामान बदलाचा उच्चार होताच सामान्य माणसांच्या चेहऱ्यावर 'त्याच्याशी माझा काय संबंध?' असे प्रश्नचिन्ह उमटते, यात नवल नाही.

कल्पना करा. छानशी सकाळ झाली आहे, खिडकी उघडून तुम्ही बाहेर बघता आणि म्हणता, 'आज पाऊस पडेल का? छत्री घ्यावी का? की हवा नुसतीच गरम राहील?' तुमच्या डोक्यात येणारे प्रश्न दैनंदिन हवामानाचे आहेत. त्या दिवसासाठी किंवा आठवड्यातसाठी निसर्गाचा मूड कसा राहील याची विचारपूस करणारे. यालाच हवामान बदल म्हणायचे का? नाही, दररोज बदलणारे वातावरण म्हणजे हवामान बदल नाही! रोजच्या वातावरणाला इंग्रजीत 'वेदर' (Weather) म्हणतात, आणि हवामान म्हणजे 'क्लायमेट' (Climate), एखाद्या भूखंडावर दीर्घकाळ असलेले सरासरी वातावरण!

पृथ्वीवरील हवामान एका विशिष्ट पद्धतीने किंवा पॅटर्नमध्ये चालते. या पॅटर्नचा अभ्यास करून शास्त्रज्ञ अंदाज लावू शकतात. यंदा पावसाळा कधी येईल, उन्हाळा कसा असेल, किंवा हिवाळा अधिक गार असेल का यांची भाकिते आपल्याला करता येतात. पण या दीर्घकालीन पॅटर्नमध्ये जेव्हा मोठे बदल होतात, तेव्हा आपण त्याला हवामान बदल म्हणतो. म्हणजे आकस्मित अतिवृष्टी, चक्रीवादळे, दुष्काळ किंवा तीव्र उन्हाळा अशा सातत्याने अनुभवाव्या लागणाऱ्या घटनांवरून आपण ठरवतो, की हवामान बदल होत आहे.

आज जो हवामान बदल आपण अनुभवत आहोत, तो गेल्या काही दशकांत झालेला आहे. त्यामुळे पृथ्वीचे सरासरी तापमान, पाऊस, वारे आणि समुद्राच्या पातळ्या यांत मोठे आणि सातत्याने बदल होताना आपण अनुभवत आहोत. मुख्य म्हणजे हे बदल नैसर्गिक नाहीत; ते मानवी अर्थव्यवस्थेत होणाऱ्या उत्पादनाचा परिणाम आहेत. आपल्या कारखान्यांतून, आपल्या दळणवळणासाठी आणि ऊर्जानिर्मितीसाठी खनिज तेलाचा आणि कोळशाचा वापर होतो. त्याच्या ज्वलनातून निघणाऱ्या धुरात हरितगृह वायूंचे उत्सर्जन होते. वातावरणात नैसर्गिक हरितगृह वायू आहेत. त्यांच्यामुळे पृथ्वीवर सजीवसृष्टी तग धरू शकते. पण या वायूंचे प्रमाण वाढले, तर मात्र घात होऊ शकते. औद्योगिक क्रांतीपासून आपण हरितगृह वायूंच्या प्रमाणात प्रचंड भर घालत आहोत. आता हरितगृह वायूंचा थर इतका जास्त झाला आहे, की पृथ्वीच्या तापमानवर त्याचा मोठा प्रभाव पडत आहे.

त्याची दुसरी बाजू म्हणजे बदललेल्या हवामानाचा आपल्या दैनंदिन जीवनावर, आरोग्यावर आणि अर्थव्यवस्थेवर मोठा परिणाम होतो. अनियमित पावसामुळे शेतकऱ्यांचे नुकसान होत आहे. हिमालयातील बर्फ वितळून गंगा-ब्रह्मपुत्रा यांसारख्या अनेक नद्या धोक्यात आल्या आहेत. एकीकडे ग्रामीण भागात पाणीटंचाई वाढली आहे, तर दुसरीकडे शहरात पूर परिस्थिती वाढत आहे, तर काही ठिकाणी सातत्याने उष्णतेच्या लाटा येत आहेत. गेल्या दशकात भारतात अनेक ठिकाणी चक्रीवादळे आणि अतिवृष्टी झाली. त्यांची वारंवारिता आणि तीव्रता वाढत चालली असल्याचे स्पष्ट दिसून येते. यामुळे आपले दैनंदिन जीवन विस्कळीत होतेच, पण आरोग्यावरही त्याचा परिणाम होतो. म्हणजे, हवामान बदल ही तुमची-आमची वैयक्तिक समस्या आहे, आणि ती समजून घेण्यासाठी आपण प्रयत्न केले पाहिजेत.

हे ऐकल्यावर लगेच माझा मित्र म्हणाला, "पण पृथ्वीने याआधीही हवामान बदल पाहिले आहेत ना?"

"हो, अगदी अनेक वेळा!" मी म्हणालो.

पृथ्वीचा इतिहास तब्बल साडेचार अब्ज वर्षांचा आहे. सुरुवातीच्या काळात ती एक तप्त गोळा होती, तर काही वेळा त्याचा बर्फाच्छादित ग्रह झाला होता. अशा प्रकारे पृथ्वीचे हवामान अनेक वेळा बदलले आहे, याचे पुरावे मिळतात. सौरऊर्जा, सागर, भूभाग आणि सजीव घटक यांची वातावरणाशी सुरू असलेली गुंतागुंतीची देवाणघेवाण यातून दिसते. अगदी हल्ली हल्ली म्हणजे गेल्या दहा लाख वर्षांतही पृथ्वीने तापमानवाढ आणि तापमानघट अनुभवली आहे. पण

- **वेदर** (Weather) म्हणजे एखाद्या ठिकाणी काही तास किंवा दिवस असलेली वातावरणाची स्थिती.
- **क्लायमेट** (Climate) म्हणजे एखाद्या प्रदेशातील हवामानाचे दीर्घकालीन सरासरी स्वरूप. हे सरासरी तापमान, पावसाचे प्रमाण आणि दुष्काळाची वारंवारिता यांसारख्या अनेक दशकांच्या किंवा शतकांच्या आकडेवारीवर आधारित असते.
- वेदर आपण दररोज अनुभवतो, तर क्लायमेट म्हणजे अनेक वर्षांची सरासरी होय.

हे नैसर्गिक बदल दिसून येण्यासाठी किमान एक लाख वर्षांचा कालावधी लागतो.

अशा प्रत्येक बदल चक्रादरम्यान जागतिक सरासरी तापमान सुमारे ५° सेल्सियसने कमी होऊन पुन्हा वाढले आहे, प्रत्येक वेळी पृथ्वी हिमयुगात जाऊन नंतर पुन्हा उबदार झाली आहे. आणि हो, काही वेळा अचानक बदलसुद्धा झाले आहेत! कधी मोठा उल्कापात झाल्यामुळे, तर सागरी प्रवाहातील बदलांसारख्या संथ नैसर्गिक प्रक्रियांमुळे, किंवा कधी मोठ्या ज्वालामुखींच्या उद्रेकांच्या अचानक घटनांमुळे. प्रजाती आणि परिसंस्थांनी यापूर्वीच्या हवामानातील बदलांशी जुळवून घेतले आहे किंवा त्या नष्ट तरी झाल्या आहेत. पण उत्क्रांतीच्या महानाट्यात काही नवीन प्रजाती पृथ्वीवर निर्माण झाल्या.

"मग आजचा बदल वेगळा का म्हणतोस?" मित्राचा पुढचा प्रश्न.

"याचे कारण म्हणजे फक्त गेल्या दोन ते तीन शतकात पृथ्वीचे सरासरी तापमान सुमारे १° सेल्सियसने वाढले आहे." त्यावर मित्राचे लगेच उत्तर आले, "पण १° म्हणजे काहीच नाही!" मी म्हटले, "हो, हे मानवाच्या दृष्टीने ठीक असेल रे, पण १° तापमानवाढसुद्धा काही प्रजातींना संपवून टाकण्यासाठी पुरेशी आहे. तसेच फक्त ६° सेल्सियसने पृथ्वी थंड झाली, तर आपण पुन्हा हिमयुगात जाऊ!"

"बरं, तू सांगतो आहेस ते मला लक्षात आले. पण आता सांग, हवामान बदल कमी करण्याचे काम सरकारचे किंवा युनायटेड नेशन्सचे नाही का? त्यासाठी मी काय करू?" मित्राचे प्रश्न संपत नव्हते. "ज्या कारणामुळे हवामान इतक्या झपाट्याने बदलत आहे, त्या कारणाला आपण सर्वजण जबाबदार आहोत. आपण बाजारपेठेत वस्तू खरेदी करतो, वस्तूंचा उपभोग घेतो, दैनंदिन प्रवास करतो आणि घराघरातून आपणच कचरा निर्माण करतो. आपला उपभोग वाढला की बाजारपेठेतील वस्तूंची मागणी वाढते. या मागणीचा पुरवठा करण्यासाठी उत्पादन वाढते आणि इंधनाचा, खनिजाचा वापर वाढतो. उत्पादन वाढले, उपभोग वाढला की वीजनिर्मिती वाढते, त्यासाठी कोळसा जाळला जातो. आणि या सर्व क्रियाकलापातून हरितगृह वायू अधिक उत्सर्जित होत जातात आणि पृथ्वीच्या वातावरणात त्यांचे प्रमाण वाढत जाते. आज याचे रूपांतर हवामान बदलात होत आहे."

"घराघरातून ऊर्जेची बचत करणे, शक्य तितका प्रवास सार्वजनिक वाहनांनी करणे, झाडे लावून ती जगवणे, अशा अनेक गोष्टी आपल्या दैनंदिन जीवनातून आपण करू शकतो. हवामान बदल हा फक्त सरकारचा प्रश्न नाही. तो आपल्या आरोग्याशी, अर्थकारणाशी, पाण्याशी आणि भविष्याशी जोडलेला प्रश्न आहे."

त्यामुळे "माझा काय संबंध?" या प्रश्नाचे दोन शब्दांत उत्तर – खूपच जवळचा!

इतिहासातील हवामान बदल आणि आजचा हवामान बदल

पैलू	इतिहासातील हवामान बदल	आजचा हवामान बदल
कारण	उल्कापात, ज्वालामुखी, सूर्यचक्र यांसारखी नैसर्गिक कारणे	इंधन जाळणे, वाहतूक, जंगलतोड यांसारखी मानवनिर्मित कारणे
गती	लाखो / कोट्यवधी वर्षे	१००–२०० वर्षांत
परिणाम	प्राणी-वनस्पतींचे लुप्त होणे, नवीन प्रजातींची निर्मिती	दुष्काळ, पूर, समुद्रपातळीत वाढ, अन्न-पाणी-ऊर्जासुरक्षेत ऱ्हास

प्रकरण २

ठिणगीपासून हवामान बदलापर्यंत

कदाचित त्याला ते अनवधानानेच जमले असेल. चुकून दगडाला दगड घासला गेला, ठिणगी उडाली आणि सुकलेल्या गवताने ठिणगीचा विस्तव केला. हे पाहून त्याला आग पेटवण्याची युक्ती मिळाली असेल. किंवा असेही असेल, की तो कित्येक दिवस विस्तव पेटवण्याच्या प्रयत्नात होता आणि एक दिवस त्याला यश आले असेल. आद्य मानवाला इतक्या वर्षांपूर्वी आगीवर नियंत्रण कसे मिळाले हे आज नेमके सांगता येणार नाही, आणि हा शोध 'लावणारा' होता की 'लावणारी' हेसुद्धा गूढच आहे. पण साधारण आठ लाख वर्षांपूर्वी आपल्या पूर्वजांना ते जमले होते.

त्यादिवशी त्या आदिमानवाला गंधही नसेल, की आपण काय कमालीचा शोध लावला आहे. भूतलावरील लक्षावधी प्रजातींना जे जमले नाही ते त्याला किंवा तिला जमले होते. केवळ एकाच प्रजातीला असे करता येणे ही पृथ्वीच्या इतिहासात एक अनन्यसाधारण घटना ठरणार होती. प्रचंड सामर्थ्य असलेल्या विस्तवावर नियंत्रण मिळवण्याचे कौशल्य प्राप्त करून मानव आपल्या पुढील प्रवासात उत्क्रांतीच्या शर्यतीचे नियमच जणू बदलून टाकणार होता. त्यामुळे, आगीवर नियंत्रण हे मानवाचे हे आद्य-तंत्रज्ञान म्हणता येईल! कारण हे शक्य झाल्यानेच आधुनिक युगातील अनेक तंत्रज्ञाने विकसित होऊ शकणार होती.

या घटनेच्या आधी मानवाला प्रचंड विध्वंसक क्षमता असलेल्या या आगीचे फक्त भय नाही, तर कुतूहलही असेल. ज्यामुळे जंगले खाक होतात, जनावरांचे प्राण जातात आणि क्षणात भूरूप बदलून जाते अशा घातक आगीची ओळख मानवाला ज्वालामुखी आणि वणव्यातून झाली असेल. सर्वच जनावरे आगीला घाबरत होती, पण आग कशी पेटवायची याचे गुपित उमगल्यावर मानवाची भीती मात्र कमी झाली असेल. मग याचा वापर स्वसंरक्षणासाठी होऊ लागला असेल. जळते लाकूड हातात धरून शिकारी जनावरांना पळवून लावण्यात त्याला यश आले असेल आणि त्यातून मशालीचा जन्म झाला असेल. रात्री वाट दाखवायला, थंडीत ऊब मिळवायला, शिकारीत मदतीला किंवा झाडे-झुडपे जाळून वस्तीसाठी जागा करायला आगीचा उपयोग केला गेल्याचे पुरावे दिसतात.

आपल्या पूर्वजांना आगीचा सर्वात मोठा फायदा झाला तो मांस भक्षण करण्यासाठी. मांस भाजून खाल्ले, की ते पचायला सोपे जाते आणि त्यातील पोषणद्रव्ये शरीरात सहज उपलब्ध होतात, हे आज सर्वज्ञात आहे. मांस भाजून खाण्याचे फायदे, आधुनिक मानवाचा पूर्वज असलेल्या 'होमिनिनी'ला अनुभवातून कळले असतील. मांस भाजून खाणे हे 'होमिनिनी'च्या उत्क्रांतीत हे एक महत्त्वाचे वेगळेपण होते, कारण मेंदूचा आकार वाढण्यासाठी प्रथिनांची आवश्यकता असते. शिजवून खाल्लेल्या मांसातून प्रथिने आणि पोषण मिळू लागले व मेंदूच्या वाढीला पुष्टी मिळाली. आगीवर भाजलेले अन्न पचनास सुलभ झाल्यामुळे मानवी खाद्यात वैविध्य येत गेले, पोषण वाढू लागले आणि बौद्धिक प्रगतीला मदत झाली. खाद्यासाठी आगीचा वापर करणे ही उत्क्रांतीच्या स्पर्धेत मानवाच्या जमेची बाजू ठरणार होती, हे तेव्हा त्याला थोडीच माहिती होते.

कॅरोलस लिनायस या शास्त्रज्ञाने मानवी प्रजातीला *होमो सेपियन्स* असे शास्त्रीय नाव दिले आहे. 'होमिनिनी' हा आपला वंश आणि 'सेपियन्स' ही प्रजाती. या वंशाच्या प्राण्यांच्या कवटीत मेंदूसाठी मोठा कप्पा असतो. पायाची रचना आणि पवित्रा द्विपाद गमनासाठी योग्य असतो व हाताच्या पंजात उलट्या दिशेचे एक बोट असते. होमिनिनी वंशाच्या उत्क्रांतीचा प्रवास सुमारे नऊ दशलक्ष वर्षांचा आहे. या प्रवासात होमिनिनीच्या अनेक प्रजाती होऊन गेल्या. *होमो एर्गास्टर, होमो हॅबिलिस, होमो इरेक्टस, होमो हायडलबर्गेन्सिस, होमो निअँडर्थलेन्सिस* अशा अनेक प्रजाती आल्या आणि लुप्त झाल्या. शेवटी *होमो सेपियन्स* म्हणजे आपला वंश पृथ्वीवर अवतरला.

मानवी इतिहासात आपला आगीचा वापर वाढत गेला. स्वसंरक्षण आणि अन्न शिजविणे याव्यतिरिक्त आगीचे अनेक उपयोग आपल्या पूर्वजांनी शोधून काढले. माती भाजून त्याची भांडी तयार केली. धातू वितळवून त्यापासून विविध साधने तयार झाली. मानवाला आगीमुळे उष्णता आणि प्रकाश मिळाला. थंडीच्या रात्रीत गुहेतून विस्तव केला की वातावरण उबदार झाले. युरोपातील हिमयुगात (आइस एज) विस्तव जीवनरक्षक ठरला. मानवाला आगीच्या प्रकाशात अंधारात काम करता येऊ लागले. फ्रान्सच्या लास्को गुहातील चित्रे आगीच्या प्रकाशात रेखाटली गेली असतील असा अंदाज आहे.

सामाजिक दृष्टिकोनातून आगीने मानवाला एकत्र येण्याची संधी दिली. दिवसभर शिकार आणि अन्न संकलन करून थकलेले आपले पूर्वज आगीभोवती बसून गप्पा मारून, अनुभवांची देवाणघेवाण करून आपले मन रमवत असावेत. प्राचीन मानवाच्या जीवनात आगीचे महत्त्व इतके वाढले असेल, की त्या काळात आगीला पवित्र मानले जाऊ लागले असेल, असे शास्त्रज्ञ मानतात.

ऊर्जेचा वाढता वापर

सुमारे १३ हजार वर्षांपूर्वी जेव्हा शेतीचा शोध लागला, तेव्हा लागवड करण्यासाठी मोठ्या प्रमाणात जंगल जाळून जमीन साफ केली गेली. शेतीतून धान्य पिकवले जाऊ लागले आणि मानवाच्या खाद्यसंस्कृतीची वाटचाल अन्नपदार्थ तयार करण्याकडे होऊ लागली. यातही आगीनेच साथ दिली. शेतीच्या अतिरिक्त उत्पादनातून मानवाला मोकळा वेळ मिळाला. त्यामुळे शास्त्र, साहित्य, कला आणि तंत्रज्ञान विकसित होऊ लागले आणि वेगवेगळे उद्योगधंदे उभे राहू लागले. हळूहळू मानवी गरजा वाढल्या, उत्पादन वाढले आणि ऊर्जेची मागणी वाढत गेली. काही शतकांपूर्वी जमिनीत कोळसा सापडला. त्याची ऊर्जेची ताकद भलतीच मोठी होती. धातू वितळवण्यासाठी कोळसा उपयुक्त होता. वाफेच्या इंजिनाचा शोध लागला. कोळशाची उष्णता आणि वाफेची शक्ती यांच्यामुळे वेगवेगळे धातू वितळवून त्यातून नवनवीन गोष्टी तयार होऊ लागल्या.

स्वसंरक्षण, स्वयंपाक, उद्योग आणि आता उत्पादन असा ऊर्जेचा वापर वाढत गेला; अजूनही तो वाढतोच आहे. ज्वलन म्हणजे इंधनाची ऑक्सिजनच्या उपस्थितीत जळण्याची प्रक्रिया. या प्रक्रियेत उष्णता बाहेर पडते, ज्याचा वापर मानव करीत होता. ज्वलन झाल्यावर त्यातून अनेक वायू बाहेर पडतात. त्यामुळे ज्वलन ही मानवी प्रगतीची गुरुकिल्ली असली, तरी त्यातून होणारे उत्सर्जन वाढत गेले, तशी आज भेडसावत असलेली पर्यावरणीय समस्या आकार घेत गेली.

औद्योगिक क्रांतीची सुरुवात आणि इंधनाचा वापर

अठराव्या शतकाच्या उत्तरार्धात युरोपमध्ये, विशेषतः इंग्लंडमध्ये, औद्योगिक क्रांतीची सुरुवात झाली. यामध्ये हस्तव्यवसायावर आधारित उत्पादनाऐवजी यांत्रिक उत्पादन सुरू झाले. वाफेचे इंजिन, यंत्रमाग, स्टील उद्योग आणि रेल्वे यांसारख्या तंत्रज्ञानाचा उदय झाला. या सर्व घडामोडींच्या केंद्रस्थानी कोळशाची ऊर्जा आणि त्यावर चालणारी वाफेची इंजिने होती. कोळशामुळे मोठ्या प्रमाणावर, सातत्याने आणि तुलनेने स्वस्त ऊर्जा उपलब्ध झाली. यामुळे किती उत्पादन करता येईल याला मर्यादा राहिली नाही आणि उद्योगांचा वेग झपाट्याने वाढला.

औद्योगिक क्रांतीमुळे उत्पादन खर्च कमी झाला आणि वस्तू मोठ्या प्रमाणावर तयार होऊ लागल्या. कापड, लोखंडी साधने, यंत्रे आणि नंतर उपभोगाच्या वस्तू स्वस्त झाल्या. याचा परिणाम म्हणजे जगभरात बाजारपेठ विस्तारली. शहरांमध्ये बाजारपेठा तयार झाल्या, मागणी वाढली, आणि मागणीला पुरे पडणारे उत्पादन वाढविण्यासाठी आणखी उद्योग उभे राहिले. या वाढत्या बाजार मागणीमुळे उद्योगांना अधिक कच्चा माल, अधिक यंत्रे आणि अधिक ऊर्जेची गरज भासायला सुरुवात झाली. त्यामुळे जीवाश्म इंधनांचा वापर अधिकच वाढत गेला. उत्पादन वाढवणे हे आर्थिक विकासाचे प्रमुख उद्दिष्ट बनले आणि त्यासाठी पर्यावरणीय मर्यादा दुर्लक्षित केल्या गेल्या.

कोळशापासून तेलापर्यंतचा प्रवास

एकोणिसाव्या शतकाच्या उत्तरार्धात आणि विसाव्या शतकाच्या सुरुवातीला खनिज तेल आणि नंतर नैसर्गिक वायू यांचा वापर झपाट्याने वाढला. इंटर्नल कम्बस्चन इंजिन, म्हणजे वाहनातील अंतर्गत ज्वलन इंजिनाच्या शोधामुळे मोटारगाड्या, जहाजे आणि विमानांचे उत्पादन वाढले. वाहतूक क्षेत्राने ऊर्जेची मागणी प्रचंड वाढवली. तेलात अधिक कॅलरीज असल्यामुळे म्हणजे ते अधिक ऊर्जा-सघन असल्यामुळे वाहतुकीस सोयीचे होते, परिणामी कोळशाची जागा हळूहळू तेलाने घेतली.

आजची अर्थव्यवस्था तेलावर उभी राहिली आहे. उद्योग, शेती (यांत्रिकीकरण आणि खते), वीजनिर्मिती अशा सर्वच क्षेत्रांबरोबर दैनंदिनी जीवनासाठी मानव जीवाश्म इंधनांवर अवलंबून राहू लागला.

औद्योगिक क्रांतीनंतर ऊर्जेची मागणी जणू आर्थिक प्रगतीचे मोजमाप बनली. जितकी जास्त ऊर्जा वापरली गेली, तितका देश विकसित मानला जाऊ लागला. शहरांचा विस्तार, कारखान्यांची संख्या, वाहतूक व्यवस्था, घरगुती उपकरणे या सगळ्यांमुळे ऊर्जेचा वापर सातत्याने वाढत गेला. पुढे तर २०व्या शतकात वीज आधुनिक जीवनाची गरज बनली. कोळसा, तेल आणि वायूवर आधारित वीज केंद्रांनी जगभरात वीजपुरवठा सुरू झाला. मात्र या सर्व ऊर्जास्रोतांमधून मोठ्या प्रमाणावर कार्बन डायऑक्साइड आणि इतर हरितगृह वायू वातावरणात सोडले जाऊ लागले.

हरितगृह वायू उत्सर्जनात वाढ

जीवाश्म इंधन जाळल्यावर कार्बन डायऑक्साइड, मिथेन आणि नायट्रस ऑक्साइड यांसारखे हरितगृह वायू निर्माण होतात. औद्योगिक क्रांतीपूर्व काळात वातावरणातील कार्बन डायऑक्साइडचे प्रमाण तुलनेने स्थिर होते. मात्र औद्योगिक युगात हे प्रमाण झपाट्याने वाढू लागले. कारखाने, वीज केंद्रे, वाहतूक आणि शहरे या सर्वांचा एकत्रित परिणाम म्हणजे वातावरणात उष्णता अडकवून ठेवणाऱ्या वायूंचे प्रमाण वाढणे. यामुळे पृथ्वीचे सरासरी तापमान वाढू लागले, हवामान पद्धती बदलू लागल्या आणि हवामान बदल ही जागतिक समस्या उद्‌भवली.

खनिज तेल व्यवसायाचे हरितगृह वायू उत्सर्जन

टप्पा / उपक्षेत्र	प्रमुख हरितगृह वायू	वार्षिक उत्सर्जन (अंदाज)	उत्सर्जन कसे होते
तेल जाळणे (वाहतूक, उद्योग, वीज)	कार्बन डायऑक्साइड	≈ १२-१३ गिगाटन CO_2 / वर्ष	पेट्रोल, डिझेल, जेट इंधन जाळल्याने
तेल उत्खनन	कार्बन डायऑक्साइड, मिथेन	≈ १.५-१.८ गिगाटन CO_2e	ड्रिलिंग, पंपिंग, ऊर्जा वापर
नको असलेला गॅस जाळणे (फ्लेअरिंग)	कार्बन डायऑक्साइड	≈ ०.४-०.५ गिगाटन CO_2	न वापरता येणारा वायू जाळणे
मिथेन गळती	मिथेन	≈ ७०-८० मिलियन टन CH_4	विहिरी, पाइपलाइन, टाक्या
शुद्धीकरण आणि प्रक्रिया	कार्बन डायऑक्साइड	≈ ०.९-१.० गिगाटन CO_2	रिफायनरीतील उष्णता व हायड्रोजन वापर
वाहतूक	कार्बन डायऑक्साइड	≈ ०.३०.४ गिगाटन CO_2	जहाजे, रेल्वे, ट्रक
एकूण खनिज तेल क्षेत्र	**कार्बन डायऑक्साइड समतुल्य**	≈ **१६-१७ गिगाटन** CO_2e / **वर्ष**	**संपूर्ण तेल साखळी**

उत्खनन प्रक्रियेतून होणारे उत्सर्जन

जीवाश्म इंधनांचा परिणाम केवळ जाळण्यापुरता मर्यादित नाही. कोळसा खाणी, तेल आणि वायूंचे उत्खनन या प्रक्रियाही मोठ्या प्रमाणावर उत्सर्जन करतात. कोळसा खाणींमधून मिथेन वायू वातावरणात सोडला जातो. हा वायू अल्पकाळात अधिक नुकसान करणारा अतिशय शक्तिशाली हरितगृह वायू आहे (याविषयी पुढील प्रकरणात चर्चा केली आहे). तेल आणि वायूच्या उत्खननात ड्रिलिंग, फ्लेअरिंग (अनावश्यक वायू जाळणे) आणि गळती यांमुळे उत्सर्जन होते. अनेक वेळा हे उत्सर्जन नोंदवताही येत नाही, पण हवामानावर त्याचा मोठा परिणाम होतो.

कच्च्या तेलाची वाहतूक आणि उत्सर्जन

कच्च्या तेलाचे उत्खनन स्थळ आणि त्यावर प्रक्रिया करणारे कारखाने एकमेकांपासून हजारो किलोमीटर दूर असतात. त्यामुळे कच्च्या तेलाची वाहतूक हा जागतिक समुद्रातील सर्वात मोठा वाहतूक-मुद्दा आहे. याची देशांतर्गत वाहतूक रेल्वे, ट्रक आणि पाइपलाइनमधून केली जाते. या वाहतुकीदरम्यान इंधन जळते आणि कार्बन डायऑक्साइड उत्सर्जित होतो. याशिवाय तेलगळतीसारख्या अपघातांमुळे समुद्री आणि किनारी परिसंस्था नष्ट होतात. अशा घटनांमुळे केवळ जैवविविधतेचे नुकसान होत नाही, तर कार्बन शोषण करणाऱ्या परिसंस्थाही बाधित होतात. त्यामुळे तेल क्षेत्राचा पर्यावरणीय ठसा अदृश्य असला, तरी मोठा आहे.

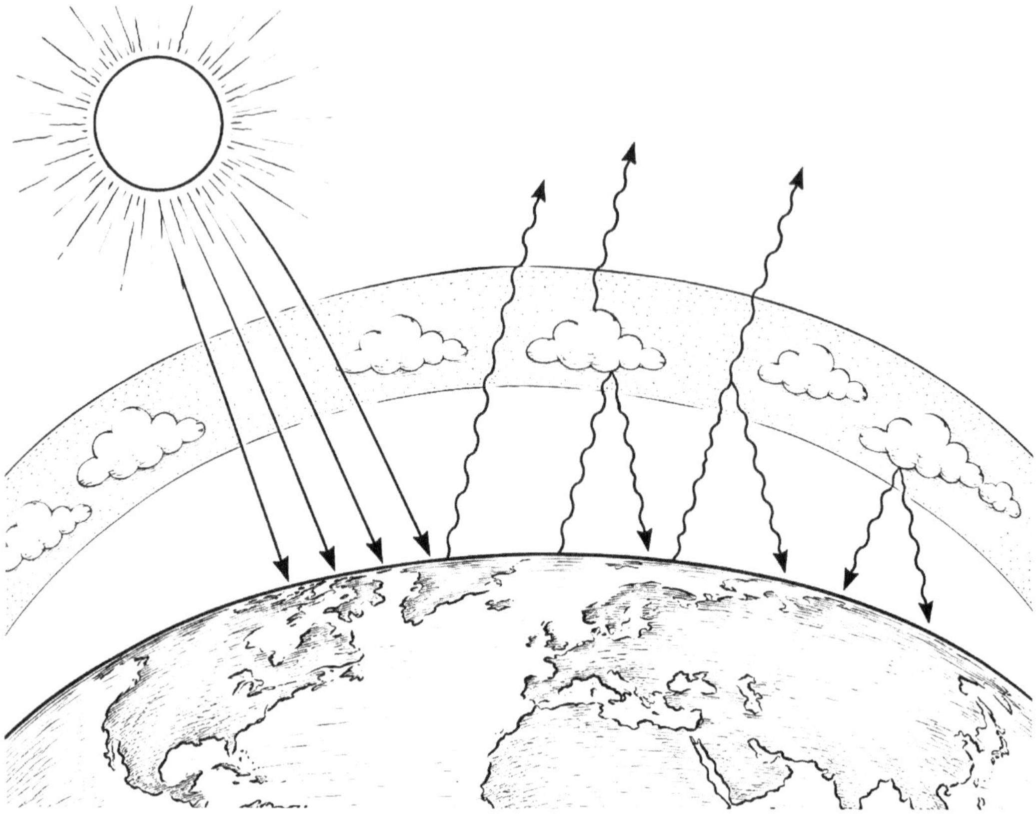

प्रकरण ३

हरितगृह वायू आणि पृथ्वीवरचे आच्छादन

आपली पृथ्वी इतर ग्रहांप्रमाणे सूर्याभोवती फिरत आहे. आपल्या सूर्यमालेतील काही ग्रह अतिशय थंड आहेत, तर काही अतिउष्ण. पण पृथ्वीचे तापमान मात्र सजीवसृष्टी पोसण्यासाठी अतिशय योग्य आहे. पृथ्वीला हे तापमान आपोआप मिळालेले नाही; किंबहुना पृथ्वीवर असे तापमान तयार होण्यासाठी कित्येक कोटी वर्षे लागली.

सुमारे ४.५ अब्ज वर्षांपूर्वी आपल्या सूर्यमालेचा आणि पृथ्वीचा जन्म झाला असे शास्त्रज्ञ मानतात. तेव्हा पृथ्वीवरचे वातावरण आजसारखे अजिबात नव्हते. सुरुवातीला पृथ्वी एक तप्त लाल गोळा होती. अनेक ठिकाणी ज्वालामुखी सतत सक्रिय होते. आकाशातून उल्का आणि लघुग्रह येऊन वेगाने आदळत होते. ज्वालामुखींमधून मोठ्या प्रमाणावर वायू बाहेर पडत होते, आणि अशा परिस्थितीच पृथ्वीचे पहिले वातावरण तयार झाले. तेव्हा पृथ्वीवर एकही सजीव नव्हता. पण कालांतराने पृथ्वीचे तापमान कमी होत गेले. पृथ्वी इतकी थंड झाली, की वातावरणातील वाफ द्रव्यरूपात म्हणजेच पाण्यात परावर्तित झाली आणि हजारो वर्षे पर्जन्यवृष्टी होत राहिली. त्यामुळे पृथ्वीचे तापमान अजूनच कमी झाले. आता वातावरणात कार्बन डायऑक्साइड, पाण्याची वाफ, मिथेन, अमोनिया असे वायू होते.

कालांतराने पृथ्वीवर तयार झालेल्या सागरांमधून पहिला सजीव निर्माण झाला आणि उत्क्रांतीचे महानाट्य

उलगडायला सुरुवात झाली. पुढे प्रकाश संश्लेषण करणाऱ्या एकपेशीय वनस्पती सागरात तयार झाल्या आणि त्यांच्याकडून ऑक्सिजननिर्मिती सुरू झाली. लाखो-कोट्यवधी वर्षांच्या कालावधीत ज्वालामुखी, महासागर, वनस्पती, माती आणि खडक या सगळ्यांनी मिळून कार्बनचे नैसर्गिक चक्र तयार झाले. याला 'कार्बन सायकल' म्हणतात. या घडामोडींमुळे पृथ्वीच्या वातावरणात अनेक प्रकारचे वायू आले, आणि त्यात हरितगृह वायूसुद्धा होते.

'ग्रीनहाऊस गॅसेस' म्हणजेच हरितगृह वायू हे तर तुम्ही ऐकलेच असेल. वातावरणातील हे विशेष वायू आहेत. हे वायू सूर्यापासून येणाऱ्या उष्णतेचा एक भाग पृथ्वीवर पकडून ठेवतात. आपल्या वातावरणात हरितगृह वायू नसते, तर पृथ्वीच्या पृष्ठभागाचे सरासरी तापमान सुमारे उणे १८° सेल्सियस असते. पृथ्वीवर बर्फाचे साम्राज्य असते आणि माणसाबरोबर अनेक प्रजाती येथे तग धरू शकल्या नसत्या. आज हरितगृह वायू असल्यामुळे पृथ्वीचे सरासरी तापमान १५° सेल्सियस आहे. ही ऊब ज्यामुळे लाभली आहे, त्याला 'ग्रीनहाऊस इफेक्ट' म्हणजे नैसर्गिक 'हरितगृह प्रभाव' म्हटले जाते. पण आपल्या अर्थव्यवस्थेतून उत्सर्जन होणाऱ्या हरितगृह वायूंमुळे यांची नैसर्गिक मात्रा इतकी वाढली आहे, की आता ते पांघरूण राहिलेले नाही, त्याचे गरम घोंगडे बनले आहे.

कार्बन डायऑक्साइड, मिथेन, नायट्रस ऑक्साइड आणि पाण्याची वाफ हे हरितगृह वायूंपैकी काही मुख्य वायू. कार्बन डायऑक्साइड वायू मुख्यतः कारखान्यांत वापरलेल्या इंधनाच्या धुरातून आणि वाहनांमधून बाहेर पडतो. वनस्पतींकडून प्रकाश संश्लेषणाच्या प्रक्रियेत त्यांचे नैसर्गिक शोषण होत असते. पण खाणकामासाठी, रस्ते बांधण्यासाठी किंवा शहरे वाढत असतानामोठ्या प्रमाणात जंगलतोड होत असते. त्यामुळे नैसर्गिकरित्या कार्बन डायऑक्साइड शोषून घेण्याचे प्रमाण कमी होत चालले आहे, तर दुसऱ्या बाजूने त्याचे उत्सर्जन मात्र वाढत आहे. पशुपालनात, विशेषतः गायी-म्हशींसारख्या रवंथ करणाऱ्या प्राण्यांच्या पोटात गवत व चारा पचताना सूक्ष्मजीवांमुळे मिथेन वायू तयार होतो. हा वायू प्रामुख्याने ढेकरांद्वारे आणि काही प्रमाणात शेण सडताना वातावरणात सोडला जातो. मिथेनचे उत्सर्जन कचऱ्याच्या विघटनातूनही होत असते.

ग्लोबल वॉर्मिंग पोटेन्शिअल

प्रत्येक हरितगृह वायू ऊर्जा शोषून घेतो, पण प्रत्येक वायूचा तापमानवाढीवर वेगवेगळा परिणाम होतो. कार्बन डायऑक्साइड, मिथेन आणि नायट्रस ऑक्साइड हे वायू वातावरणात इतक्या जास्त काळासाठी टिकून राहतात, की त्यांना एकमेकांमध्ये मिसळायला पुरेसा वेळ मिळतो. त्यामुळे जगभरात या वायूंची घनता साधारणपणे सारखीच असते. हरितगृह वायूंच्या उष्णता अडकविण्याच्या क्षमतेला 'ग्लोबल वॉर्मिंग पोटेन्शिअल' (Global Warming Potential) म्हणतात. हरितगृह वायूंच्या उष्णतेची शक्ती मोजण्याचे हे एक प्रमाणित माप आहे. कार्बन डायऑक्साइडचे प्रमाण एक धरले जाते. इतर वायू त्या मानाने किती कमी किंवा जास्त प्रभावी आहेत, याचे हे माप. कार्बन डायऑक्साइडपेक्षा मिथेन २८पट जास्त प्रभावी आहे. म्हणजे शंभर वर्षांत एक टन मिथेन २८ टन कार्बन

हरितगृह परिणाम

(Greenhouse Effect)

थंडीत अंगावर घातलेल्या पांघरुणासारखे हे आच्छादन आहे. पांघरुणात उष्णता तयार होत नाही, पण शरीराची उष्णता मात्र आत राहते. तसेच हरितगृह वायू उष्णता तयार करत नाहीत, पण ती अडकवून ठेवतात.

डायऑक्साइडइतकी उष्णता वातावरणात अडकवतो. खतांच्या वापरात नायट्रस ऑक्साइडचे उत्सर्जन होते. हा वायू कार्बन डायऑक्साईडच्या क्षमतेपेक्षा सुमारे तीनशेपट अधिक प्रभावी आहे.

हरितगृह वायू वातावरणात किती काळ टिकतात?

वातावरणात प्रत्येक हरितगृह वायूचे आयुष्यमान असते. वेगवेगळ्या कालावधीपर्यंत ते टिकतात. ते त्यांच्या रासायनिक गुणधर्मांवर अवलंबून असते. काही लवकर विघटित होतात, तर काही वायू शेकडो किंवा हजारो वर्षे टिकतात. आज उत्सर्जित झालेला कार्बन डायऑक्साइड एक शतक किंवा त्याहून जास्त काळ टिकू शकतो. काही मानवनिर्मित हरितगृह वायू हजारो वर्षे टिकू शकतात. पाण्याची वाफ हा एक महत्त्वाचा हरितगृह वायू आहे. वातावरणात याचे प्रमाण सुमारे ४१ ते ६७ टक्के आहे. वाफ वातावरणात सुमारे नऊ दिवस टिकते, त्यामुळे जागतिक स्तरावर त्याचा मोठा परिणाम होत नाही.

हरितगृह वायूंच्या दीर्घायुष्यामुळे त्यांचा तापमानवाढीचा प्रभाव भविष्यातही बराच काळ टिकून राहील असा अंदाज आहे. या वायूंमध्ये पृथ्वीच्या ऊर्जा संतुलनात दीर्घकाळ बदल करण्याची क्षमता असल्यामुळे शास्त्रज्ञ त्यांना 'फोर्सिंग एजंट' म्हणतात. म्हणजे आज जरी आपण या वायूंचे उत्सर्जन थांबवू शकलो, तरी वातावरणात आधीच जमा झालेल्या वायूंमुळे पृथ्वीचे तापमान वाढत राहणारच.

वातावरणात हरितगृह वायूंची घनता

एखाद्या हरितगृह वायूची घनता प्रति दशलक्ष भाग (PPM - पार्ट्स पर मिलियन) किंवा प्रति अब्ज भाग (PPB - पार्ट्स पर बिलियन) यामध्ये मोजली जाते. आज वातावरणात कार्बन डायऑक्साइडची घनता ४२० पीपीएम आहे. याचा अर्थ हवेच्या प्रत्येक दशलक्ष रेणूंमध्ये ४२० रेणू कार्बन डायऑक्साइडचे आहेत. औद्योगिक क्रांतीच्या सुरुवातीपासून ते १९५८पर्यंत कार्बन डायऑक्साइडच्या घनतेमध्ये ३० पीपीएमने वाढ झाली. पण त्यानंतरची ९० पीपीएम वाढ १९५८ ते २०१४ या ५६ वर्षांच्या कालावधीत झाली. विज्ञान सांगते, की वातावरणातील कार्बन डायऑक्साइडचे प्रमाण गेल्या आठ लाख वर्षांत कधीच इतके जास्त नव्हते. आज ते ४२० पार्ट्स पर मिलियन म्हणजे वातावरणाच्या एक दशलक्ष भागात त्याचे प्रमाण ४२० भाग इतके झाले आहे. हे म्हणजे आपल्या घराच्या खिडक्या बंद करून शेगडी सुरू ठेवण्यासारखे आहे. असे असताना, उकडल्याशिवाय राहणार नाही!

हे सर्व वायू वातावरणात साठून सूर्यप्रकाश शोषून घेतात आणि पृथ्वीकडून सूर्यकिरणे परावर्तित होण्याचे प्रमाण घटत जाते. हरितगृह वायू हे सजीवसृष्टीचे रक्षक आहेत खरे, पण वातावरणात त्यांची मात्रा 'एक' या प्रमाणाबाहेर गेली, की हेच जीवनदायी वायू धोकादायक ठरतात. त्यांचे आच्छादन आज इतके जाड झाले आहे, की गेल्या शंभर वर्षांत पृथ्वीचे सरासरी तापमान १.१^{0} वाढले आहे. त्यामुळे हिमनद्या वितळत आहेत, समुद्राची पातळी वाढते आहे आणि पूर-दुष्काळ वाढले आहेत. भारतात हिमालयातील बर्फ कमी होऊन गंगा-यमुना नद्यांचा प्रवाह धोक्यात आहे. अनियमित पावसामुळे शेतकऱ्यांचे नुकसान होते आहे. हे आच्छादन जितके जाड, तितके हवामान अस्थिर होते, उष्णतेच्या लाटा, चक्रीवादळे आणि जंगलातील आगी वाढतात.

ओझोन थराचे महत्त्व आणि हवामान बदलातील भूमिका

ओझोन थर हा पृथ्वीच्या वातावरणातील एक अदृश्य कवच आहे. हा थर सुमारे १५-३५ किलोमीटर उंचीवर आढळतो. सूर्यातून येणाऱ्या हानिकारक अतिनील (अल्ट्राव्हायोलेट-बी आणि सी) किरणांना तो शोषून घेतो. ओझोनशिवाय पृथ्वीवर जीवन शक्य नव्हते. अतिनील किरणांमुळे समुद्री एकपेशीय शैवाल (प्लँक्टन)

नष्ट होऊन जलचरांना धोका पोहोचू शकतो. शेतीत पीक उत्पादन २०-३० टक्के कमी होऊ शकते. मानवी आरोग्यासाठीही ओझोन एक वरदान आहे. ऑस्ट्रेलियात एका ठिकाणी ओझोन थरात भोक पडले आहे. तिथल्या लोकांमध्ये कर्करोग वाढल्याचे आढळते. हवामान बदलात ओझोनची दुहेरी भूमिका आहे. वरचा ओझोन थर उपयुक्त आहे, पण खालचा प्रदूषणामुळे तयार झालेला थर हरितगृह वायूचा आहे आहे. त्याचे ग्लोबल वॉर्मिंग पोटेन्शिअल ४३० आहे.

हरितगृह वायूंचे नैसर्गिक संतुलन

वातावरणातील हरितगृह वायू नैसर्गिक प्रक्रियांमुळे काढून टाकले जातात. वातावरणातील रासायनिक अभिक्रिया आणि वातावरण व महासागर यांच्यातील देवाणघेवाण अशा प्रक्रिया त्यासाठी कारणीभूत असतात. वनस्पतींची वाढ होत असताना हवेतील कार्बन डायऑक्साइड शोषून घेतला जातो आणि त्या कार्बनचा साठा केला जातो. पण आज हरितगृह वायूंचे उत्सर्जन इतके वाढले आहे, की वातावरणातील त्यांचे प्रमाण कमी होण्याऐवजी वाढत चालले आहे.

हरितगृह वायूंच्या वाढत्या पातळीमुळे पृथ्वीच्या पृष्ठभागावर तापमानवाढ होत असल्याचे शास्त्रज्ञ मानतात. तापमानवाढीमुळे हवामान आणि ऋतूंमध्ये बदल असल्याचे दिसत आहे.

काही मुख्य हरितगृह वायू

हरितगृह वायू	सूत्र	प्रभाव	वातावरणात किती टिकतो (वर्षांमध्ये)	मुख्य स्त्रोत
कार्बन डायऑक्साइड	CO_2	०१	३०० ते १०००	जीवाश्म इंधन जाळणे, जंगलतोड
मिथेन	CH_4	२८	१२	शेती, कचऱ्याचे विघटन, पाळीव प्राणी
नायट्रस ऑक्साइड	N_2O	२६५	११४	खतांचा वापर, उद्योग
पाण्याची वाफ	H_2O	अनिश्चित	काही दिवस	नैसर्गिक वाफ, मानवी प्रभाव
ओझोन	O_3	४३०	अनिश्चित	अनेक प्रकारचे प्रदूषण
हायड्रोफ्लुरोकार्बन्स	अनेक आहेत	१४,६००	२७०	फ्रीज, वातानुकूलन यंत्रणा

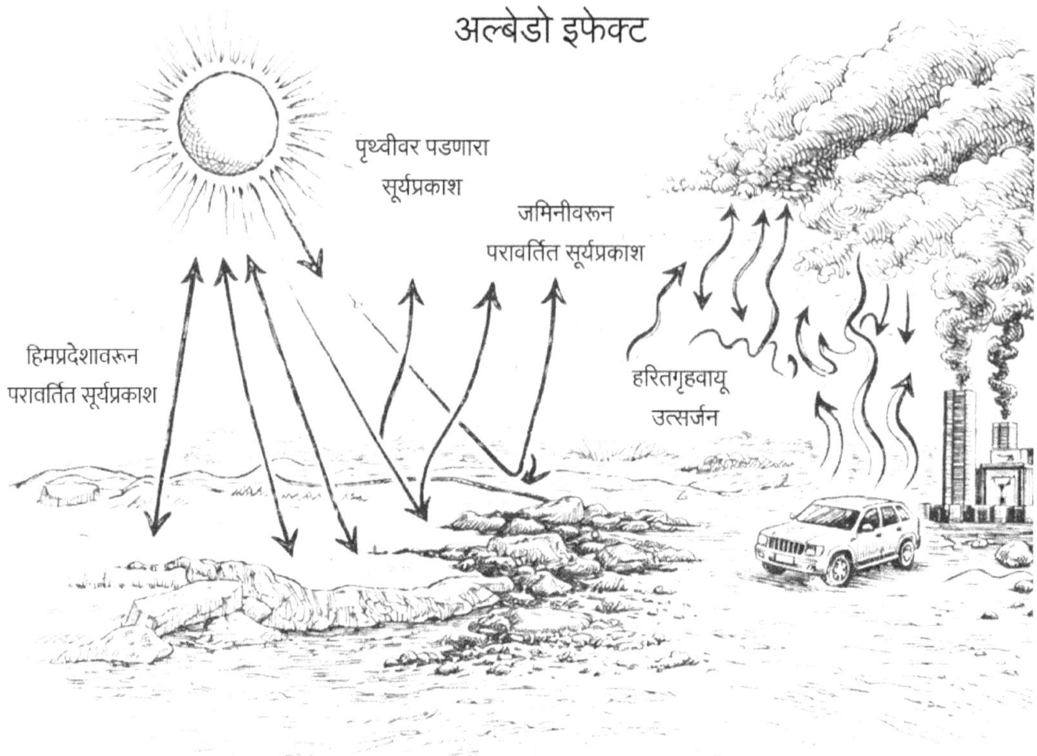

प्रकरण ४

अल्बेडो इफेक्ट : पृथ्वीचा आरसा

निसर्ग एका संतुलित यंत्रणेसारखा चालतो. सूर्य आपल्याला प्रकाश आणि ऊर्जा देतो, पण मिळालेली सर्व ऊर्जा पृथ्वी शोषून घेत नाही. सूर्याची सर्व उष्णता जर पृथ्वीने शोषून घेतली असती, तर आज पृथ्वी एक धगधगता गोळा झाली असती. या उष्णतेच्या संतुलनामागे एक महत्त्वाची प्रक्रिया काम करते. या प्रक्रियेला विज्ञानाच्या भाषेत 'अल्बेडो इफेक्ट' (Albedo Effect) असे म्हणतात. सोप्या भाषेत सांगायचे, तर 'अल्बेडो' म्हणजे एखाद्या पृष्ठभागाची सूर्यप्रकाश परावर्तित करण्याची क्षमता. हिवाळ्यात बर्फावर सूर्यप्रकाश चमकतो आणि उन्हाळ्यात काळ्या डांबरी रस्त्यावर उष्णता वाढते. हाच तो 'अल्बेडो इफेक्ट'. अल्बेडो हा शब्द लॅटिन 'Albus' शब्दापासून आला आहे. 'पांढरा' किंवा 'चमकदार' असा या शब्दाचा अर्थ आहे. थोडक्यात, अल्बेडो प्रभाव म्हणजे पृथ्वीचा पृष्ठभाग किती प्रमाणात सूर्यप्रकाश परावर्तित करतो याचे माप आहे. जितका पांढरा किंवा चमकदार पृष्ठभाग, तितका जास्त प्रकाश परावर्तित होतो आणि उष्णता कमी राहते. त्याउलट, काळा पृष्ठभाग प्रकाश शोषून घेतो आणि उष्णता वाढते.

आपल्या घराच्या छताला पांढरा रंग असला तर उन्हाळ्यात घर थोडे थंड राहते, कारण सफेद छतावरून सूर्यकिरण काही प्रमाणात परावर्तित होतात. पण तेच छत जर काळ्या रंगाचे असेल, तर मात्र त्यात सूर्यकिरण

शोषले जातात आणि घरात उष्णता वाढते. हेच पृथ्वीवरही घडत असते. माती, झाडे, डांबरी रस्ते आणि गडद रंगाच्या इमारती अशा नैसर्गिक आणि मानवनिर्मित गोष्टी उष्णता शोषून घेतात, तर पांढरे किंवा फिकट रंगाचे पृष्ठभाग, उदाहरणार्थ, बर्फ, ढग, वाळू यावरून प्रकाश काही प्रमाणात परावर्तित होतो. म्हणजे बर्फाच्छादित प्रदेश, हिमनद्या आणि ध्रुवीय भाग हे पृथ्वीचे मोठे आरसेच आहेत म्हणा की!

शहरांचे तापमान खेड्यांपेक्षा जास्त का असते? याचे उत्तर अल्बेडोमध्ये दडलेले आहे. शहरात रस्ते काळ्या डांबराचे असतात, सिमेंटच्या इमारती असतात. यांचा अल्बेडो खूप कमी असतो. दिवसभर ते सूर्याची उष्णता शोषून घेतात आणि रात्री बाहेर सोडतात. यामुळे शहरांतून रात्रीही खूप ऊब जाणवते. यालाच 'अर्बन हीट आयलंड' म्हणतात. केवळ जमीनच नाही, तर ढगसुद्धा अल्बेडोमध्ये मोठी भूमिका बजावतात. पांढरे, जाड ढग सूर्यप्रकाश परावर्तित करून पृथ्वीला थंड ठेवतात. पण काही पातळ ढग सूर्याची उष्णता पकडून ठेवतात आणि पृथ्वीची उष्णता बाहेर जाऊ देत नाहीत. अशा ढगांमुळे तापमान वाढते.

अल्बेडोचे मापन कसे होते?

अल्बेडोचे मापन शून्य ते एक या प्रमाणात केले जाते. शून्य अल्बेडो म्हणजे पूर्णपणे शोषून घेणारे, उदाहरणार्थ काळा रंग. आणि एक म्हणजे पूर्णपणे परावर्तित करणारे, उदाहरणार्थ पांढरा बर्फ. बर्फाचा अल्बेडो ०.९पर्यंत असतो, म्हणजे ९० टक्के सूर्यप्रकाश परावर्तित होतो. याउलट, समुद्राचा अल्बेडो ०.०६ आहे, म्हणजे फक्त ६ टक्के उष्णता परावर्तित होते आणि ९४ टक्के शोषली जाते. जंगले किंवा गडद मातीचा अल्बेडो ०.१ ते ०.२ असतो.

पृथ्वीचा नैसर्गिक अल्बेडो बदलू शकतो का?

अगदी प्राचीन मानवाने शेती सुरू केली तेव्हापासून आपण जमिनीचा वापर बदलत गेलो. औद्योगिक क्रांतीनंतर शहरे वाढत गेली. मोठ्या प्रमाणात जंगले आणि गवताळ प्रदेश मानवी वापरात आले. त्यामुळे त्यांच्यावर असलेल्या नैसर्गिक भू-आच्छादनात बदल झाले आणि पृष्ठभागाची परावर्तनशीलता बदलून पृथ्वीच्या हवामानावरही परिणाम होत गेला. उदाहरणार्थ, जंगले साफ करून तिथे शेती केली जाते. कोरडी, उघडी माती आणि झाडांची कमतरता यामुळे जमीन जास्त उष्णता शोषते. झाडे किंवा पिके उभी राहिली, तर हरित आवरण वाढते आणि जमिनीचा अल्बेडो सुधारतो. गडद रंगाची जंगले कमी परावर्तक असतात, तर दाट उभे शेत सामान्यतः अधिक परावर्तक असते. थोड्याफार प्रमाणात याचा शीतल परिणाम होऊ शकतो. पण शहरी भाग अनेकदा नैसर्गिक जमिनीपेक्षा कमी ऊर्जा परावर्तित करतात, त्यामुळे स्थानिक पातळीवर तापमानवाढीचे परिणाम दिसून येतात.

एरोसोल म्हणजे हवेतील सूक्ष्मकणांचा हवामान आणि ऊर्जा संतुलनावर क्लिष्ट परिणाम होतो. एरोसोल हे ज्वलनाचे वातावरणात दीर्घकाळ थांबलेले सूक्ष्म अवशेष असतात. त्याला आपण काजळी म्हणू शकतो. त्यांच्या उत्पादनास नैसर्गिक आणि मानवनिर्मित स्रोत कारणीभूत आहेत. ज्वालामुखी, समुद्राच्या लाटांचे तुषार आणि वणवे यांच्यामुळे त्यांची नैसर्गिक एरोसोल्सची निर्मिती होते, तर मानवी कृतींमुळे निर्माण होणाऱ्या उत्सर्जनामुळे, मुख्यतः जीवाश्म इंधनाच्या ज्वलनामुळेदेखील एरोसोल तयार होतात. अशा एरोसोलचा हवामानावर थंड आणि उष्ण असे

> गावात संध्याकाळी गारवा पडतो, तर शहरात मात्र उकाडा टिकून राहतो. हे अल्बेडो इफेक्टचे रोजचे उदाहरण आहे.

दोन्ही परिणाम होऊ शकतात. काही एरोसोल सूर्यप्रकाश अवकाशात परत विखुरून टाकू शकतात. त्यांच्यामुळे स्थानिक वातावरण थोडेफार शीतल होते. पण धूळ आणि काजळीसारखे (ब्लॅक कार्बन) काही कण सौरऊर्जा शोषून घेतात आणि हवेत थंडावा आला, की उष्णता बाहेर टाकतात. त्यामुळे ते उष्णता वाढवणारे घटक म्हणून कार्य करतात.

भारतातील उदाहरणे

आपल्या देशात अल्बेडो इफेक्टची अनेक स्पष्ट उदाहरणे आहेत. वैविध्यपूर्ण भूगोलामुळे ती दिसून येतात. उदाहरणार्थ हिमालयातील हिमनद्या. भारताच्या उत्तर भागात वसलेल्या हिमालयात बर्फाच्या थरामुळे जास्त अल्बेडो आहे. यामुळे सूर्यप्रकाश परावर्तित होऊन हवामान थंड राहते. थार वाळवंट हे दुसरे उदाहरण. राजस्थानातील थार हे वाळूचे विस्तीर्ण क्षेत्र आहे. इथली वाळू पांढरी आणि चमकदार असल्यामुळे याचा अल्बेडो ०.४०पर्यंत आहे. यामुळे दिवसा सूर्यप्रकाश परावर्तित होतो आणि रात्री वातावरण थंड होते. शहरी भागातही अल्बेडो इफेक्ट दिसतो. दिल्ली किंवा मुंबईसारख्या शहरांत गडद रस्ते आणि इमारतींमुळे अल्बेडो कमी आहे. यामुळे 'अर्बन हीट आयलंड' इफेक्ट तयार होतो. परिणामी, ग्रामीण भागापेक्षा शहरी भाग सुमारे चार ते ५° सेल्सियस अधिक उष्ण असतो. भारत सरकारने 'कूल रूफ्स' कार्यक्रम सुरू केला आहे, त्याअंतर्गत इमारतींवर पांढरा रंग लावून अल्बेडो वाढवला जातो. अहमदाबाद शहरात २०१८मध्ये हा उपक्रम राबविला गेला. या प्रयोगात इमारतींचे आतील तापमान ५° कमी झाले.

उत्तर भारतात सध्या एक गंभीर समस्या वाढत चालली आहे. पंजाबच्या शेतजमिनीवर कापणी झाली, हंगाम संपला की उर्वरित जैविक माल जाळून टाकला जातो. त्याचे पूर्ण ज्वलन होत नाही, त्यामुळे मोठ्या प्रमाणात काजळी हवेत पसरते. यालाच 'ब्लॅक कार्बन' म्हटले जाते. हे कण खूप वेळ हवेत राहतात आणि वाऱ्याने दूर पोहोचतात. अशी काजळी हिमनद्यांवर जाऊन पडते. पांढऱ्या बर्फावर काळा थर साचला, की बर्फाचा अल्बेडो कमी होतो आणि बर्फ सूर्याची उष्णता जास्त प्रमाणात शोषू लागतो. त्यामुळे बर्फ वितळण्याचा वेग वाढतो.

पृष्ठभागाचा प्रकार	अल्बेडो (%)	वैशिष्ट्ये
ताजा बर्फ	८०-९०	सर्वाधिक परिवर्तन
हिमनदी	७०-८०	हवामान थंड ठेवते
पांढरा रंग	५०-६०	छपरांसाठी उपयुक्त
वाळू, वाळवंट	३०-४०	मध्यम परावर्तन
सर्वसाधारण ढग	४५-६०	वातावरणावर परिणाम
शांत अवस्थेतील पाणी	५-१०	कमी परावर्तन, जास्त शोषण
समुद्री लाटा	१०-३०	कोनावर अवलंबून
वन, झाडे	१०-२०	कमी अल्बेडो
काळे डांबर, रस्ते	५-१०	जास्त उष्णता शोषण
शहरी क्षेत्र	१५-३०	मिश्र

बर्फाचे प्रदेश वितळू लागले की त्याच्या खालची काळी किंवा गडद जमीन दिसू लागते. याचा अल्बेडो कमी असल्याने इथे जास्त प्रकाश शोषला जातो आणि उर्वरित बर्फ झपाट्याने विरघळू लागतो. याला 'आइस-अल्बेडो फीडबॅक' म्हणतात. भारतात हे अनुभवायला मिळत आहे.

मानवी हस्तक्षेपातून अल्बेडो इफेक्टमध्ये मोठ्या प्रमाणात बदल होत आहेत. त्याचे परिणाम गंभीर आहेत. भारतात दुष्काळ, पूर आणि उष्णतेच्या लाटा वाढत आहेत. हिमालयातील बर्फ वितळत असल्याने अल्बेडो कमी होऊन नद्या जास्त गरम होतात, आणि पूर परिस्थितीत वाढ होते. २०२२मध्ये उत्तर भारतात उष्णतेच्या लाटेमुळे शेकडो लोक मरण पावले.

हवामान बदल फक्त कारखाने किंवा गाड्यांमुळे होत नाही, याची जाणीव अल्बेडो इफेक्ट आपल्याला करून देतो. आपण पृथ्वीचा रंग आणि तिची त्वचा कशी बदलतो, याचा त्यात मोठा वाटा आहे. पृथ्वीचा आरसा जितका उजळ, तितकी पृथ्वी थंड. इथला आरसा काळवंडला, तर उष्णतेपासून सुटका नाही, हे सगळ्यांनीच लक्षात घ्यायला हवे.

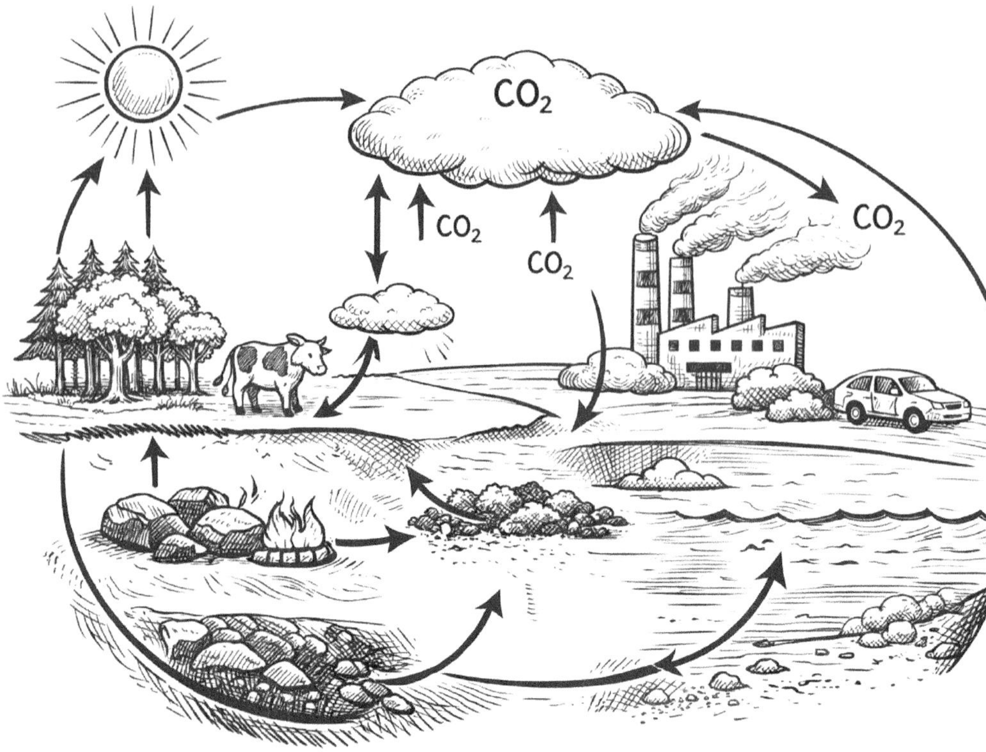

प्रकरण ५

पृथ्वीचे नैसर्गिक कार्बन चक्र

मानवी अर्थव्यवस्थेच्या घडामोडींतून, वीजनिर्मितीतून, वाहतुकीतून आणि वस्तूंच्या वापरातून होणाऱ्या कार्बन डायऑक्साइडच्या उत्सर्जनाचे निसर्गाकडून सतत शोषण केले जाते. नैसर्गिक प्रक्रियेतून शोषला गेलेला कार्बन डायऑक्साइड जैविक मालाच्या रूपात साठलेला राहतो. पृथ्वीचे वातावरण संतुलित ठेवण्यासाठी कार्बनचे शोषण ही निसर्गाची अत्यंत महत्त्वाची सेवा आहे. वनस्पती, जंगले, समुद्र आणि पाणथळ जागा नैसर्गिकरित्या वातावरणातील कार्बन शोषून घेतात आणि पृथ्वीचे तापमान संतुलित ठेवण्यास मदत करतात. ही प्रक्रिया सविस्तरपणे समजून घेऊ या.

प्रकाशसंश्लेषण : कार्बन शोषणाचे मुख्य इंजिन

वनस्पती ज्या प्रक्रियेद्वारे स्वतःचे अन्न तयार करतात, त्याला मराठीत 'प्रकाशसंश्लेषण' आणि इंग्रजीमध्ये 'फोटोसिंथेसिस' म्हणतात. प्रकाशसंश्लेषण ही वनस्पतीजगतातील सर्वात मूलभूत जैवरासायनिक प्रक्रिया आहे. हिरव्या वनस्पती आणि शैवाल यांच्यामध्ये 'हरितद्रव्य' म्हणजे क्लोरोफिल असते. हे सजीव सूर्यप्रकाशातील ऊर्जेचा वापर करून कार्बन डायऑक्साइड वातावरणातून शोषून घेतात आणि जमिनीतून पाणी घेऊन त्यावर

प्रक्रिया करतात. यातून ग्लुकोज म्हणजे साखरेसारखे कार्बोहायड्रेट तयार करतात. हे त्या वनस्पतींचे अन्न असते आणि यातूनच त्यांची वाढ होत जाते. प्रकाशसंश्लेषण या प्रक्रियेतून एक उपघटक बाहेर पडतो, तो म्हणजे प्राणवायू किंवा ऑक्सिजन. म्हणजे वनस्पती एकीकडे स्वतःसाठी आणि इतर सजीवांसाठी अन्न तयार करतात, आणि दुसरीकडे प्राणवायूनिर्मितीही होते. त्यामुळे प्रकाशसंश्लेषण ही प्रक्रिया पृथ्वीवरील सर्व वनस्पतीतर सजीवांची आधारस्तंभ आहे. वातावरणातील सुमारे ७० टक्के ऑक्सिजन यातूनच मिळतो.

जलवायू चक्रातील बदलामुळे कार्बन डायऑक्साइड वाढल्याने प्रकाशसंश्लेषणाचा वेग वाढू शकतो, पण दुष्काळ व तापमानवाढीमुळे उत्पादकता घसरते. मानवी अर्थव्यवस्थेसाठी (शेती, जैवइंधन) हे महत्त्वाचे आहे. शाश्वत शेतीसाठी प्रकाशसंश्लेषण समजून घेणे आवश्यक आहे.

कार्बनची साठवणूक

या प्रक्रियेत वनस्पती कार्बन डायऑक्साइडमधील 'कार्बन' स्वतःमध्ये साठवून ठेवतात. हा कार्बन वनस्पतींच्या खोडात, फांद्यांमध्ये, पानांमध्ये आणि मुळांमध्ये पिष्टमय पदार्थांच्या स्वरूपात साठवला जातो. जोपर्यंत झाड जिवंत आहे, तोपर्यंत हा कार्बन त्या जैविक मालात बंदिस्त राहतो. वनस्पती मेल्यानंतर ती कुजायला सुरुवात होते आणि हळूहळू हा कार्बन पुन्हा वातावरणात सोडला जातो.

जंगले : कार्बनचे अवाढव्य कोठार

जंगले ही पृथ्वीवरील सर्वात मोठी 'कार्बन सिंक्स' आहेत. झाडे जितकी मोठी आणि जुनी, तितका जास्त कार्बन त्यांच्यात साठवलेला असतो. जंगलातील कार्बनसाठा मुख्यतः दोन प्रकारांत असतो -

- **जमिनीच्या वरचा साठा :** झाडांच्या लाकडामध्ये ५० टक्क्यांपेक्षा जास्त कार्बन असतो. ॲमेझॉनसारख्या जगातील विषुववृत्तीय पर्जन्यवनांमध्ये दरवर्षी अब्जावधी टन कार्बन शोषला जाऊन त्याचा साठा केला जातो.
- **मातीतील साठा :** अजस्त्र झाडांची मुळेसुद्धा प्रचंड असतात, आणि त्यातही कार्बनचा साठा असतो. पण वनस्पतीच नव्हे, तर जंगलातील मातीदेखील कार्बन साठवते. झाडांची पडलेली पाने आणि फांद्या जेव्हा जमिनीत कुजतात, तेव्हा त्यातील कार्बन मातीचा भाग होतो. याला 'सेंद्रिय कार्बन' म्हणतात, ज्यामुळे मातीची सुपीकताही वाढते.

समुद्र : पृथ्वीचा सर्वात मोठा कार्बनशोषक

जंगलातली झाडे कार्बन शोषतात याची प्रचिती आपल्याला झाडाकडे बघून येते. पण पृथ्वीवरील ७० टक्क्यांपेक्षा जास्त कार्बन हा समुद्राद्वारे शोषला जातो, आणि हे सहज दिसून येत नाही. हा साठा मुख्यतः तीन प्रकारे होतो -

- **फायटोप्लँक्टन :** समुद्राच्या पृष्ठभागावर अतिसूक्ष्म, एकपेशीय शैवाल वनस्पती असतात. यांना फायटोप्लँक्टन म्हणतात. जमिनीवरील झाडांप्रमाणेच हे सूक्ष्मजीव प्रकाशसंश्लेषण करतात. समुद्रात त्यांची इतकी अफाट संख्या आहे, की वातावरणातील कार्बन प्रचंड प्रमाणात त्यांच्याकडून शोषला जातो आणि अर्थातच हे करताना ऑक्सिजनचे उत्पादन होते.
- **समुद्राचे पाणी :** वातावरणातील कार्बन डायऑक्साइड थेट समुद्राच्या पाण्यात विरघळतो. समुद्राच्या लाटा आणि प्रवाहामुळे हा कार्बन खोलवर जातो आणि तिथे त्याचा साठा होतो.

- **सागरी जीव :** जेव्हा मासे किंवा इतर समुद्री जीव मृत्युमुखी पडतात, तेव्हा त्यांच्या शरीरातील कार्बन समुद्राच्या तळाशी जातो आणि तिथे हजारो वर्षे गाडला जातो. पुढील एका प्रकरणात आपण प्रवाळ परिसंस्था जाणून घेणार आहोत, तेव्हा आपल्या लक्षात येईल, की तिथेही कार्बन साठा होतो.

पाणथळ प्रदेश : लपलेले कार्बन चॅम्पियन्स

पाणथळ प्रदेश म्हणजे खाड्या, दलदलीचा भाग, खारफुटीची जंगले, तळी अशा जमिनीवर साठलेल्या किंवा वाहत असलेल्या उथळ पाण्याची परिसंस्था. कार्बन शोषण्याच्या बाबतीत हे सामान्य जंगलांपेक्षाही जास्त कार्यक्षम असतात. खारफुटीच्या किनारपट्टीवर वाढणारी झाडे जमिनीवरील जंगलांच्या तुलनेत प्रतिएकर तीन ते चारपट जास्त कार्बन शोषू शकतात. त्यांची मुळे पाण्यात असल्याने तिथे ऑक्सिजनचे प्रमाण कमी असते, ज्यामुळे मृत वनस्पतींचे विघटन अतिशय हळू होते. परिणामी, कार्बन जमिनीत हजारो वर्षे तसाच राहतो. पीटलँड्स हा एक प्रकारचा पाणथळ प्रदेश आहे, जिथे वनस्पती अर्धवट कुजलेल्या अवस्थेत साठतात. असे क्षेत्र पृथ्वीच्या समशीतोष्ण भागात सापडते. जगाच्या एकूण जमिनीच्या केवळ तीन टक्के भाग पीटलँड्सने व्यापला असला, तरी त्यांनी सर्व जंगलांच्या एकत्रित साठ्यापेक्षा जास्त कार्बन साठवला आहे.

भारतातील काही मुख्य वनस्पती आणि त्यांची कार्बन शोषण करण्याची क्षमता

वनस्पतीचे नाव	वार्षिक कार्बन शोषण (अंदाजे)	वैशिष्ट्ये
बांबू	७-१२ टन (प्रति एकर)	बांबू इतर झाडांच्या तुलनेत अत्यंत वेगाने वाढतो, त्यामुळे कार्बन शोषण वेगाने होते.
पिंपळ	उच्च (अचूक आकडा वयानुसार बदलतो)	हे झाड दिवसा आणि अत्यल्प प्रमाणात रात्रीही Crassulacean Acid Metabolismमुळे कार्बन शोषण करू शकते.
खारफुटी	३-४पट जास्त (सामान्य जंगलांच्या तुलनेत)	खारफुटी त्यांच्या मुळांमध्ये आणि पाण्याखालच्या जमिनीत मोठ्या प्रमाणात कार्बन साठवून ठेवतात.
वड	उच्च	वडाचा विस्तार मोठा असल्याने त्याच्या पानांची संख्या जास्त असते, ज्यामुळे शोषण क्षमता वाढते.
कडुनिंब	१० - १५ किलो (प्रति झाड)	हे झाड भारतभर सहज वाढणारे आहे.
सागवान	२० - २५ किलो (प्रति झाड)	सागवानाचे लाकूड कडक आणि घनतेने जास्त असल्याने ते दीर्घकाळ कार्बन साठवू शकते.
चिंच	मध्यम ते उच्च	हे झाड दीर्घायुषी असल्याने अनेक दशके कार्बन शोषून साठवून ठेवते.

नैसर्गिक कार्बन सायकल किंवा कार्बन चक्र

प्रकाशसंश्लेषणातून कार्बनचे शोषण आणि अन्नाची निर्मिती हा नैसर्गिक कार्बन चक्राचा भाग आहे. पृथ्वीवरील जीवन आणि हवामानासाठी हे अत्यंत महत्त्वाचे नैसर्गिक चक्र आहे. वातावरण, महासागर, जमीन, वनस्पती आणि सजीवांमधून कार्बनच्या रेणूंची सतत देवाणघेवाण चालू असते. यामुळेच वातावरण संतुलित राहते. प्रत्येक सजीवात असलेली प्रथिने, कार्बोहायड्रेट्स, आणि डीएनए यांचा कार्बन हा रचना घटक आहे. प्रकाशसंश्लेषणाद्वारे कार्बन डायऑक्साइडचे ग्लुकोज तयार होते, त्यापासून प्राण्यांसाठी अन्न उपलब्ध होते, प्राण्यांच्या श्वसनातून आणि मेल्यावर विघटनामुळे कार्बन परत वातावरणात मिसळतो. पृथ्वीवरील अन्नसाखळी हे चक्र चालवते आणि जैवविविधतेतून ते जपले जाते.

कार्बन चक्रामुळे माती सुपीक राहते, महासागरीय आम्लता नियंत्रित होते आणि ऑक्सिजन चक्र शक्य होते. वनस्पती, समुद्र आणि पाणथळ प्रदेश यांना नैसर्गिकरित्या सशक्त ठेवणे हा पृथ्वीला थंड ठेवण्याचा नैसर्गिक मार्ग आहे. प्रकाशसंश्लेषणासारख्या साध्या पण प्रभावी प्रक्रियेतून निसर्ग आपल्याला जीवदान देत असतो. आपण जर या नैसर्गिक स्रोतांचे रक्षण केले, तरच आपण हवामान बदलाच्या संकटावर मात करू शकू. त्यामुळे कार्बन चक्र हे पृथ्वीचे 'थर्मोस्टॅट' आहे आणि त्याचे संरक्षण करणे मानवी अस्तित्वासाठी अनिवार्य आहे.

प्रकरण ६

हवामान बदलाचे पुरावे

पृथ्वीची उत्पत्ती सुमारे साडेचार अब्ज वर्षांपूर्वी झाली. त्या काळापासून आजपर्यंत पृथ्वीच्या वातावरणात मोठे बदल झाले आहेत. सुरुवातीच्या काळात प्राणवायू म्हणजे ऑक्सिजनचे प्रमाण अत्यल्प होते. पुढे प्रकाशसंश्लेषण करणारे सजीव जन्मले आणि हे प्रमाण वाढत गेले. इथल्या सजीवसृष्टीने वातावरणातील बदलांशी वेळोवेळी अनुकूलन करून म्हणजेच जुळवून घेत आपले अस्तित्व राखून ठेवले. ज्यांना अनुकूलन करणे जमले नाही, अशा कोट्यवधी प्रजाती आज लुप्त झाल्या आहेत.

पृथ्वीच्या वातावरणात वायूंचे नाजूक संतुलन असते. पण आधीच्या प्रकरणात चर्चा केल्याप्रमाणे गेल्या काही दशकांत मानवी हस्तक्षेपामुळे हे संतुलन बिघडले आहे. कार्बन डायऑक्साइड, मिथेन आणि नायट्रस ऑक्साइड यांसारख्या वायूंचे प्रमाण वाढल्याने वातावरणातील हरितगृह वायूंचे प्रमाण वाढले आहे आणि त्याचा परिणाम पृथ्वीच्या तापमानावर दिसून येतो. पण शास्त्रज्ञ वातावरणातील हरितगृह वायूंचे प्रमाण नक्की मोजतात तरी कसे, हे थोडे समजून घेऊ.

वातावरणातील कार्बनचे प्रमाण कसे मोजले जाते?

वातावरणातील वायूंचे प्रमाण मोजण्यासाठी शास्त्रज्ञ प्रामुख्याने तीन पद्धतींचा वापर करतात.

१. **वेधशाळाः** जगातील अनेक देशांत आधुनिक तंत्रज्ञानाने सज्ज अशा जमिनीवरच्या वेधशाळा आहेत. यात हवेचे नमुने ठरावीक वेळेला घेतले जातात. जगातील एक प्रसिद्ध वेधशाळा केंद्र म्हणजे हवाई बेटांवरील 'मौना लोआ' वेधशाळा. इथे हवेचे नमुने घेऊन त्यातील रेणूंचे (मॉलिक्युल्स) विश्लेषण केले जाते. वायूचे प्रमाण पीपीएम म्हणजे पार्ट्स पर मिलियनमध्ये मोजले जाते.

२. **उपग्रहातून मोजणे :** नासा आणि इतर देशांतील अंतराळ संस्थांचे उपग्रह पृथ्वीभोवती फिरत असताना वातावरणातील वायूंच्या थरांवर लक्ष ठेवतात. हे उपग्रह प्रकाशाच्या लहरींचे स्पेक्ट्रॉस्कॉपीने विश्लेषण करून कोणत्या भागात किती कार्बन जमा झाला आहे, याचे अचूक नकाशे तयार करतात.

३. **बर्फाचे नमुने घेऊन मोजणी :** हजारो वर्षांपूर्वी हवेत किती कार्बन होता, हे जाणून घेण्यासाठी शास्त्रज्ञ अंटार्क्टिका आणि ग्रीनलँडमधील बर्फाचे खोलवरचे नमुने काढतात. कालांतराने बर्फाचे थर जसे साचत जातात तसे त्यात हवेचे सूक्ष्म बुडबुडे अडकतात. हे बुडबुडे म्हणजे प्राचीन हवेची 'टाइम कॅप्सूल' असते. असे नमुने तपासल्यानंतर, आज वातावरणात जे कार्बनचे प्रमाण आहे, ते गेल्या आठ लाख वर्षांतील सर्वाधिक प्रमाण आहे, हे सिद्ध झाले आहे.

हवामान बदल होत असल्याचे ठोस पुरावे

एकोणिसाव्या शतकाच्या उत्तरार्धापासून पृथ्वीचे सरासरी तापमान सुमारे १.१° सेल्सियसने वाढले आहे. गेल्या दहा वर्षांतील बहुतांश वर्षे ही इतिहासातील 'सर्वांत उष्ण' वर्षे म्हणून नोंदवली गेली आहेत. याचे अनेक पुरावे आहेत. अनेक देशांनी पृथ्वीवर अनेक ठिकाणी जमिनीचे आणि समुद्राचे तापमान मोजण्याची यंत्रणा ठेवली आहे. काही ठिकाणी सन १८५०पासूनच्या तापमानाची नोंद ठेवली गेली आहे. यातून स्पष्ट दिसते, की जागतिक सरासरी तापमानात २०२४पर्यंत १.१°-१.२° सेल्सियस इतकी वाढ झाली आहे. तसेच, १९७९पासून काही विशिष्ट उपग्रहांच्या माध्यमातून मायक्रोवेव्ह साउंडर्सने तापमान मोजले आहे. हे जमिनीवरील वेधशाळेच्या आकडेवारीशी जुळते. त्याचबरोबर झाडांच्या खोडातील वर्तुळे (रिंग्ज), प्रवाळ क्षेत्र, ग्रीनलँड आणि अंटार्क्टिकाचे बर्फाचे थर यांच्या अभ्यासातून शतकांतील वाढ स्पष्ट दिसते. ही सर्व आकडेवारी आयपीसीसी (इंटरगव्हर्न्मेंटल पॅनेल ऑन क्लायमेट चेंज) अहवाल (AR6), नासाचा वार्षिक डेटा, climate.gov, बर्क्ले अर्थ आणि कोपरनिकस अशा वेगवेगळ्या संकेतस्थळांवर उपलब्ध आहे. हे पुरावे जीवाश्म इंधन उत्सर्जनाशी जोडलेले आहेत.

पहिल्या प्रकरणात आपण म्हटले की पृथ्वीच्या वातावरणात अनेक वेळा हवामान बदलत गेले, पण आज

पार्ट्स पर मिलियन (पीपीएम) म्हणजे कोणत्याही मिश्रणातील एखाद्या पदार्थाची खूपच कमी प्रमाणात उपस्थिती दर्शवण्याचे माप आहे. जर हवेत कार्बन डायऑक्साइडचे प्रमाण ४२० पीपीएम असेल, तर हवेच्या दशलक्ष भागात ४२० भाग कार्बन डायऑक्साइड आहे. पाण्यात १० पीपीएम गाढूळता असेल, तर दश लक्ष लिटर पाण्यात १० ग्रॅम अशुद्धी आहे. म्हणजे, १ पीपीएम = ०.०००१ टक्के प्रमाण.

पीपीएम मोजतात कसे? पीपीएम = (पदार्थाचे प्रमाण / एकूण मिश्रणाचे प्रमाण) × १० लाख. हे सूत्र रसायनशास्त्र, हवामान, पाणी शुद्धीकरणात वापरले जाते.

बदललेल्या हवामानाचे स्वरूप

घटक	१८५० पूर्वीचे प्रमाण	२०२४-२५ मधील प्रमाण	परिणाम
कार्बन डायऑक्साइड	~२८० पीपीएम	~४२० पीपीएम	उष्णता साठवून ठेवणे
मिथेन	~७२० पीपीबी	~१९००+ पीपीबी	कार्बन डायऑक्साइड पेक्षा २५ पट अधिक घातक
जागतिक तापमान	स्थिर	१.१^{o} सेल्सियस	निसर्गचक्रावर परिणाम

होणारे हवामान बदल किंवा क्लायमेट चेंज हे गेल्या तीनशे वर्षांत झालेल्या चिंताजनक बदलांचे आव्हान आहे. असे घडत आहे, याचे चार मुख्य पुरावे बघू.हे पुरावे आज निसर्गाच्या प्रत्येक कोपऱ्यात दिसत आहेत.

१. **बर्फाचे वितळणे :** हिमनद्या झपाट्याने मागे सरकत आहेत यावर आपण एका प्रकरणात विस्तृत चर्चा केली आहे. नासाच्या उपग्रहांच्या माहितीनुसार, अंटार्क्टिका आणि ग्रीनलँडमधील बर्फाचे प्रमाण दरवर्षी अब्जावधी टनांनी कमी होत आहे. केवळ ध्रुवीय प्रदेशच नव्हे, तर हिमालय, आल्प्स आणि अँडीज पर्वतरांगांमधील हिमनद्या झपाट्याने मागे सरकत आहेत.

२. **समुद्राच्या पातळीत वाढ :** जेव्हा जमिनीवरील बर्फ वितळून समुद्रात येतो आणि समुद्राचे पाणी वाढत्या उष्णतेमुळे प्रसरण पावते, तेव्हा समुद्राची पातळी वाढते हेसुद्धा आपण विस्तृतपणे एका प्रकरणात बघितले आहे. गेल्या १०० वर्षांत समुद्राची पातळी साधारण आठ ते नऊ इंचांनी वाढली आहे. ही वाढ वरवर पाहता कमी वाटली, तरी किनारपट्टीवर राहणाऱ्या कोट्यवधी लोकांसाठी ती धोकादायक आहे. यामुळे मुंबई, न्यूयॉर्क, लंडन यांसारख्या शहरांना समुद्राच्या वाढत्या पाण्याचा धोका निर्माण झाला आहे.

३. **महासागरांचे आम्लीकरण :** आपण जितका कार्बन डायऑक्साइड हवेत सोडतो, त्यातील सुमारे ३० टक्के भाग महासागर शोषून घेतात. त्यामुळे समुद्राच्या पाण्याची रासायनिक रचना बदलत आहे आणि पाणी अधिक आम्लयुक्त होत आहे. याचा परिणाम समुद्री जीवांवर, विशेषतः प्रवाळ आणि शंख-शिंपल्यांमधील जीवांवर होत आहे. प्रवाळ वसाहती (कोरल्स) पांढरे पडणे हा हवामान बदलाचा एक ठोस पुरावा आहे. याचे मापनही अनेक राष्ट्रांच्या वेधशाळेत केले जात आहे.

४. **नैसर्गिक आपत्ती आणि टोकाच्या हवामान घटना :** आज जगभर आपल्याला नैसर्गिक आपत्तींचे स्वरूप बदललेले दिसते. कधी न पाहिलेला भीषण दुष्काळ, अतिवृष्टीमुळे येणारे महापूर आणि चक्रीवादळांची वाढलेली तीव्रता हे सर्व विस्कळीत झालेल्या हवामानाचे परिणाम आहेत. पावसाळ्याचे दिवस बदलणे, हिवाळ्यात कडक ऊन पडणे किंवा उन्हाळ्यात अवकाळी पाऊस होणे, या घटना आता सामान्य झाल्या आहेत.

थोडक्यात सांगायचे झाले, तर निसर्गातील हे बदल, पृथ्वीचे संतुलन बिघडले असल्याचे स्पष्ट संकेत आपल्याला देत आहेत. या पुराव्यांकडे दुर्लक्ष करणे म्हणजे येणाऱ्या पिढ्यांचे भविष्य धोक्यात घालण्यासारखे आहे. विज्ञानाने दिलेले हे पुरावे आपल्याला वेळीच सावध होऊन पर्यावरणपूरक पावले उचलण्यासाठी प्रवृत्त करत आहेत.

भाग २

हवामान झपाट्याने बदलण्याची कारणे

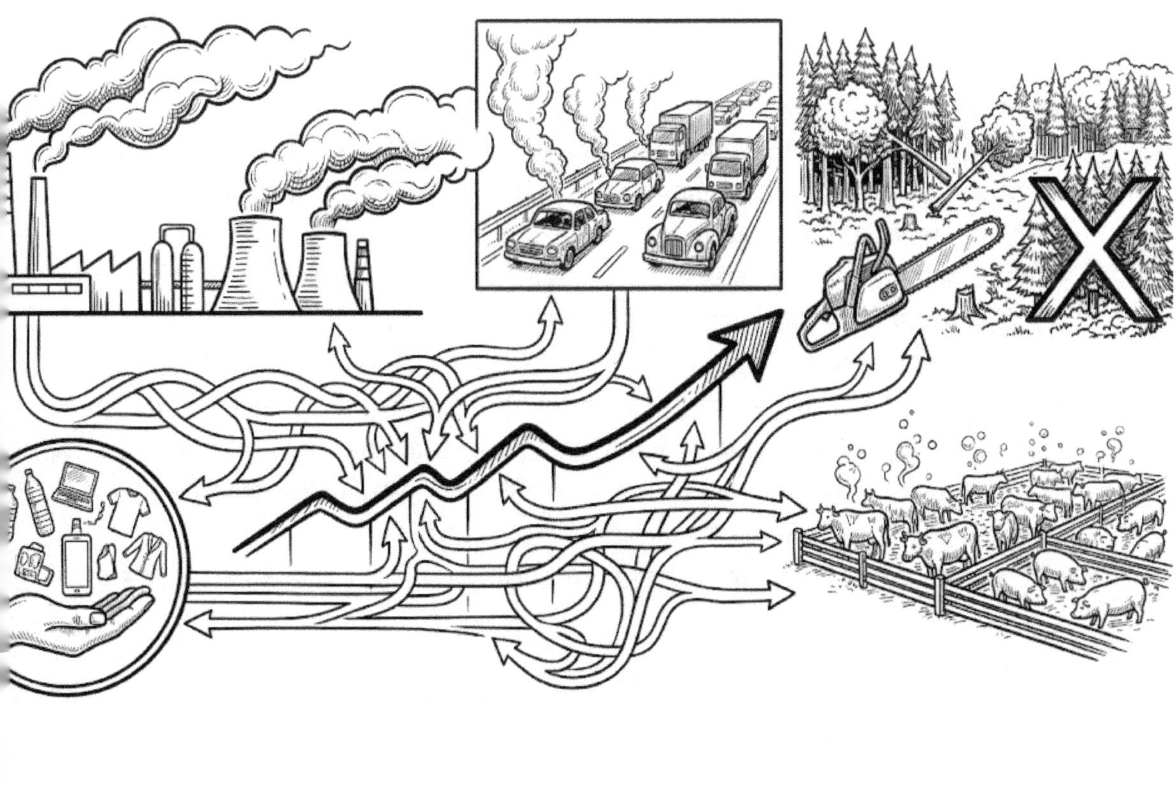

प्रकरण ७

औद्योगिक उत्पादन

औद्योगिक उत्पादन हे आर्थिक वृद्धीचे प्रमुख इंजिन मानले जाते. सकल देशांतर्गत उत्पादन म्हणजेच ग्रॉस डोमेस्टिक प्रॉडक्ट (जीडीपी) हे देशाची अर्थव्यवस्थेचा आवाका किती आहे याचे मोजमाप. गेल्या वर्षीच्या तुलनेत यावर्षी जीडीपी किती टक्क्याने वाढला आहे यातून देशाच्या आर्थिक वृद्धीची वाटचाल दिसते. जीडीपी वाढत गेला, की ग्राहकांना विविध वस्तू आणि सेवांचा पुरवठा वाढतो, उद्योग-धंदे वाढत जातात आणि रोजगारनिर्मिती होते. त्यामुळे आर्थिक वृद्धी सतत होत राहावी, हे प्रत्येक सरकारचे ध्येय असते. त्यासाठी सुयोग्य धोरणे केली जातात, सोईसुविधांवर खर्च होतो आणि उत्पादन क्षेत्रात गुंतवणूक वाढवण्याचे प्रयत्न सुरू असतात.

मात्र या आर्थिक वृद्धीची मोठी किंमत आपल्याला सहज दिसून येत नाही, ती म्हणजे उत्पादन आणि हरितगृह वायूंच्या उत्सर्जनाचा थेट संबंध. इंटरनॅशनल एनर्जी एजन्सीनुसार, जागतिक हरितगृह वायूंच्या उत्सर्जनात मॅन्युफॅक्चरिंग, म्हणजे उत्पादन क्षेत्राचा वाटा २४ टक्के आहे. भारतात हे प्रमाण सुमारे ३०-४० टक्के असल्याचा अंदाज आहे. त्यातून २०२०मध्ये १.२ गिगाटन कार्बन डायऑक्साइड समतुल्य उत्सर्जन झाले. दुर्दैवाने, जीडीपीवाढीच्या धावपळीत हा पर्यावरणीय हिशेब दुर्लक्षित राहतो.

कारखाने, उत्पादन क्षमता आणि बाजारपेठ यांचा वेगाने होणारा विस्तार होणे म्हणजे औद्योगिक क्षेत्राची

प्रगती समजली जाते. जसे उत्पादन वाढत जाते, तसे जीवाश्म इंधन, ऊर्जा, कच्चा माल आणि वाहतूक यांची मागणी वाढत जाते. कोळसा, पेट्रोल, डिझेल किंवा नैसर्गिक वायू यांसारख्या जीवाश्म इंधनांवर औद्योगिक उत्पादन पूर्णपणे अवलंबून आहे. ही इंधने जाळली की त्यात कार्बन डायऑक्साइडचे (CO_2) उत्सर्जन होते, आणि वातावरणात या हरितगृह वायूची भर पडते. वीजनिर्मितीसाठी उभारलेले कोळसा-आधारित प्रकल्प, सिमेंट व स्टील कारखाने, रसायन उद्योग या सर्व क्षेत्रांत उच्च तापमानावर प्रक्रिया चालतात. त्यासाठी इंधन जाळणे अपरिहार्य असते आणि उत्सर्जन टाळणे शक्य नसते.

अर्थव्यवस्थेचा कच्चा माल

औद्योगिक उत्पादनाचा कच्चा माल हा थेट किंवा अप्रत्यक्षरित्या निसर्गातूनच येतो. धातू, खनिजे, खनिज तेल, कोळसा, वाळू, दगड, लाकूड, पाणी, कापूस, अन्नधान्य ही सर्व नैसर्गिक संसाधने आहेत. ही संसाधने जमिनीखालच्या थरांत, पर्वतांत, नद्यांच्या पात्रात, समुद्रात, तसेच जंगल आणि शेतजमिनीत विखुरलेली आहेत. लाकूड, गोडे पाणी यांसारखी काही संसाधने पुनर्निर्मित होणारी आहेत, तर काहींचा साठा मर्यादित आहे - उदाहरणार्थ तेल, कोळसा आणि धातू. हा कच्चा माल निसर्गातून अर्थव्यवस्थेत आणण्यासाठी खाणकाम, उत्खनन, ड्रिलिंग आणि वाहतुकीचे पुरवठा जाळे (सप्लाय चेन) उभारावे लागते. पर्वत कापून खुल्या खाणी केल्या जातात. काही धातू मिळवण्यासाठी जमिनीखाली खोल बोगदे करावे लागतात. नदीपात्रातून आणि किंवा समुद्रकिनाऱ्यावरून वाळू आणि दगडगोटे काढून नेले जातात. खाणी उभारताना जंगले साफ करावी लागतात, जमिनीवरील मातीचा सुपीक थर काढून टाकला जातो आणि संपूर्ण भूभागाचा नकाशाच बदलतो. पाण्याचे नैसर्गिक प्रवाह बदलतात आणि भूजल पुनर्भरणा कमी होतो. खाणीतून माती काढली जाते, त्यात खनिजाचे अत्यल्प प्रमाण असते. ते काढण्यासाठी प्रचंड प्रमाणात माती उपासली जाते. यासाठी ऊर्जेचा प्रचंड वापर होतो आणि यंत्रसामग्रीच्या वापरतून इंधन जाळले जाते. कच्चा माल जितका जास्त वापरला जातो, तितका उत्खनन, जंगलतोड आणि उत्सर्जनाचा चक्रवाढ परिणाम वाढत जातो.

भारतात दरवर्षी अंदाजे आठ हजार हेक्टर जंगलक्षेत्र खाणकाम, रस्ते आणि रेल्वेसाठी हस्तांतरित केले जाते, असे केंद्रीय पर्यावरण मंत्रालयाची आकडेवारी सांगते. वर्ष २०२४मध्ये भारतात सुमारे १८,२०० हेक्टर जंगलतोड झाली असल्याचे ग्लोबल फॉरेस्ट वॉचच्या आकडेवारीत दिसते.

म्हणजे, निसर्ग ऱ्हास ही औद्योगिक वाढीची अनिवार्य पर्यावरणीय किंमत आहे. रस्ते, खाणी, वीज प्रकल्प, औद्योगिक वसाहती आणि शेती विस्तारासाठी मोठमोठ्या क्षेत्रातील झाडे तोडली जातात. पृथ्वीवर कार्बन शोषून घेण्याचे काम वनस्पती करतात, त्यामुळे त्यांची संख्या घटली, की आपण हवेतील कार्बन डायऑक्साइड शोषून घेण्याची नैसर्गिक क्षमता कमी करतो आणि हरितगृह वायूंचे प्रमाण वाढत जाते.

जीवाश्म इंधन म्हणजे काय?

लाखो वर्षांपूर्वी पृथ्वीवर जे प्राणी आणि वनस्पती गाडले गेले, त्यांच्या अवशेषांवर जमिनीच्या आत प्रचंड दाब आणि उष्णता होती. या प्रक्रियेतून जे द्रव्य तयार झाले, ते आहे जीवाश्म इंधन. कोळसा, खनिज तेल, ज्यापासून पेट्रोल, डिझेल आणि केरोसिन तयार होते, आणि नैसर्गिक वायू हे सर्व जीवाश्म इंधन आहेत.

जास्त उत्सर्जन करणारी औद्योगिक क्षेत्रे

खाणकाम, वाहतूक, खनिज प्रक्रिया कारखाने, सिमेंट व स्टील उद्योग या सगळ्या क्षेत्रांत मोठ्या प्रमाणात जीवाश्म इंधन जाळले जाते. त्यातून कार्बन डायऑक्साइड, मिथेन, नायट्रस ऑक्साइडसारखे हरितगृह वायू वातावरणात सोडले जातात. काही औद्योगिक प्रक्रियांत इतरांपेक्षा जास्त उत्सर्जन होते, तिथे जीवाश्म इंधनांचा मोठा वापर असतो. त्यापैकी काही मुख्य क्षेत्रे पाहू:

१. **वीजनिर्मिती :** हे सर्वाधिक उत्सर्जन करणारे क्षेत्र आहे. जागतिक उत्सर्जनात याचा सुमारे २५-३० टक्के हातभार आहे. कोळसा, तेल आणि नैसर्गिक वायू जाळून विजेचे उत्पादन केले जाते. कारखाने, घरे आणि उद्योगांना वीजपुरवठा केला जातो आणि त्यावर देशाची अर्थव्यवस्था चालते. कार्बन डायऑक्साइडव्यतिरिक्त यात सल्फर डायऑक्साइडसारखे प्रदूषकही उत्सर्जित होतात. कोळशावर चालणाऱ्या औष्णिक वीजनिर्मितीत सर्वाधिक उत्सर्जन होते आणि आज भारतात ७० टक्के वीज उत्पादन कोळशावर होते. आपल्या देशाच्या एकूण उत्सर्जनाच्या सुमारे २९ टक्के उत्सर्जन वीजनिर्मितीतून होते. औद्योगिक प्रगती वाढत गेली, की विजेची मागणी वाढत जाते आणि उत्सर्जनाचे प्रमाण वाढते.

२. **रसायने आणि पेट्रोकेमिकल्स :** रिफायनरी आणि पेट्रोकेमिकल उद्योग हे उत्सर्जनाचे मोठे स्रोत आहेत. कच्च्या तेलाचे शुद्धीकरण, डिझेल-पेट्रोल तयार करणे आणि प्लॅस्टिक, खत, रसायने यांसारख्या पेट्रोकेमिकल उत्पादन प्रक्रियांमध्ये प्रचंड प्रमाणात ऊर्जा खर्च होते. कोळसा, नैसर्गिक वायू आणि इंधनाच्या वापरतून कार्बन डायऑक्साइड, मिथेन आणि नायट्रस ऑक्साइड बाहेर पडतात. फ्लेअरिंग (अतिरिक्त वायू जाळणे), गळती आणि या प्रक्रियेतील उष्णता यामुळे उत्सर्जन आणखी वाढते. या क्षत्राचे उत्सर्जन जागतिक हरितगृह वायूंच्या १५ टक्के किंवा जास्त आहे.

३. **पोलाद (स्टील) आणि धातू क्षेत्र :** पोलाद उत्पादनात कोळशावर चालणारे ब्लास्ट फर्नेस वापरले जातात. जागतिक पातळीवर हा एक उद्योग सात ते नऊ टक्के कार्बन डायऑक्साइड उत्सर्जनासाठी जबाबदार आहे. भारतात पायाभूत सुविधा, बांधकाम आणि वाहन उद्योगामुळे पोलादाची मागणी झपाट्याने वाढत आहे, आणि त्याबरोबर उत्सर्जनही.

४. **सिमेंट उत्पादन :** सिमेंटनिर्मितीत केवळ इंधन जळत नाही, तर चुनखडीपासून क्लिंकर तयार करताना रासायनिक प्रक्रियेतूनही मोठ्या प्रमाणावर कार्बन डायऑक्साइड बाहेर पडतो. भारत हा जगातील दुसरा सर्वात मोठा सिमेंट उत्पादक असल्याने याचे महत्त्व अधिक आहे.

५. **वाहतूक क्षेत्र :** माणूस आणि माल यांच्या वाहतुकीसाठी सज्ज असलेल्या स्कूटर, रिक्षा, गाड्या, बस, ट्रक, रेल्वे, विमाने आणि जहाजे यांचा उत्सर्जनात मोठा वाटा आहे, आणि हे स्रोत वेगाने वाढणारे आहेत. येथे पेट्रोल, डिझेल, एव्हिएशन टर्बाइन फ्युएल आणि फ्युएल ऑइल यांसारखी जीवाश्म इंधने जाळली जातात. यातून कार्बन डायऑक्साइड आणि नायट्रस ऑक्साइड उत्सर्जित होतात. शहरी भागात स्मॉग आणि सूक्ष्म कण वाढल्याने याचा थेट परिणाम नागरिकांच्या आरोग्यावर होतो. सार्वजनिक वाहतूक अपुरी असली की शहरात खासगी वाहने वाढत जातात आणि त्याच बरोबर वाहतूक कोंडीसुद्धा वाढते. यामुळे उत्सर्जन अधिक वाढते.

६. **कृषी क्षेत्र :** एकूण उत्सर्जनात शेती आणि पशुपालन क्षेत्राचा सुमारे २४ टक्के हातभार लागतो. खतांचे उत्पादन आणि वापर यात कार्बन डायऑक्साइड आणि नायट्रस ऑक्साइड तयार होतो. पशुपालनात मिथेन उत्सर्जित होते.

७. **इमारत आणि बांधकाम क्षेत्र :** बांधकामात लागणारे सिमेंट, पोलाद, काच, ॲल्युमिनियम यांसारख्या साहित्यांच्या उत्पादन प्रक्रियेत प्रचंड ऊर्जा व कोळसा, इंधन तेल इत्यादी जीवाश्म इंधन वापरले जातात, त्यामुळे मोठे कार्बन फूटप्रिंट तयार होते. इमारतींच्या सतत चालणाऱ्या हीटिंग, कूलिंग, पाणी पंपिंग आणि ऑफिस उपकरणांच्या वापरातून सतत वीज वापर होतो.

औद्योगिक उत्पादन प्रक्रियेत हरितगृह वायूंचे उत्सर्जन अनिवार्य आहे. जेव्हा आपण जीडीपी वाढ हे एकच ध्येय ठेवतो, तेव्हा त्यात फक्त आर्थिक व्यवहारांची बेरीज असते. त्यात पर्यावरणीय नुकसान, आरोग्यावरील परिणाम किंवा नैसर्गिक संसाधनांचा ऱ्हास यांचे मापन होत नाही. त्यामुळे जीडीपीमधून फक्त वृद्धीची गणना होते, त्यातून विकास दर्शविला जात नाही. उद्योगांना सवलती दिल्या जातात, जमीन किंवा वीज स्वस्तात दिली जाते, करमाफी होते. त्यातून रोजगार आणि गुंतवणूक वाढते, पण दीर्घकालीन हवामान बदल आणि पर्यावरणीय संकटे मात्र दुर्लक्षित राहतात.

जागतिक हरितगृह वायू उत्सर्जनात जागतिक क्षेत्रनिहाय उत्सर्जनाचा वाटा

क्षेत्र	उत्सर्जन गिगाटन CO_2 समतुल्य	वाटा (टक्क्यांमध्ये)
ऊर्जा/विद्युत उत्पादन	१५.१	२६
वाहतूक	८.४	१५
उद्योग (मॅन्युफॅक्चरिंग, बांधकाम)	६.५	११
कृषी	६.५	११
जंगलतोड/भूमी वापर	~५	~९
इमारत/राहणीमान	~४	~७
इतर	उरलेले	~२१

एकूण उत्सर्जन सुमारे ५७ गिगाटन कार्बन डायऑक्साइड समतुल्य आहे. हे आकडे इंटरगव्हर्न्मेंटल पॅनेल फॉर क्लायमेट चेंज (आयपीसीसी) आणि वर्ल्ड रिसोर्सेस इन्स्टिट्यूटसारख्या (डब्ल्यूआरआय) विश्वसनीय स्रोतांवरून घेतले आहेत.

प्रकरण ८

आधुनिक जीवनशैली आणि उपभोग

आत्तापर्यंत केलेल्या चर्चेत आपण पाहिले की उत्पादनातून हरितगृह वायूचे प्रदूषण होते. पण आधुनिक जीवनशैलीचा त्याच्याशी कसा संबंध जुळतो ते आपण येथे पाहू.

आधुनिक जीवनशैलीचे पर्यावरणीय पदचिन्ह मोठे असते. घर असो वा उद्योगधंदे, वीज वापर काही टाळता येत नाही. तासभर जरी वीज गेली तरी आपण हवालदिल होतो! विजेवर चालणारी घरगुती उपकरणे बंद पडली तर आपला खोळंबा होतो. स्कूटर किंवा गाडी बंद पडली, तर कामाला जाणे अवघड होऊन बसते.

आज प्रत्येक घरात उपकरणांची संख्या आणि वापर वाढवला आहे. एकेकाळी घरात साधे दिवे, रेडिओ, पंखा, असलाच तर छोटा फ्रीज असायचा. आता कुटुंबातील प्रत्येक व्यक्तीकडे स्मार्टफोन, बहुतांश वेळा लॅपटॉप असतो; प्रत्येक बेडरूममध्ये टीव्ही, पंखे आणि एसी असतात. स्वयंपाकघर मायक्रोवेव्ह ओव्हन, इंडक्शन शेगडी, डिश वॉशर, वॉशिंग मशीन अशा सोयीसुविधांनी भरलेले असते. उपकरणांनी आपले दैनंदिन जीवन सुखकर आणि कमी कष्टाचे केले आहे. आता त्याच्या भरीला विजेवर चालणारी वाहनेसुद्धा आली आहेत. तंत्रज्ञानात प्रगती झाली की वस्तूंच्या किमती कमी होतात आणि अधिकाधिक घरांतून त्यांचा वापर होत जातो. तेव्हा अप्रत्यक्षपणे आपण कोळसा जाळण्यासाठी आणि कार्बन उत्सर्जनासाठी हातभार लावत असतो.

विजेच्या वापराव्यतिरिक्तसुद्धा आपल्याकडून उत्सर्जन होतच असते. वाहतूक, आहार, वस्तूंची खरेदी आणि मनोरंजन यातूनही आपण सर्वजण हरितगृह वायू उत्सर्जनास हातभार लावत असतो. आपला रोजचा प्रवास जीवाश्म इंधनावर चालतो. पेट्रोल, डिझेल किंवा एव्हिएशन इंधन वापरूनच वाहतूक होते, आणि वाहनातून निघणारा धूर वातावरणात हरितगृह वायू सोडतो.

शहरी वाहतूक

घनदाट लोकवस्ती, मोठे रस्ते, उड्डाणपूल आणि त्यांवर बंपर-टू-बंपर वाहनांच्या रांगा ही जणू मोठ्या शहराची ओळखच झाली आहे. वाढत्या शहरीकरणातून हरितगृह वायू प्रदूषण वाढणार हे अपरिहार्य आहे! भारतात दरवर्षी गाड्यांचे उत्पादन वाढत आहे, याचे कौतुक होते, पण याच खासगी वाहनांच्या वापरामुळे शहरांत कार्बन डायऑक्साइड आणि इतर घातक वायूंचे प्रदूषण झपाट्याने वाढत चालले आहे. जगातील वाहतूक उत्सर्जनापैकी ७० टक्क्यांपेक्षा जास्त उत्सर्जन शहरांमधून होते, ज्यात पेट्रोल-डिझेल वाहनांमध्ये होणाऱ्या इंधनाचे दहन हे मुख्य कारण आहे.

शहरांचा पसारा जसा वाढत जातो तसे शाळा, बाजार, कामाची ठिकाणे आणि निवासस्थाने यातील अंतरे वाढत जातात. प्रत्येकाच्या रोजच्या प्रवासाचे अंतर वाढते आणि त्याचबरोबर खासगी वाहनांची संख्या वाढत जाते. आज देशातील अनेक शहरांत मेट्रो आली आहे. पण त्याचवेळी इतर सार्वजनिक वाहतूक अद्यापही अपुरी असल्यामुळे खासगी वाहनांची संख्या काही कमी होत नाही.

सायन्टिफिक डेटा जर्नलमध्ये एक संशोधन प्रसिद्ध झाले आहे. २०२१मध्ये १५ भारतीय शहरांमध्ये ५०० मीटरच्या रिझोल्युशनवर (उपग्रह चित्रात प्रत्येक एक बिंदू, म्हणजे पिक्सेल प्रत्यक्ष जमिनीवर ५०० मीटर × ५०० मीटर एवढ्या क्षेत्राचे प्रतिनिधित्व करतो) दैनंदिन रस्ते वाहतुकीमुळे होणाऱ्या वायूप्रदूषणाचा अभ्यास केला. इतर भारतीय शहरांच्या तुलनेत मुंबईत प्रति किलोमीटर सर्वाधिक कार्बन डायऑक्साइड उत्सर्जन नोंदवले जात असल्याचे, यातून दिसून आले. दिल्ली, बंगळुरू, चेन्नई, हैदराबाद आणि पुणे यांसारख्या महानगरांमध्येही वाहतुकीमुळे नायट्रोजन ऑक्साइड्स आणि कार्बन मोनॉक्साइड उत्सर्जनाची पातळी जास्त दिसून आली.

आहार हा उत्सर्जनाचा स्रोत असू शकतो?

आहार हा केवळ आरोग्याचा नाही, तर हवामान बदलाचादेखील एक महत्त्वाचा घटक आहे. शहरांतील धकाधकीच्या जीवनात आपल्या खाण्यापिण्याच्या सवयी बदलत चालल्या आहेत. हल्ली वर्षभर कोणत्याही ऋतूतील फळे किंवा भाज्या सहज उपलब्ध असतात. बदलत्या आहार संस्कृतीचा पुरवठा करण्यासाठी शेतउत्पादन, प्रक्रिया, वाहतूक, थंड साखळी आणि पॅकेजिंग या सर्व टप्प्यांतून मोठ्या प्रमाणात हरितगृह वायू उत्सर्जन होते.

पर्यावरणीय पदचिन्ह किंवा ठसा, म्हणजे इकॉलॉजिकल फुटप्रिंट. ही एक संकल्पना आहे, ज्यात मानवी उपभोगात निसर्गातून काय घेतले जाते आणि त्याचा निसर्गावर कोणता विपरीत परिणाम होतो याचा अंदाज येतो. व्यक्ती, कुटुंब किंवा पूर्ण राष्ट्राचेसुद्धा पर्यावरणीय पदचिन्ह काढता येते. त्यात हरितगृह वायू हा महत्त्वाचा भाग आहे. मानवाचे पदचिन्ह जर पृथ्वीच्या पुनर्जनन क्षमतेबाहेर गेले, तर आपले दैनंदिन जीवन, आरोग्य आणि अर्थव्यावस्था धोक्यात येऊ शकते.

आज स्थानिक आणि ऋतूनुसार उपलब्ध होणाऱ्या अन्नाऐवजी दूरवरून आणलेले व प्रक्रिया केलेला आहाराचे प्रमाण वाढत चालले आहे. यात कार्बन फूटप्रिंट लक्षणीयरित्या वाढतो.

शहरी बाजारपेठेत हिमाचल प्रदेश, उत्तराखंड किंवा वॉशिंग्टनची सफरचंदे; न्यूझीलंड, इराण आणि इटलीचे किवी; स्पेन आणि इटलीतून आलेले ऑलिव्ह; कॅनडा आणि ऑस्ट्रेलियाची मसूर डाळ आणि वाटणे; रशिया, कझाकिस्तान आणि म्यानमारचे छोले अशी हजारो मैल वाहून आणलेली फळे, भाज्या आणि कडधान्ये मिळतात. विमान, जहाज, रेल्वे आणि ट्रकने हजारो किलोमीटर प्रवास करून हे पदार्थ आपल्यापर्यंत पोहोचतात. या वाहतुकीसाठी डिझेल किंवा इतर इंधनाचे ज्वलन होते आणि त्यातून कार्बन डायऑक्साइड आणि नायट्रस ऑक्साइडचे उत्सर्जन होते.

आइस्क्रीम, शीतपेये, चीज, लोणी आणि अनेक प्रकरची फ्रोझन फूड्स खेड्यापाड्यांतून दिसू लागली आहेत. त्यासाठी त्यांना कोल्ड चेन म्हणजेच थंड पुरवठा साखळीची गरज असते. त्यात कोल्ड स्टोअरेज, वातानुकूलित ट्रक आणि गोदाम हे विजेवर चालणारे घटक आवश्यक असतात. ही वीज कोळशावर चालणाऱ्या प्रकल्पांतून येते. त्यामुळे एका किलो फळ-भाज्या शेतापासून ताटापर्यंत येताना त्यांचाही उत्सर्जनात हातभार लागतो. या संकल्पनेला 'फूड माइल्स' म्हणतात. जर त्याच जागी ऋतूनुसार स्थानिक उत्पादन खाल्ले गेले, तर पदार्थांची ने-आण करण्यासाठी होणाऱ्या वाहतुकीमुळे आणि थंड साखळीमुळे होणारे बराचसे उत्सर्जन टाळता येऊ शकते.

ऑनलाइन खरेदी

आज एका क्लिकवर आपल्याला घरबसल्या हवी ती वस्तू मागवता येते. त्या वस्तूच्या उत्पादनात हरितगृह वायूचे प्रदूषण होते, हे आपण आधीच्या प्रकरणात पाहिले. पण त्याच बरोबर ती वस्तू आपल्या घरापर्यंत पोहोचण्यामागे एक मोठी पुरवठा साखळी (सप्लाय चेन) उभी असते, आणि त्यामधून मोठ्या प्रमाणात कार्बन डायऑक्साइड प्रदूषण होत असते. ऑनलाइन खरेदीचा हवामान बदलावर तीन टप्प्यांत प्रभाव पडतो.

१. **वाहतूक आणि इंधनाचा वापर :** ऑनलाइन शॉपिंगचा सर्वात महत्त्वाचा टप्पा म्हणजे 'घरपोच डिलिव्हरी'. ती वस्तू आपल्या शहरातील गोदामापर्यंत ट्रक, ट्रेन किंवा विमानातून प्रवास करून आलेली असते. पुढचा प्रवास स्थानिक गोदामातून आपल्या घरापर्यंत असतो. त्यासाठी डिलिव्हरी देणारी गाडी आपल्या दारात येऊन उभी राहते. याला 'लास्ट माइल डिलिव्हरी' म्हणतात. प्रत्येक पार्सलसाठी होणारा हा प्रवास डिझेल आणि पेट्रोलवर अवलंबून असतो, आणि साहजिकच त्यात हरितगृह वायूंचे उत्सर्जन होते.

२. **पॅकेजिंगचा कचरा :** आपण वस्तू मागवताना सहज मागवतो, पण एखाद्या लहानशा वस्तूसाठीसुद्धा मोठे बॉक्स किंवा प्लॅस्टिक वापरले जाते. वस्तू सुरक्षित राहण्यासाठी प्लॅस्टिकचे बबल रॅप, थर्माकोल आणि जाड कागदाचे खोके वापरले जाते. हे पॅकेजिंग तयार करण्यासाठी कारखान्यात ऊर्जा लागते, त्यावेळी उत्सर्जन होतेच आणि वापरून झाल्यावर हे सर्व कचऱ्यात जाते. हा कचरा कुजताना किंवा जाळताना पुन्हा प्रदूषण होतेच.

३. **'रिटर्न' संस्कृतीचा धोका :** ऑनलाइन खरेदी केलेली वस्तू घरी पोहोचल्यावर आवडली नाही, तर आपण ती सहज 'रिटर्न' म्हणजे परत करतो. परत केलेली वस्तू पुन्हा गोदामात नेण्यासाठी पुन्हा इंधन जळते. एका अंदाजानुसार, ऑनलाइन मागवलेल्या कपड्यांपैकी सुमारे २५-३० टक्के कपडे परत केले जातात. या परत येणाऱ्या मालाचा प्रवास प्रदूषणकारी असतो.

भारतात दरवर्षी अंदाजे १० अब्ज पॅकेजेस डिलिव्हर केली जातात. यात किती उत्सर्जन होत असेल आणि किती प्लॅस्टिक कचरा निसर्गात पडत असेल, याचा विचार आपल्याला चक्रावून सोडतो.

मनोरंजन आणि हरितगृह वायू उत्सर्जन

आज आपल्या जीवनात मनोरंजन म्हणजे केवळ टीव्ही पाहणे किंवा थिएटरमध्ये जाऊन सिनेमा बघणे एवढ्यापुरते मर्यादित राहिलेले नाही. यूट्यूब, नेटफ्लिक्स आणि त्यांसारखी असंख्य मनोरंजनाची ॲप्स आज सर्वांना सहज उपलब्ध आहेत. मोबाईल फोन, ऑनलाइन गेम्स, सोशल मीडिया यांमुळे आधुनिक मनोरंजन पूर्णपणे डिजिटल झाले आहे. पण यात कसले आले प्रदूषण? असे तुम्हाला वाटू शकते. पण प्रत्यक्षात या डिजिटल मनोरंजनामागे अजस्त्र प्रमाणावर ऊर्जेचा वापर असतो आणि त्यातून हरितगृह वायूंचे उत्सर्जन होत असते.

आधी मोबाईल फोनचा विचार करू. मोबाईलवर व्हिडिओ पाहणे, रील्स स्क्रोल करणे, गेम खेळणे यासाठी फोन चार्ज करावा लागतो, म्हणजे त्याच्या बॅटरीत वीज 'भरावी' लागते असे म्हणा ना! हे वीजनिर्मितीवर अवलंबून आहे. त्यामुळे प्रत्येक चार्ज, प्रत्येक स्क्रीन-मिनिट अप्रत्यक्षपणे कार्बन डायऑक्साइड उत्सर्जनाशी जोडलेले असते. मोबाईल फोन तयार करतानाही धातू खणणे, कारखान्यांतील निर्मिती प्रक्रिया आणि वाहतूक यांमुळे मोठ्या प्रमाणावर उत्सर्जन आधीच झालेले असते.

यू-ट्यूब, नेटफ्लिक्स अशा प्लॅटफॉर्मवर तासन्‌तास व्हिडिओ पाहताना आपण फक्त स्क्रीन पाहतो. मात्र, त्या स्क्रीनमागे प्रचंड मोठी यंत्रणा कार्यरत असते.

आपण पाहत असलेला प्रत्येक व्हिडिओ इंटरनेटवरून 'डेटा' स्वरूपात आपल्या फोन किंवा टीव्हीपर्यंत पोहोचतो. डेटा साठवण्यासाठी आणि पाठवण्यासाठी जगभरात प्रचंड मोठी 'डेटा सेंटर्स' उभारलेली आहेत.

या डेटा सेंटर्समध्ये हजारो कॉम्प्युटर सर्व्हर्स चोवीस तास, बारा महिने अखंडित सुरू असतात. सर्व्हर सुरू ठेवायला वीज लागते. ते गरम होतात, त्यामुळे त्यांना थंड ठेवण्यासाठी वातानुकूलन यंत्रणा लागते.डेटा सेंटर्स तर विजेचे भुकेले क्षेत्र आहे.

डिजिटल मनोरंजन सहज उपलब्ध असते, आनंददायी असते; पण त्याचे पर्यावरणीय पदचिन्ह भयंकर आहे. मर्यादित वापर, चित्रफिती बघताना कमी रिझोल्युशन निवडणे, अनावश्यक स्क्रोलिंग टाळणे आणि नूतनीकरणक्षम ऊर्जेवर आधारित डिजिटल पायाभूत सुविधांना प्रोत्साहन देणे हे छोटे बदल हे अदृश्य उत्सर्जन कमी करण्यासाठी महत्त्वाचे ठरू शकतात.

गेमिंग, मग ते ऑनलाइन असो किंवा वैयक्तिक उपकरणाचे असो, त्यातून हरितगृह वायूंचे उत्सर्जन झपाट्याने वाढत आहे. यासाठी लागणाऱ्या कन्सोलसारख्या हार्डवेअरच्या उत्पादनासाठी आणि सर्व्हरसाठी विजेचा वापर आणि क्लाउड गेमिंगसाठी डेटा सेंटर ऑपरेशन्समुळे उत्सर्जनात भर पडते. व्हिडिओ गेम उद्योगाने २०२२मध्ये ८१ दशलक्ष टनांपेक्षा जास्त कार्बन डायऑक्साइड समतुल्य उत्सर्जन केले, आणि गेम खेळणाऱ्यांची वाढती संख्या व क्लाउड गेमिंगच्या वाढत्या वापरामुळे हे उत्सर्जन वाढत आहे. ऑनलाइन गेमिंगमधून प्रतितास सुमारे ०.४४

> ओटीटीवर चित्रपट पाहण्यासाठी एकाच वेळी डेटा सेंटर, इंटरनेट प्रणाली, मोबाईल टॉवर आणि आपले उपकरण या सगळ्यांना वीजपुरवठा करून तो सुरू ठेवावा लागतो. जसा पाहण्याचा वेळ वाढतो, तशी ऊर्जा मागणी आणि उत्सर्जनही वाढते. 'ऑन-डिमांड' म्हणजे — हवे ते, हवे तेव्हा, हवे तितके. यात एचडी किंवा 4के रिझोल्युशन व्हिडिओंची मागणी वाढते. जास्त रिझोल्युशन म्हणजे जास्त डेटा, जास्त सर्व्हर वापर आणि जास्त वीज. परिणामी हरितगृह वायूंचे उत्सर्जनही वाढत जाते.

किलो कार्बन डायऑक्साइड समतुल्य उत्सर्जन होते. सर्व्हर आणि बँडविड्थमुळे होणाऱ्या इंटरनेट प्रदूषणामुळे ऑनलाइन गेमिंगचा जागतिक हरितगृह वायू उत्सर्जनात अंदाजे चार टक्के वाटा आहे.

प्लेस्टेशन आणि एक्सबॉक्ससारखे आधुनिक कन्सोल खेळताना प्रचंड ऊर्जा वापरली जाते. ग्राफिक्स गेम्ससाठी दर तासाला ०.२१६ युनिट वीज वापर होतो, तर एक्सबॉक्सला सुमारे ०.१७८ युनिट. सरासरी वापरानुसार, एक कन्सोल वर्षाला सुमारे ७२ किलो कार्बन डायऑक्साइड समतुल्य उत्सर्जन करतो. २०२४च्या मध्यापर्यंत ९० दशलक्ष कन्सोल विकले गेल्याने, त्यांच्या एकत्रित वापरामुळे वार्षिक ६.४८ दशलक्ष टन उत्सर्जन होते. पीसी/लॅपटॉपमधील हार्डवेअरमुळे सर्वाधिक उत्सर्जन होते; फिजिकल डिस्क डाउनलोडपेक्षा १००पट जास्त कार्बन-केंद्रित असतात.

स्पोर्ट्स म्हणजे क्रीडा स्पर्धांमुळे प्रवास, लॉजिस्टिक्स, स्टेडियममधील ऊर्जा आणि प्रेक्षकांच्या वाहतुकीतून उत्सर्जन होते. फॉर्म्युला १ रेसिंग हा खेळ आता भारतातही लोकप्रिय होत चालला आहे. या खेळात २०२४मध्ये १,६८,७२० टन कार्बन डायऑक्साइड समतुल्य उत्सर्जन झाले. गोल्फ ऑलिम्पिक आणि अमेरिकन सुपर बाऊलसारख्या मोठ्या स्पर्धा जागतिक पातळीवर होणाऱ्या प्रवासामुळे एक ते तीन दशलक्ष टन कार्बन डायऑक्साइड समतुल्य उत्सर्जन करतात.

कृत्रिम बुद्धिमत्ता (एआय) आणि त्यातून होणारे उत्सर्जन

शहरी जीवनाचा वेग आज झपाट्याने वाढत चालला आहे. शाळेपासून उद्योग-धंद्यापर्यंत स्पर्धा आणि चढाओढ वाढत आहे. अशा वेळेस आपण दैनंदिन गोष्टींना सोपे करून ऑटोमेट (स्वयंचलित) करण्याचा प्रयत्न करतो, यात नवल नाही. या कामात चॅटजीपीटी किंवा जेमिनीसारखी एआयची (कृत्रिम बुद्धिमत्ता) साधने अतिशय उपयोगी पडतात. त्यामुळे यांचा वापर आज वेगाने वाढत आहे. हे तंत्रज्ञान वापरून उद्योग-धंद्याना अनेक गोष्टी झपाट्याने करता येत आहेत. एआय ही आधुनिक तंत्रज्ञानाची क्रांती म्हणता येईल. पण याचा वापर करण्यासाठी लागणारी वीज आणि त्याचे हरितगृह वायू उत्सर्जन ही एक मोठी जागतिक समस्या झाली आहे. एआयच्या मॉडेल्सचे प्रशिक्षण, क्लाउड कॉम्प्युटिंग आणि डेटा सेंटर्स यासाठी कॉम्प्युटिंगची प्रचंड ताकद लागते. त्यासाठी सर्व्हर आणि त्यांच्या कुलिंगवर ऊर्जा खर्च होते. २०२५मध्ये जागतिक डेटा सेंटर्सची वीज मागणी ५३६ टेरावॅट-तास होती, त्यात एआयचा मोठा वाटा आहे. जगभरात ही वीज कोळसा, नैसर्गिक वायू किंवा तेलआधारित प्रकल्पांतून येते, त्यामुळे कार्बन डायऑक्साइड उत्सर्जन होणारच. अगदी हातावर मोजण्याइतक्या एआय इंजिनना अक्षय्य ऊर्जेतून वीज मिळते.

एआयच्या एका प्रशिक्षणासाठी, उदाहरणार्थ जीपीटी-३सारखे मॉडेल, १२८७ मेगावॅट प्रति तास इतकी वीज लागते. ही वीज सुमारे ११० घरांच्या वार्षिक वीज मागणी इतकी आहे. एका एआय चॅट प्रश्नासाठी सुमारे ०.००२-०.०१ किलोवॅट प्रति तास वीज वापरली जाते. जगभरात दर सेकंदाला अब्जावधी क्वेरींमुळे एकूण उत्सर्जन मोठे होते. २०२५मध्ये एआय सिस्टिम्समधून ८० दशलक्ष टन कार्बन डायऑक्साइड उत्सर्जन झाले, असा अनुमान आहे. हे उत्सर्जन एका छोट्या युरोपियन देशाइतके आहे! डेटा सेंटर्सची कार्बन तीव्रता राष्ट्रीय सरासरीपेक्षा ४८ टक्के जास्त असते. वाढत्या एआय वापरामुळे (चॅटजीपीटीसारख टूल्स) उत्सर्जन दुप्पट होत आहे.

> इंडियन प्रीमियर लीग क्रिकेटच्या मॅचेस संध्याकाळी आणि रात्री खेळल्या जातात. दिवसभराच लख्ख सूर्यप्रकाश वाया घालवून आपण मोठे दिवे लावून क्रिकेट बघतो. मॅचेस बघायला प्रवास करतो आणि उत्सर्जनात भर टाकतो.

वीज मागणीतील वाढ (प्रोजेक्शन)

इंटरनॅशनल एनर्जी एजन्सी नुसार एआय डेटा सेंटर्सची वीज मागणी झपाट्याने वाढत आहे. अमेरिकेत डेटा सेंटर्सची मागणी २०३०पर्यंत ६०६ टेरावॅट-तास होईल (एकूण विजेच्या ११.७ टक्के). खालील तक्त्यात जागतिक/अमेरिकी डेटा सेंटर्सची वीज मागणी टेरावॅट-तास आणि वाढ दर्शविली आहे:

वर्ष	जागतिक डेटा सेंटर्स (TWh)	अमेरिकी डेटा सेंटर्स (TWh, टक्के एकूण वीज)	एआयचा वाढता वाटा (टक्के)
२०२३	~३५०	१४७ (३.७%)	बेसलाइन
२०२४	५३६	१७८ (४.३%)	२५% Q१ वाढ
२०२५	५३६-६८१	२२४ (५.२%)	३०%+
२०२६	६८१	२९२ (६.५%)	१० पट (२०२२ पासून)
२०३०	१०६५ (दुप्पट)	६०६ (११.७%)	५०%+ डेटा सेंटर्स
२०३५	१३००+	~१२०० GW (३० पट)	१६% उत्तर अमेरिका

जाहिरातबाजी आणि उपभोगाचा प्रसार

शहरी जीवनशैलीत गरजेपेक्षा जास्त वापर नकळत होत जातो. अन्न, वस्त्र किंवा निवारा अशा जीवनावश्यक वस्तूंच्या पलीकडे जाऊन हा उपभोग सुरू असतो. आपल्या उपभोगात आपण प्रामुख्याने काय बघतो, तर सुविधा, अनुभव आणि आपल्या प्रतिमेचा विचार. उदाहरणार्थ, गाडी विकत घेताना त्यात मनोरंजनाची काय साधने आहेत, आपल्या प्रतिमेला ही गाडी कशी दिसेल असा विचार करतो. सोय, सौंदर्य, आराम किंवा प्रतिमा अशा गोष्टींमुळे बाजारपेठेतून उपभोग वाढवण्याचा प्रयत्न अनेक मार्गांनी, हळूच आणि सातत्याने होत असतो. आपण सर्वच जण कधी ना कधी त्याला नकळत बळी पडलेले असतो.

आधुनिक बाजार व्यवस्था पराकोटीची स्पर्धात्मक झाली आहे. प्रत्येक कंपनीने आपली उत्पादने या ना त्या मार्गाने विकली नाहीत, तर त्यांचे अस्तित्वच धोक्यात येऊ शकते. त्यामुळे या स्पर्धेत तग धरण्यासाठी जाहिरातींवर प्रचंड मोठ्या प्रमाणात खर्च केला जातो. टीव्ही, मोबाईल, सोशल मीडिया, होर्डिंग्ज यांमधून सतत नवनवीन वस्तूंची ओळख करून दिली जाते. 'ही वस्तू घेतली तर आयुष्य सोपे होईल', 'हे वापरले तर तुमची ओळख बदलेल' असे संदेश नकळत मनात रुजवले जातात. त्यामुळे गरज नसतानाही वस्तू घ्यावीशी वाटते. आज इच्छा आणि गरज यातील सीमारेषा पुसट होत चालली आहे का, असा प्रश्न पडतो.

समाज जसा समृद्ध होत जातो, तशी खरेदी करण्याची क्षमता वाढत जाते. आणि त्या जोडीला सहज उपलब्ध असलेली कर्ज सुविधा आपल्याला भुरळ घालते. पूर्वी एखादी वस्तू घेण्यासाठी पैसे साठवावे लागत असत. आज मात्र ईएमआय, क्रेडिट कार्ड, 'आता घ्या, नंतर द्या' अशा योजनांमुळे न परवडणारी वस्तूसुद्धा तत्काळ विकत घेणे शक्य आहे.

शहरीकरण आणि बदलती सामाजिक रचना हेदेखील उपभोग वाढवण्यासाठी हातभार लावतात. संयुक्त कुटुंबाऐवजी लहान कुटुंबे, एकट्याने राहणारे लोक, वेगवान जीवनशैली अशा सामाजिक बदलांमुळे रेडिमेड अन्न, पॅकेज्ड वस्तू, घरगुती उपकरणे यांचा वापर वाढत जातो. याशिवाय 'तुलना करणे' हेसुद्धा उपभोग वाढवण्यात काही प्रमाणात कारणीभूत आहे. 'माझ्याकडे जे आहे, ते इतर कोणाकडे आहे का?' किंवा 'मी इतरांपेक्षा मागे

तर नाही ना?' निर्णय घेताना असे विचार सहज मनात येतात, आणि मोबाईल फोन, कपडे, गाड्या, प्रवास या सगळ्या गोष्टी प्रतिष्ठेचे प्रतीक ठरतात.

थोडक्यात, आधुनिक जीवनशैलीत उपभोगाचा उद्रेक अचानक झालेला नसून जाहिरात, उत्पन्न, तंत्रज्ञान, सामाजिक दबाव आणि सोयीस्कर व्यवस्था यांच्या एकत्र परिणामातून घडलेला आहे. या उपभोगाला मर्यादा घालणे ही आजची मोठी गरज झाली आहे, कारण अमर्याद उपभोग शेवटी निसर्ग, अर्थव्यवस्था आणि मानवी आरोग्यावरही परिणाम करतो.

घरगुती उपकरणांचा ऊर्जा वापर आणि हरितगृह वायू उत्सर्जन

घरगुती उपकरण	वार्षिक वीज वापर किलोवॅट / वर्ष	कार्बन डायऑक्साइड समतुल्य उत्सर्जन किलो/वर्ष	टिपण
वॉशिंग मशीन	१५० ते २५०	२००–२२५	आठवड्याला ४–५ सायकल
डिशवॉशर	२०० ते ३००	१८०–२१०	दिवसातून १ सायकल
मायक्रोवेव ओव्हन	५० ते १००	८०–९०	दिवसाला १०–१५ मिनिटे वापर.
मिक्सर/ग्राइंडर	२० ते ५०	२०–२५	रोज काही मिनिटे वापर
इलेक्ट्रिक ओव्हन	~१२०	९५–११०	आठवड्यातून २–३ वेळा वापर
फ्रीज (तुलनेसाठी)	३००–५००	२००–३००	२४x७ सुरू ठेवला जातो
वॉटर हीटर	४००-६००	२९६-४४४	दैनिक वापर
टीव्ही	१००-२००	७४-१४८	दैनिक ४-६ तास

स्रोतः International Energy Agency (IEA), Energy Star, Bureau of Energy Efficiency (BEE) India च्या अहवालांवर आधारित. अचूक माहितीसाठी BEE वेबसाइट तपासा किंवा विशिष्ट मॉडेलचा डेटा पहा.

हे सरासरी आकडे आहेत आणि प्रत्यक्षातील वापर, उपकरणाची कार्यक्षमता, स्टार रेटिंग आणि स्थानिक वीज स्रोत (उदाहरणार्थ, सौरवीज वापरल्यास उत्सर्जन शून्य) यानुसार त्यात बदल होतात. काही घरांत अनेक उपकरणे असू शकतात आणि जास्त तास वापर होत असेल, तर उत्सर्जन त्यानुसार वाढते. भारतात कोळसाआधारित विजेमुळे आपले सरासरी उत्सर्जन जास्त आहे.

या तक्त्यातील आकडेवारीतून घरगुती उपकरणांचा ऊर्जा वापर आणि कार्बन उत्सर्जनावर होणारा परिणाम स्पष्ट दिसतो. वातानुकूलित यंत्रांसारखी मोठी उपकरणे यासाठी कारणीभूत असतात हे आपल्याला माहीत असते, पण मिक्सर आणि वॉशिंग मशीनसारख्या कमी वापराच्या वस्तूदेखील उत्सर्जनात हातभार लावतात.

प्रकरण ९

घनकचरा, सांडपाणी

मागील प्रकरणात आपण बदलती जीवनशैली आणि त्यातून उद्‌भवणारे उत्सर्जन याविषयी बोललो. आजच्या धावपळीच्या जीवनात आपली जीवनशैली बदलली आहे आणि त्याच बरोबर कचरा होण्याचे/करण्याचे प्रमाणही प्रचंड वाढले आहे. आपल्याला वाटते की घराबाहेर कचरा टाकला की आपली जबाबदारी संपली, पण खरी समस्या तिथेच सुरू होते. हा कचरा आणि आपल्या घरातील सांडपाणी जेव्हा उघड्यावर किंवा मोठ्या ढिगाऱ्यांत साठते, तेव्हा त्यातून मिथेन आणि नायट्रस ऑक्साइडसारखे 'हरितगृह वायू' बाहेर पडतात, हे वायू पृथ्वीचे तापमान वाढवण्यास कारणीभूत ठरतात.

वेगाने वाढणाऱ्या शहरांमध्ये कचरा ही एक मोठी समस्या आहे. प्रत्येक शहर दररोज लाखो टन घनकचरा आणि सांडपाणी तयार करते. हा कचरा योग्यरित्या हाताळला जातो का, याचे आपल्याला भान नसते. जागतिक पातळीवर घनकचऱ्यातून पाच टक्के हरितगृह वायू बाहेर पडतात. भारतात तर ही समस्या आणखी गंभीर आहे. जागतिक बँकेच्या अहवालानुसार, जगात दरवर्षी दोन अब्ज टन कचरा महानगरपालिका पातळीवर तयार होतो, आणि त्यात भारताचा मोठा वाटा आहे.

कचऱ्याचे वर्गीकरण त्याच्या स्वरूपानुसार केले जाते. कचऱ्याचे मुख्य तीन प्रकार:

- **घनकचरा:** घरातून येणारा कचरा, उदाहरणार्थ, उरलेले अन्न, कागद, प्लॅस्टिक.
- **द्रवरूपी कचरा (सांडपाणी) :** घरातील धुण्याचे पाणी, टॉयलेटचे पाणी.
- **घातक कचरा :** विषारी पदार्थ, उदाहरणार्थ, बॅटरी किंवा रासायनिक कचरा, हॉस्पिटल मधील कचरा.

प्रत्येक प्रकारात गट आहेत. प्रत्येक प्रकारच्या कचऱ्याची विशिष्ट पद्धतीने विल्हेवाट लावावी लागते. तसे केले नाही तर त्यातून दर्प येतो, म्हणजे त्यातून होणारे उत्सर्जन वाढते.

घनकचऱ्याचे प्रकार आणि स्रोत

घनकचरा म्हणजे घरगुती, व्यावसायिक, औद्योगिक किंवा इतर मानवी क्रियांमधून निर्माण होणारा टाकाऊ पदार्थ, जो द्रव किंवा वायू स्वरूपात नसतो. घरगुती कचऱ्यात अन्नकचरा, भाजीपाला-फळांची साले, कागद, प्लॅस्टिक पिशव्या, बाटल्या, कापडाचे तुकडे इत्यादींचा समावेश होतो. यात सेंद्रिय किंवा ओला कचरा जास्त प्रमाणात असतो. त्यामुळे हे विघटन होऊ शकते. शहराच्या कचरा व्यवस्थापनाची जबाबदारी प्रशासन किंवा नगरपालिकेकडे/महापालिकेकडे असते. घरे, दुकाने, बाजारपेठा, कार्यालये, शाळा, रुग्णालये, रस्ते साफसफाई यांतून कचरा उचलला जातो. हा कचरा मोठ्या प्रमाणात असल्याने त्याचे व्यवस्थापन हे मोठे आव्हान आहे. इलेक्ट्रॉनिक कचरा हासुद्धा घनकचऱ्यात येतो. जुने मोबाईल, संगणक, टीव्ही, बॅटऱ्या इत्यादींना आपण ई-वेस्ट म्हणतो. यात शिसे, कॅडमियमसारखे विषारी घटक असतात आणि काही पुनर्वापर करता येतील असे धातूसुद्धा असतात. बांधकाम व पाडकाम कचरा मुख्यतः इमारती, रस्ते, पूल यांच्या बांधकामातून तयार होतो. विटा, सिमेंट, काँक्रीट, माती, लोखंड अशा गोष्टी त्यात मोडतात.

कारखाने, उत्पादन केंद्रे, प्रक्रिया उद्योग यात तयार होणाऱ्या कचऱ्याला औद्योगिक कचरा म्हटले जाते. यात स्लॅग, राख, रासायनिक अवशेष, धातूंचे तुकडे, पॅकेजिंगचा कचरा असे अनेक वेगवेगळ्या प्रकारचे घटक असतात. यात जैविक किंवा सेंद्रिय कचरा जवळ जवळ नसतो असे म्हणता येईल. पण काही औद्योगिक कचरा घातक असतो आणि त्यात माती किंवा पाण्याचे प्रदूषण करण्याची क्षमता असते.

विषारी, जैव-वैद्यकीय कचरा प्रामुख्याने रुग्णालये, दवाखाने किंवा प्रयोगशाळेतून निर्माण होतो. हा कचरा विषारी किंवा घातक असतो. यामध्ये इंजेक्शनच्या सुया आणि सिरिंज, रक्ताने माखलेली कापडे, औषधांचे अवशेष असू शकतात. याव्यतिरिक्त घरगुती जैव- वैद्यकीय कचरासुद्धा असतो. यामध्ये लहान मुलांचे किंवा वयस्कर मंडळींचे डायपर आणि स्त्रियांचे सॅनिटरी पॅड्स यांचा समावेश होतो. अशा कचऱ्यात विषाणूसुद्धा असू शकतात, त्यामुळे त्याचे स्वतंत्र संकलन व शास्त्रोक्त विल्हेवाट लावणे आवश्यक असते.

घनकचरा व्यवस्थापन करताना प्रशासन कचऱ्याचे दोन प्रकारांत विलगीकरण करते - ओला कचरा आणि कोरडा कचरा. ओला कचऱ्यात घरगुती भाज्या, पाला, फळे, उरलेसुरले अन्न, मांसाचे अवशेष अशा जैविक गोष्टी येतात. या प्रकारात सुमारे ४० ते ६० टक्के पाणी असते, त्यामुळे याचे विघटन लवकर होते. ओला कचरा घरगुती स्वयंपाकघर, हॉटेल्स, कत्तलखाने आणि बाजारपेठांतून तयार होतो. भारतीय शहरांमध्ये एकूण कचऱ्याच्या ५० ते ६० टक्के कचरा ओला असतो. मुंबईसारख्या शहरात दररोज ७,५०० टन ओला कचरा तयार होतो. कोरडा कचरा म्हणजे प्लॅस्टिक, कागद, धातू, काच, कपडे, रबर, घरगुती वस्तू इत्यादी. हा कचरा घरे, दुकाने, कार्यालये, व्यवसाय अशा ठिकाणी तयार होतो.

घनकचऱ्याचे व्यवस्थापन: आज काय होते?

भारतात स्वच्छ भारत अभियानानंतर कचरा व्यवस्थापन सुधारले, पण अजूनही त्यात खूप त्रुटी आहेत. शहरातून कचरा संकलन सुमारे ५० ते ७० टक्के इतकेच होते, आणि त्यातील फक्त १० ते २० टक्के कचऱ्यावर प्रक्रिया होते. शहरी कचऱ्याची विल्हेवाट दोन प्रकारांनी लावली जाते. काही प्रमाणात शहरी कचरा जमिनीत भरला जातो. याला लँडफिल म्हणतात. या प्रक्रियेत ओला आणि कोरडा मिश्र कचरा खड्ड्यात भरून ठेवला जातो. दिल्लीतील गाझीपूर लँडफिलसारख्या ठिकाणी लाखो टन कचरा साठवला जातो, तर पुणे शहराचा कचरा उरळी देवाची येथे आणि इतर गावात जातो.

ओला कचरा ऑक्सिजनशिवाय (अ-वायवी किंवा ॲनेरोबिक विघटन, हवेच्या अनुपस्थितीत कचरा सडणे) सडतो. यामध्ये मिथेन वायू तयार होतो. आपण आधीच्या प्रकरणात पाहिले, की मिथेन हा कार्बन डायऑक्साइडपेक्षा २८पट अधिक प्रभावी आहे. भारतातील लँडफिल्समधून १.२५ ते १.६८ टेराग्रॅम टन प्रति वर्ष मिथेन उत्सर्जित होतो (टेराग्राम म्हणजे दहा लाख मेट्रिक). उदाहरणार्थ, चंदीगडमध्ये सुमारे ३५० टन कचरा प्रति दिन तयार होतो. या कचऱ्यातून सुमारे ०.३४ गिगा ग्रॅम मिथेन उत्सर्जन प्रति वर्षी होते.

सांडपाणी आणि उत्सर्जन

सांडपाण्याच्या संकलन, प्रक्रिया आणि विल्हेवाटीच्या प्रक्रियेतून प्रामुख्याने मिथेन आणि नायट्रस ऑक्साइड हे दोन घातक वायू उत्सर्जित होतात. कचरा व्यवस्थापनात सांडपाणी हे उत्सर्जनाचे सर्वात मोठे स्रोत आहे. एकूण कचरा प्रदूषणात ५५.७ टक्के वाटा केवळ घरगुती सांडपाण्याचा आहे. यातही प्रकार आहेत.

- **घरगुती सांडपाणी :** प्रत्येक घरातून मलमूत्र, खरकटे आणि घरगुती स्वच्छतेसाठी वापरली जाणारी रसायने, उदाहरणार्थ, धुण्याचे साबण, शाम्पू, फिनेल, इत्यादी सांडपाण्याच्या रूपात बाहेर पडत असते. ग्रामीण आणि शहरी भागात सेप्टिक टँकचा मोठ्या प्रमाणावर वापर होतो. प्रक्रिया न होता सांडपाणी सेप्टिक टँक किंवा उघड्या नाल्यांमध्ये साठवले जाते, तेव्हा प्राणवायूच्या अभावात त्याचे विघटन होऊन मिथेन तयार होतो. खरकटे अन्न सांडपाण्यात मिसळलेले असते. त्यातील प्रथिनांमुळे सांडपाण्यात नायट्रोजनचे प्रमाण असते आणि त्यामुळे नायट्रस ऑक्साइड उत्सर्जित होतो.
- **औद्योगिक सांडपाणी :** काही विशिष्ट उद्योग प्रक्रियांतून बाहेर पडणाऱ्या सांडपाण्यात सेंद्रिय पदार्थांचे प्रमाण खूप जास्त असते. कागद आणि लगदा तयार करणारे कारखाने, रासायनिक खत प्रकल्प, मांस प्रक्रिया हे तीन उद्योग औद्योगिक सांडपाण्यातील ९१.४ टक्के उत्सर्जनासाठी कारणीभूत आहेत. २०१८मध्ये या क्षेत्रातून ३७.५१ दशलक्ष टन कार्बन डायऑक्साइड समतुल्य उत्सर्जन झाले.

सांडपाण्यातून मुख्यतः तीन प्रकारचे उत्सर्जन होते.

१. **अ-वायवी विघटन (ॲनेरोबिक) :** या प्रक्रियेत हवेच्या अनुपस्थितीत कचरा सडू लागतो. सांडपाण्यावर प्रक्रिया न झाल्यास किंवा नाल्यात आणि खड्ड्यात त्याचा साठा तयार झाल्यास विनाऑक्सिजन ते सडू लागते. या प्रक्रियेत त्यातील सूक्ष्मजीव (बॅक्टेरिया) सेंद्रिय पदार्थ खाऊन मिथेन तयार करतात.

२. **नायट्रिफिकेशन-डिनायट्रिफिकेशन :** सांडपाण्यातील मलमूत्रातून निघणाऱ्या नायट्रोजनचे शुद्धीकरण करताना त्याचे रूपांतर नायट्रस ऑक्साइडमध्ये होते. हा ३००पट अधिक शक्तिशाली हरितगृह वायू आहे.

३. **वाहतूक आणि शुद्धीकरणात ऊर्जा वापर :** स्युएज ट्रीटमेंट प्लांटमध्ये पंप आणि कूलिंगसाठी वीज लागते. मागील प्रकरणात पहिल्याप्रमाणे भारतात प्रामुख्याने वीज कोळशापासून तयार होते, त्यामुळे त्यातून कार्बन डायऑक्साइड उत्सर्जन झालेले असतेच.

भारतातील अनेक शहरात दररोज जे सांडपाणी निर्माण होते, त्या सर्व सांडपाण्यावर प्रक्रिया करता येईल एवढी क्षमतेचे स्युएज ट्रीटमेंट प्लांट उपलब्ध नसतात. त्यामुळे सर्व सांडपाणी स्वच्छ होत नाही आणि त्यातून मोठ्या प्रमाणात मिथेन आणि नायट्रस ऑक्साइड वायू बाहेर पडतात. मुंबई, दिल्ली, पुणे यांसारख्या शहरांत स्युएज ट्रीटमेंट प्लांटची क्षमता अपुरी आहे. ग्रामीण भागात सांडपाणी थेट शेतात किंवा नाल्यातून सोडले जाते, ज्यातून मिथेन उत्सर्जन वाढते.

ओला कचरा आणि मिथेन उत्सर्जन

ज्याला जैविक कचरा किंवा ऑरगॅनिक वेस्ट म्हणून ओळखले जाते, तो ओला कचरा आपल्या दैनंदिन जीवनातील एक मोठा भाग आहे. यात स्वयंपाकघरातील भाज्या-फळांच्या साली, शिळे अन्नपदार्थ, पाने, फुले आणि इतर जैविक पदार्थ येतात. जगभरात एकूण कचऱ्याचा सुमारे ४०-५० टक्के कचरा ओला कचरा असतो. हा कचरा योग्य प्रकारे हाताळला नाही, तर तो पर्यावरणासाठी घातक ठरतो, विशेषतः हरितगृह वायू उत्सर्जनाच्या दृष्टीने.

हा कचरा जेव्हा लँडफिल साइट्समध्ये टाकला जातो, तेव्हा त्या ऑक्सिजनच्या अभावात विघटन होतो. या प्रक्रियेत मिथेन वायू मोठ्या प्रमाणात तयार होतो. संयुक्त राष्ट्रांच्या अहवालानुसार, जगातील एकूण मिथेन उत्सर्जनाचा २० टक्के भाग कचऱ्याच्या विघटनातून येतो, आणि यात ओला कचऱ्याचा वाटा मोठा आहे. भारतासारख्या देशात, शहरांमध्ये दररोज लाखो टन कचरा तयार होतो, आणि त्यातील बहुतांश ओला कचरा असतो. मुंबई किंवा दिल्लीसारख्या शहरांमध्ये लँडफिल्समधून निघणारा मिथेन हवामान बदलाला हातभार लावतानाच स्थानिक प्रदूषणही वाढवतो, ज्यामुळे दुर्गंधी, आग आणि आरोग्य समस्या उद्‌भवतात.

ओला कचरा वेगळा केला, तर त्याचे विघटन होऊन त्याचे उत्तम प्रतीचे खत बनू शकते. कंपोस्टिंग ही एक सोपी पद्धत आहे. बायोगॅस प्लांट्समध्ये ओला कचरा टाकून मिथेन नियंत्रितपणे गोळा करता येतो आणि त्याचा इंधन म्हणून उत्तम वापर करता येतो. भारतात, सरकारच्या स्वच्छ भारत अभियानात अशा योजना आहेत. गोबरधन योजनेसारख्या योजना गावांमध्ये बायोगॅस उत्पादनाला प्रोत्साहन देतात. यामुळे उत्सर्जन ५०-७० टक्के कमी होऊ शकते. जगभरात, स्वीडनसारखे देश ९९ टक्के कचरा रिसायकल करतात, ज्यामुळे त्यांचे हरितगृह उत्सर्जन कमी आहे.

- **हॉस्पिटल कचरा :** भारतात दररोज ५५० टन वैद्यकीय कचरा तयार होतो. यात इन्फेक्शिअस वेस्ट (इंजेक्शनच्या सुया, डायपर) जाळले जाते, ज्यातून कार्बन डायऑक्साइड आणि डायॉक्सिन तयार होतात.
- **कत्तलखान्याचा कचरा :** कत्तलखान्यांतून प्राण्याचे अवशेष, रक्त आणि प्रोटीनयुक्त ओला कचरा तयार होतो. हा कचरा लगेच सडायला लागतो आणि त्यातून

> सांडपाण्यातील हरितगृह वायूंची समस्या ही एका शांत ज्वालामुखीसारखी आहे - बाहेरून काहीच दिसत नाही, पण कचरा डेपो आणि गटारांतून बाहेर पडणारे वायू पृथ्वीच्या वातावरणाचे तापमान वाढवत आहेत.

मिथेन उत्सर्जित होतो. त्यावर योग्य उपाय न झाल्यास पाण्याच्या स्रोतात मिसळून या कचऱ्याचे प्रदूषण होते. हा कचरा बायोगॅस प्लांटमध्ये वापरता येतो.

भारतातील काही आकडेवारी

क्रमांक	पैलू	आकडेवारी	स्रोत/वर्ष
१	भारतातील वार्षिक एकूण घनकचरा उत्पादन	सुमारे ६२ दशलक्ष टन (१७०,००० टन प्रति दिन)	सीपीसीबी, २०२२
३	ओला/जैविक कचऱ्याचा वाटा	५०-६० टक्के (एकूण कचऱ्याचा मुख्य भाग)	सीपीसीबी वार्षिक अहवाल, २०२१-२२
४	अंदाजे कचरा संकलन दर	सुमारे ८०-९० टक्के (ग्रामीण भागात कमी)	जागतिक बँक, २०२२
५	कचरा प्रक्रिया दर	केवळ ३०-४० टक्के (उर्वरित लँडफिलमध्ये)	MoEFCC, २०२४
६	कचरा क्षेत्रातील एकूण हरितगृह वायू उत्सर्जन	४०-५० दशलक्ष टन कार्बन डायऑक्साइड समतुल्य (भारताच्या एकूण उत्सर्जनाचा ३-४ टक्के)	इंडियाज थर्ड बायनेअल अपडेट रिपोर्ट टू यूएनएफसीसीसी, २०२३
७	प्रमुख शहरांमधील उदाहरण	मुंबई: ९,००० टन/दिन (४०% ओला); दिल्ली: १०,००० टन/दिन (मिथेनमुळे वार्षिक १ लाख टन कार्बन डायऑक्साइड समतुल्य)	सीपीसीबी सिटी रिपोर्ट्‌स, २०२३

टीपा:

- भारतात बहुतांश कचरा (७० टक्के) लँडफिल्समध्ये टाकला जातो, जिथे ऑक्सिजनरहित विघटनामुळे मिथेन तयार होतो. हे उत्सर्जन हवामान बदलाला वेग देतात.
- जर ५० टक्के ओला कचरा कंपोस्ट किंवा बायोगॅससाठी वापरला, तर उत्सर्जन ४०-६० टक्के कमी होऊ शकते (MoEFCC Estimates).
- ही आकडेवारी सरकारी आणि आंतरराष्ट्रीय अहवालांवर आधारित आहे. अद्ययावत माहितीसाठी CPCB वेबसाइट किंवा UNFCCCचा अहवाल पाहावा.

प्रकरण १०

शेती आणि पूरक व्यवसाय

मानवाला सुमारे १३ हजार वर्षांपूर्वी शेतीचा शोध लागला. शेतीमुळे आपली अन्नसुरक्षा वाढत गेली आणि अन्नाचे भरपूर व अतिरिक्त उत्पादन मिळत गेले. त्यातूनच रोजगार मिळाला आणि अर्थव्यवस्था मजबूत होत गेली. अन्न, चारा, कापूस, तंतू, तेल, फळे-भाज्या या सगळ्यांचा उगम शेतीतूनच होतो. भारतासारख्या देशात शेती केवळ अर्थव्यवस्थेचा भाग नसून, संस्कृती, जीवनशैली आणि उपजीविकेचा कणा आहे. पण अलीकडच्या काळात शेतीचा हवामान बदलाशी असलेला संबंध अधिक स्पष्टपणे समोर येत आहे. आपण नेहमीच कारखाने, वाहतूक किंवा वीजनिर्मिती यांना हरितगृह वायू उत्सर्जनाचे मुख्य स्रोत मानतो; पण शेतीतूनही मोठ्या प्रमाणावर हरितगृह वायू तयार होतात. यात मुख्य आहेत ते कार्बन डायऑक्साइड, मिथेन आणि नायट्रस ऑक्साइड.

शेतीतून हरितगृह वायू तयार होण्याची कारणे

- **कार्बन डायऑक्साइड :** शेतीच्या अनेक प्रक्रियांत कार्बन डायऑक्साइड उत्सर्जन होते. मातीत असलेल्या सेंद्रिय पदार्थांचे विघटन, पिकांचे अवशेष जाळून टाकणे, यंत्र सामग्रीचा व विजेचा वापर अशा गोष्टींतून हा तयार होतो.

- **मिथेन :** हा वायू मुख्यतः दोन प्रकारे तयार होतो. गुरांच्या एंटरिक फर्मन्टेशनमधून, म्हणजेच गायी, मेंढ्या व इतर सस्तन प्राणी यांच्या पचन प्रक्रियेदरम्यान मिथेन तयार होतो. तसेच प्राण्यांच्या मलमूत्र कुजण्यातून तयार होतो.
- **नायट्रस ऑक्साइड :** या वायूचे उत्सर्जन मुख्यत्वे रासायनिक खतवापर आणि मातीच्या प्रक्रियेदरम्यान होते. अतिरिक्त खत वापरल्यामुळे मातीतील नायट्रोजनचे आंशिक रूपांतर नायट्रस ऑक्साइडमध्ये होते.

शेतीत हरितगृह वायू कुठे तयार होतात?

शेती म्हटले की आपल्या डोळ्यासमोर शेत आणि शेतकरी येतो. पण शेतकऱ्याला शेती साध्य होण्यासाठी त्यामागे एक मोठी पुरवठा साखळी उभी असते. त्यात कच्च्या मालाच्या निर्मितीमध्ये बियाणे, खते, कीटकनाशके इत्यादींची गरज असते. त्यानंतर अवजारे आणि यंत्रणा तयार करणाऱ्या कंपन्या ट्रॅक्टर, हार्वेस्टर, फवारणी व पाण्याचे पंप, सिंचन प्रणाली अशी सामग्रीची निर्मिती करत असतात. आणि हा माल शेतकऱ्यापर्यंत पोहोचविण्यासाठी आणि शेतमाल बाजारात पोहोचविण्यासाठी वाहतूक होत असते. याच्या जोडीला पशुपालन हा एक मोठा जोडव्यवसाय आहे. या प्रत्येक टप्प्यात हरितगृह वायू तयार होत असतो. त्यातले मुख्य स्रोत पाहू.

१. **पशुपालन :** शेतीसाठी गाई, म्हशी, मेंढ्या आणि बकऱ्या पाळल्या जातात. रवंथ करणाऱ्या प्राण्यांच्या पचन प्रक्रियेत मिथेन वायू तयार होतो आणि तो ढेकर किंवा श्वासावाटे बाहेर टाकला जातो. याला एंटरिक फर्मेन्टेशन असे म्हणतात. जगातील एकूण मिथेन उत्सर्जनापैकी ३० टक्के उत्सर्जन जनावरांमुळे होते. शेतीतून होणाऱ्या उत्सर्जनापैकी सुमारे ४२ टक्के वाटा फक्त या पशूंच्या पचन प्रक्रियेचा आहे.
   जनावरांचे शेण गोळा करणे आणि साठवणे या प्रक्रियेतही मिथेन आणि नायट्रस ऑक्साइड बाहेर पडतात. विशेषतः दुग्धशाळांमध्ये जिथे ओल्या शेणाचे साठवण उघड्या खड्ड्यातून होते, तिथे मिथेनचे प्रमाण जास्त असते. शेण, मूत्र आणि गोठ्यातील सेंद्रिय कचरा योग्य पद्धतीने हाताळला नाही, तर त्यातूनही वायू तयार होतात. शेण ओलसर आणि बंदिस्त स्थितीत कुजले तर त्यात मिथेन तयार होतो, आणि काही परिस्थितींत नायट्रस ऑक्साइडसुद्धा तयार होतो. जर शेणापासून बायोगॅस तयार केला, तर मिथेन हवेत जाण्याऐवजी उपयोगात येऊ शकतो.

२. **भातशेती :** भारतात भात हे मुख्य पीक आहे. भाताच्या शेतात पाणी भरलेले असते. पाण्याखाली ऑक्सिजनरहित परिस्थिती तयार होते आणि तिथे असलेल्या सेंद्रिय घटकांतून मिथेन तयार होतो. ही कुजण्याचीच प्रक्रिया आहे.

३. **खत :** चांगले उत्पादन मिळण्यासाठी पिकांना खत दिले जाते. शेतीत मुख्यतः युरिया, डीएपी किंवा नायट्रोजनयुक्त खतांचा मोठ्या प्रमाणावर वापर होतो. हे खत मातीत मिसळले की नायट्रस ऑक्साइड वायू तयार होतो. हा वायू कार्बन डायऑक्साइडपेक्षा ३००पट जास्त प्रभावी असतो, हे आपण आधीच्या प्रकरणात पाहिले आहे. मका हे पीक नायट्रस ऑक्साइड उत्सर्जनासाठी सर्वाधिक कारणीभूत मानले जाते, आणि याची बहुतांश शेती पशुखाद्यासाठी केली जाते.

४. **शेती, यंत्रणा आणि इंधन :** ट्रॅक्टर, पंप आणि इतर यंत्रे पेट्रोल किंवा डिझेलवर चालतात. पंप चालवायला विजेचा वापर होतो. खनिज तेलाचा वापर आणि कोळशांपासून तयार होणारी वीज यातून कार्बन डायऑक्साइड उत्सर्जित होतो, हे आपण आधीच्या प्रकरणात पहिले आहे.

५. **पीक अवशेष, पेंढा, काडीकचरा जाळणे :** भात, ऊस आणि काही इतर धान्यांचे पीक काढले की शेतात मोठ्या प्रमाणावर पेंढा उरतो. अनेक ठिकाणी तो जाळून टाकला जातो. या ज्वालनात कार्बन डायऑक्साइड, मिथेन आणि इतर प्रदूषक वायू हवेत सोडले जातात. पंजाबमधील शेतांत मोठ्या प्रमाणावर आगी लावल्या जातात आणि त्याचा परिणाम दिल्लीच्या हवेवर होतो, हे आपण ऐकले आहे. शेतात जाळपोळ केली की त्यातून कार्बन डायऑक्साइड आणि इतर वायू तयार होणार यात शंकाच नाही. ज्या शेतांमध्ये अशा पद्धतीने जळण होत नाही, तिथे उरलेला सेंद्रिय माल कुजण्याची प्रक्रिया सुरू होते आणि मिथेन उत्सर्जन होते.

६. **माती आणि जंगलतोड :** शेतीसाठी जंगले तोडली जातात, त्यामुळे मातीतील कार्बन बाहेर पडतो आणि कार्बन डायऑक्साइड प्रदूषण वाढते. भारतात शेती नांगरली जाते. माती खोदणे किंवा नांगरणे यामुळेही कार्बन उत्सर्जन होते.

उत्सर्जनाचा कल आणि उत्पादकता

गेल्या २५ वर्षांत शेती उत्पादनात प्रचंड वाढ झाली आहे. त्या तुलनेत उत्सर्जनाची वाढ मात्र जरा संथ होती. उदाहरणार्थ, १९९०पासून अमेरिकेत दूध उत्पादन ५० टक्क्यांनी वाढले असले, तरी त्यातून उत्सर्जन केवळ सात टक्क्यांनी वाढले आहे. आधुनिक तंत्रज्ञान, जनावरांचे सुधारित प्रजनन, पोषण आणि आरोग्य व्यवस्थापनामुळे हे शक्य झाले. शेती क्षेत्राची 'उत्सर्जन तीव्रता' म्हणजे उत्पादनाच्या प्रत्येक रुपया खर्चामागे होणारे उत्सर्जन सुमारे ३० टक्के इतके कमी झाले आहे, ही जमेची बाजू आहे.

भारतातील शेती आणि हरितगृह वायू उत्सर्जन

भारत जगातील दुसऱ्या क्रमांकाचे शेती करणारे राष्ट्र आहे. आपल्या देशात शेती अर्थव्यवस्थेचा मुख्य भाग आहे, आणि यातून हरितगृह वायूही मोठ्या प्रमाणात तयार होतात.

- **शेती क्षेत्र :** भारतात सुमारे १६ कोटी हेक्टर जमीन शेतीसाठी वापरली जाते. यातील ५२ टक्के शेती सिंचनाखाली आहे, म्हणजे या क्षेत्रात धरणाचे पाणी पोहोचविले जाते. भारतातील मुख्य पिके पाहता, भात ४.५ कोटी हेक्टरवर, गहू ३ कोटी हेक्टरवर आणि तेल बियाणे, भरड धान्य व चारा शेती उर्वरित क्षेत्रावर होते.
- **जनावरांची संख्या :** भारतात २०२४च्या जनगणनेनुसार ५३.५ कोटी जनावरे आहेत. त्यापैकी ३० कोटी गाई-म्हशी आहेत.
- **शेतकरी :** १४ कोटी शेतकरी आहेत. त्यापैकी ८६ टक्के अल्पभूधारक शेतकरी आहेत, ज्यांच्याकडे दोन हेक्टरपेक्षा कमी जमीन आहे.
- **उत्पादन :** वार्षिक ३० कोटी टन धान्यउत्पादन होते. त्यापैकी भात उत्पादन सुमारे १२ कोटी टन आहे, ज्यात भारताचे जगात दुसरे स्थान आहे.*

---

* ही आकडेवारी भारत सरकारच्या पर्यावरण मंत्रालय, फूड अँड ॲग्रिकल्चर ऑर्गनायझेशन आणि संयुक्त राष्ट्रांचे फ्रेमवर्क कन्व्हेनशन ऑन क्लायमेट चेंज (UNFCCC) यांच्या अहवालांवर आधारित असून, (२०२०-२०२५ या कालावधीमधली आहे.

हरितगृह वायू उत्सर्जनाची आकडेवारी

घटक / वायू	प्रमाण / टक्केवारी	प्रमुख स्रोत / नोंदी
एकूण राष्ट्रीय हरितगृह वायू उत्सर्जन	२.८ गिगाटन CO_2 समतुल्य (२०२४ अंदाज)	सर्व क्षेत्रांचा मिळून
एकूण राष्ट्रीय हरितगृह वायू उत्सर्जन	२.८ गिगाटन CO_2 समतुल्य (२०२४ अंदाज)	सर्व क्षेत्रांचा मिळून
शेती क्षेत्राचा वाटा	१८-२० टक्के	India's Third Biennial Update Report (२०२३)
शेतीतून एकूण उत्सर्जन	५००–६०० मिलियन टन CO_2 समतुल्य / वर्ष	जनावरे, भातशेती, खते, यंत्रे
मिथेन (CH_4)	शेतीतून ५० टक्के मिथेन उत्सर्जन	प्रामुख्याने जनावरांमुळे
• वार्षिक मिथेन उत्सर्जन	१५–२० मिलियन टन	
• भातशेतीतून मिथेन	४–५ मिलियन टन	जगातील ~२० टक्के भातशेती भारतात
नायट्रस ऑक्साइड (N_2O)	शेतीतून ७०–८० टक्के N_2O	नायट्रोजन खतांचा वापर
• वार्षिक N_2O उत्सर्जन	०.३–०.4 मिलियन टन	
• युरिया वापर	~३० मिलियन टन / वर्ष	N_2O उत्सर्जन वाढीस कारणीभूत
कार्बन डायऑक्साइड (CO_2)		
• वार्षिक CO_2 उत्सर्जन	शेतीतून १०–१५ टक्के	यंत्रे, डिझेल, अवशेष जाळणे
	५०–७० मिलियन टन	
• पिकांचे अवशेष जाळणे	~२० मिलियन टन CO_2	पंजाब व हरियाणा (भात–गहू पद्धत)

वाढः २००० ते २०२०पर्यंत शेती उत्सर्जन २५ टक्के वाढले (FAO रिपोर्ट). २०३०पर्यंत १० टक्के कमी करण्याचे लक्ष्य.

मांसाहार आणि हवामान बदल

हवामान बदल आणि मांसाहार या दोघांचा संबंध आहे का? आणि असेल तर कसा असेल? मांस उत्पादनामुळे जागतिक पातळीवर सुमारे एक तृतीयांश हरितगृह वायूंचे उत्सर्जन होत असल्याचे संशोधनांनी सिद्ध झाले आहे. यात बीफ (गाईचे मांस), पोर्क (डुकराचे मांस), मटण (शेळी, बकरी) आणि पोल्ट्री (कोंबडी) यांच्या पशुपालनात उत्सर्जन होते आणि त्याचे परिणाम हवामान बदलावर होत आहेत. गेली ५० वर्षे ८४ दशलक्ष टन असलेले जागतिक मांस उत्पादन २०१७मध्ये ३३० दशलक्ष टनांहून अधिक झाले आहे, आणि तज्ज्ञांच्या मते वर्ष २००० ते २०५० या काळात जागतिक मांस सेवन दुपटीने वाढेल. मांस सेवनातील वाढ प्रामुख्याने

भारतासारख्या विकसनशील देशांमध्ये होत आहे. ही वाढ अशीच सुरू राहील, असा अंदाज एका संस्थेच्या अभ्यासातून वर्तवला गेला आहे. याचे कारण म्हणजे चीनमधला वाढता शहरी मध्यमवर्ग आणि उदयोन्मुख देशांतल्या जनतेला अधिकाधिक पाश्चात्त्य आहार पद्धतीशी जुळवून घेतण्याची इच्छा. फ्राइड चिकन, बर्गर, स्टेक, सॉसेज, चीज असे अनेक पशुजन्य पदार्थ आपल्या आहारात वाढत चालले आहेत.

जर जनतेने शाकाहार पत्करला तर जागतिक हवामान बदलाचा धोका कमी करण्यासाठी मदत होईल, असे आयपीसीसीच्या २०१९च्या विशेष अहवालात म्हटले आहे. *नेचर* या प्रसिद्ध साप्ताहिकात २०१८मध्ये प्रकाशित झालेल्या एका अभ्यासानुसार, २०५०पर्यंत पृथ्वीवरची लोकसंख्या १० अब्ज इतकी होईल. या लोकसंख्येचा पर्यावरणीय भार कमी करण्यासाठी आहारातील मांसात लक्षणीय घट करणे आवश्यक आहे. नोव्हेंबर २०१७मध्ये १५,३६४ जागतिक शास्त्रज्ञांनी मानवतेला एक पत्र लिहून त्यावर स्वाक्षऱ्या केल्या आहेत. त्या पत्रातून याचा धोका स्पष्ट लिहिला आहे. त्यात अनेक गोष्टी नमूद केल्या होत्या, पण एक महत्त्वाची गोष्ट होती, ती म्हणजे भविष्यात वाढत्या लोकसंख्येला अन्न पुरवण्याचा

ॲमेझॉन पर्जन्यवन क्षेत्रातील हॅमबर्गर इफेक्ट

जगातील सर्वात मोठे उष्णकटिबंधीय जंगल म्हणून ओळखले जाणारे ॲमेझॉन पर्जन्यवन हे पृथ्वीच्या हवामान संतुलनासाठी अत्यंत महत्त्वाचे क्षेत्र आहे. ही 'पृथ्वीची हिरवी फुफ्फुसे' आहेत, कारण या जंगलातून प्रचंड प्रमाणात कार्बन डायऑक्साइड शोषून वातावरणातील हरितगृह वायूंचे प्रमाण नियंत्रित ठेवले जाते. मात्र गेल्या काही दशकांत ॲमेझॉनमधील जंगलतोड वेगाने वाढत असून त्यामागे एक महत्त्वाचा घटक म्हणजे 'हॅमबर्गर इफेक्ट' आहे.

अमेरिकेत दरवर्षी कोट्यवधी हॅमबर्गर खाल्ले जातात. या हॅमबर्गरमधील बीफसाठी लागणारी गुरे पाळण्यासाठी प्रचंड कुरणांची गरज असते. ही कुरणे तयार करण्यासाठी ॲमेझॉनमधील घनदाट जंगले साफ केली जातात. याला. अमेरिकेतील बीफ (गोमांस) मागणीमुळे ॲमेझॉन परिसरात मोठ्या प्रमाणावर जंगलतोड होत आहे त्याला हॅमबर्गर इफेक्ट म्हणतात. अमेरिकेची बीफची मागणी जगात सर्वाधिक आहे, आणि अमेरिकेत पशुपालन मोठ्या प्रमाणावर होत नाही. ब्राझीलमधील अनेक भागांत ॲमेझॉन जंगल तोडून गुरेढोरे चरण्यासाठी कुरणे तयार केली जातात. काही वर्षांतच ही जमीन कमी उत्पादनक्षम होते, आणि मग आणखी जंगलतोड करून नवीन कुरणे तयार केली जातात. हा एक दुष्टचक्राचा प्रकार आहे.

कार्बन शोषण कमी कसे होते: ॲमेझॉन पर्जन्यवन हे पृथ्वीवरील सर्वात मोठ्या कार्बन साठ्यांपैकी एक आहे. झाडे वातावरणातील कार्बन डायऑक्साइड शोषून ते आपल्या खोड, फांद्या, पाने आणि मातीमध्ये साठवतात. जंगलतोड झाल्यावर दोन मोठे परिणाम होतात. पहिला म्हणजे झाडांमध्ये साठवलेला कार्बन जाळण्यामुळे किंवा कुजण्यामुळे थेट वातावरणात सोडला जातो. दुसरा म्हणजे कार्बन शोषणाची क्षमता कायमची कमी होते, कारण झाडेच उरलेली नसतात. यामुळे ॲमेझॉनमधील जंगलतोड केवळ स्थानिक पर्यावरणाचा प्रश्न राहत नाही, तर ती जागतिक हवामान बदलाला गती देते. एकेकाळी कार्बन शोषण करणारे क्षेत्र हळूहळू कार्बन उत्सर्जनाचे स्रोत बनू लागते.

एकमात्र सुरक्षित पर्याय हा दरडोई मांस खाण्याचे प्रमाण कमी करणे, हा असेल. या सर्व गोष्टींचा शेतीशी काय संबंध? तर, जगभरातून मांसाहारासाठी पशुपालनाचा व्यवसाय प्रचंड प्रमाणात वाढत आहे. या पशूंचे खाद्य शेतीतून पिकवले जाते. त्यामुळे जगातली अधिकाधिक शेती ही आज मांसाहारासाठी पुरवठा करण्याकडे वळवली जात आहे.

डेव्ह रूस (हे प्रसिद्ध पत्रकार आणि *HowStuffWorks* या संकेतस्थळाचे निर्माते आहेत) यांच्या मते औद्योगिकीकरण झालेल्या पाश्चिमात्य राष्ट्रांकडून दरवर्षी दरडोई सरासरी १०० किलो मांसाचे सेवन केले जाते. याउलट गरीब आफ्रिकी राष्ट्रांत दरडोई १० किलोपेक्षा कमी मांस खाल्ले जाते. आज पृथ्वीवर मांसाहार करणारी प्रत्येक व्यक्ती वर्षाला ४३.५ किलो मांस खाते. भारतातले नागरिक दरडोई दरवर्षी अंदाजे ३.७ किलो मांसाहार करतात. म्हणजे जागतिक सरासरीपेक्षा आपल्या देशातला आहार खूप कमी आहे. पण भारतातून प्रचंड प्रमाणात मांस निर्यात होत आहे. त्यांचे खाद्य भारतातल्या शेतीतूनच येत आहे.

विसाव्या शतकात औद्योगिक क्रांतीच्या तत्त्वांचा वापर मांसाहार व्यवसायातही केला गेला. इनपुट कमी करून नफा कसा वाढवता येईल याचाच फक्त विचार केला जाऊन पशुपालन व्यवसायाची उत्पादकता प्रचंड प्रमाणात वाढवली गेली. याचा परिणाम चिकन, पोर्क आणि बीफ यांच्या उत्पादनातून दिसायला लागला. कुक्कुटपालन, डुकरे आणि गुरे यांचं पालन औद्योगिक तत्त्वांनी सुरू झाले. १९२५मध्ये अमेरिकेत सरासरी ११२ दिवसांची कोंबडी बाजारात विकायला आणली जायची. ती आज ४८ दिवसांत आणली जाते. १९२५मध्ये कोंबडीचे सरासरी वजन २.५ पौंड (१.१३ किलो) असायचे, ते आज वाढून ६.२ पौंड (२.९४ किलो) झाले आहे! या उदाहरणातून मांस व्यवसायात किती वेगाने वाढ होत गेली हे दिसते.

भारतात पशुखाद्यासाठी अनेक प्रकारची पिके घेतली जातात. उदाहरणार्थ कुक्कुटपालनातल्या खाद्यासाठी उत्तर भारतात ६० टक्के सोयाबीन आणि सुमारे ४० टक्के पिकांचा उर्वरित भाग वापरला जातो. पूर्व भारतात मका, तांदूळ, ज्वारी यासारखी पिकेही वापरत आहेत. पश्चिम भागात मका आणि सोयाबीनचे मिश्रण केले जाते. दक्षिण भारतात मका, सोयाबीन, इतर पिकांचे अवशेष आणि फिशमील दिले जाते.

भाग ३

हवामान बदलाचे परिणाम कोठे दिसतात?

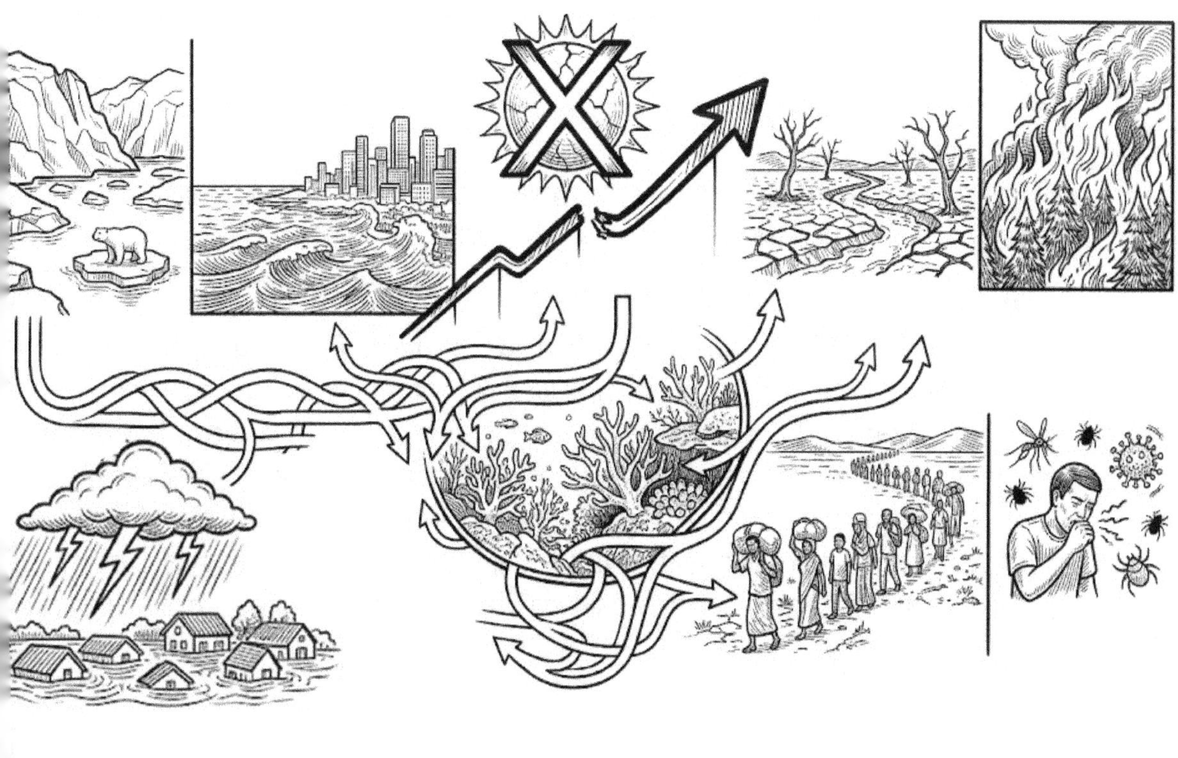

प्रकरण ११

जलवायू चक्रावर परिणाम

पृथ्वीचा सुमारे ७० टक्के भाग खाऱ्या पाण्याने व्यापलेला आहे. पण मानव आणि बहुतांश भूचर गोड्या पाण्यावर जगणारे सजीव आहेत. आपली शेती आणि अर्थव्यवस्था केवळ गोड्या पाण्यावरच चालते. खाऱ्या पाण्यापासून गोडे पाणी करणारी पृथ्वीवरची एकमेव प्रक्रिया म्हणजे जलवायू चक्र. ध्रुवप्रदेश, बर्फाच्छादित डोंगररांगा आणि भूजल यात साठलेले गोडे पाणी जलवायू चक्रातूनच प्राप्त झाले आहे.

जलवायू चक्र

पृथ्वीवरील तापमान, वारे, पृष्ठभागावरील पाणी आणि वातावरण यांतील ठरावीक कालावधीत होणारे नैसर्गिक बदल म्हणजे जलवायू चक्र. सूर्याच्या उष्णतेमुळे महासागर आणि पृष्ठभागावरील पाण्याचे तापमान वाढत जाते. पाण्याच्या पृष्ठभागावर त्याची वाफ होऊ लागते. ही वाफ हवेपेक्षा हलकी असल्यामुळे वरच्या दिशेला जाऊ लागते आणि वाऱ्याच्या प्रवाहाने एकत्र येते. अशाच प्रकारे जमिनीतील ओलावासुद्धा उष्णतेमुळे वाफेत बदलतो.

त्याच बरोबर, जमिनीत दडलेले पाणीसुद्धा वाफ होऊन यात मिसळत असते. हे काम वनस्पती करतात. झाडांची मुळे जमिनीतून पाणी शोषून घेतात. हे पाणी खोडातून नलिकांसारख्या सूक्ष्म वाहिन्यांद्वारे पानांपर्यंत पोहोचते. पानांच्या पृष्ठभागावर स्टोमाटा म्हणजे अतिशय सूक्ष्म छिद्रे असतात. ही छिद्रे उघड–बंद होत राहतात.

सूर्याच्या उष्णतेमुळे पानांतील पाण्याची वाफ होते आणि बाहेर सोडली जाते. या प्रक्रियेला बाष्पोत्सर्जन म्हणतात. घनदाट जंगलात ही प्रक्रिया मोठ्या प्रमाणात होते, करण तिथे झाडांची संख्या प्रचंड असते. त्यामुळे पानांचे एकूण क्षेत्रफळही मोठे असते. जंगलात पडणाऱ्या पावसापैकी सुमारे ३० ते ५० टक्के पाणी पुन्हा बाष्पोत्सर्जनाने हवेत जाते. कोरड्या भागांत हा टक्का कमी असतो, तर भारतातील आर्द्र सदाहरीत जंगलांत आणि पर्जन्यवनांत जास्त असतो.

जमिनीवर तयार झालेली वाफ जेव्हा आकाशात वर जाऊ लागते, तेव्हा तिचे तापमान कमी होत जाते. वाफ थंड झाली की ती सूक्ष्म पाण्याच्या थेंबांमध्ये किंवा बर्फाच्या अतिसूक्ष्म कणांमध्ये बदलते. हे सूक्ष्म थेंब आणि बर्फकण एकत्र आले, की ढग तयार होतो. ढगातले थेंब आधी सूक्ष्म आणि हलके असतात, त्यामुळे ते लगेच खाली पडत नाहीत. पण ते एकत्र येऊन ते मोठे होत जातात. एक वेळ अशी येते, की थेंब किंवा बर्फकण इतके मोठे आणि जड होतात की ढगातील हवा त्यांना धरून ठेवू शकत नाही. अशी वेळ आल्यावर पृथ्वीच्या गुरुत्वाकर्षणामुळे ते पाऊस, बर्फ किंवा दवाच्या रूपाने खाली पडतात आणि पृथ्वीवर गोड्या पाण्याचा वर्षाव होतो. ओढे, नद्या आणि भूजलप्रवाहातून त्याचे वितरण होते. या अविरत चक्रामुळेच सजीवसृष्टी, मानवी अर्थव्यवस्था आणि पर्यावरणाची तहान शमते, आणि पृथ्वीचे तापमान संतुलित राहण्यास मदत होते.

जेट स्ट्रीम

पृथ्वीच्या हवामानावर फक्त सूर्य, ढग आणि समुद्र यांचा प्रभाव नसतो. वातावरणाच्या वरच्या भागात वाहणारे अतिवेगवान वारेही त्यावर प्रभाव टाकतात. या वेगवान वाऱ्यांना 'जेट स्ट्रीम' म्हटले जाते. अलीकडच्या काळात हवामान बदलामुळे जेट स्ट्रीमच्या वर्तनात बदल दिसू लागले आहेत, आणि त्याचा परिणाम थेट पावसावर, बर्फवृष्टीवर, उष्णतेच्या आणि थंडीच्या लाटांवर होताना दिसतो.

पृथ्वीच्या वातावरणाच्या वरच्या थरात, म्हणजे साधारण ८ ते १२ किलोमीटर उंचीवर वाहणारे अतिशय वेगवान, अरुंद व लांब वाऱ्यांचे प्रवाह म्हणजे जेट स्ट्रीम. हे वारे पश्चिमेकडून पूर्वेकडे वाहतात आणि त्यांचा वेग ताशी १५० ते ४०० किलोमीटरपर्यंत जाऊ शकतो. जेट स्ट्रीमचे मुख्यतः दोन प्रकार आहेत. एक, ध्रुवीय जेट स्ट्रीम - ध्रुव प्रदेशातील थंड हवा आणि त्याच्या तुलनेने उष्ण मध्यम अक्षांशातील हवेच्या सीमेवर हे तयार होतात. उप-उष्णकटिबंधीय जेट स्ट्रीम —उष्णकटिबंधीय आणि मध्यम अक्षांशातील हवेच्या सीमेजवळ हे स्ट्रीम वाहत असतात.

जेट स्ट्रीमना मार्गदर्शक वारे म्हणता येईल. वादळे, कमी-दाबाची क्षेत्रे, पावसाचे पट्टे कुठे जातील यावर जेट स्ट्रीमचा मोठा प्रभाव पडतो. जेट स्ट्रीम सरळ, वेगवान आणि स्थिर असतील तर हवामान साधारण संतुलित राहते. पण जर हे जेट स्ट्रीम वाकडे-तिकडे वळले तर मात्र हवामान अस्थिर होऊ शकते. उत्तरेकडे वळलेले जेट स्ट्रीम उष्णतेच्या लाटा घेऊन येतात आणि दक्षिणेकडे झुकलेले जेट स्ट्रीम थंडीच्या लाटा किंवा बर्फवृष्टी घेऊन येतात. जर हे जेट स्ट्रीम एका जागी अडकून राहिले, तर मात्र तिथे दीर्घकाळ पाऊस किंवा दुष्काळ अवतरतो.

हवामान बदलामुळे पृथ्वीचे सरासरी तापमान वाढत आहे, पण यात होणारी वाढ किंवा घट समान नाही. विशेषतः ध्रुवीय भाग वेगाने तापत आहेत. याला 'आर्क्टिक ॲम्प्लिफिकेशन' म्हणतात. यामुळे ध्रुवीय थंड हवा आणि मध्यम अक्षांशातील उष्ण हवा यांमधील तापमानातील फरक कमी होत आहे.

जागतिक तापमानवाढ आणि जलवायू चक्र

पृथ्वीचे हवामान आणि पाणी यांचा घनिष्ट संबंध आहे. दोघांचाही एकमेकांवर प्रभाव पडतो आणि हवामानातील बदल जलवायू चक्रातून दिसून येतात. जागतिक तापमानवाढीचा जलवायू चक्रावर काय परिणाम होतो, हे आज

आपल्याला निश्चितपणे सांगता येते. हरितगृह वायूंचे उत्सर्जन वाढल्याने जागतिक तापमान वाढत आहे. गेल्या शतकात पृथ्वीचे जागतिक सरासरी तापमान अंदाजे १.१° ते १.२° सेल्सियसने वाढले आहे. आकड्यांत ही वाढ लहान वाटली तरी तिचे परिणाम हवामान, पाणी, शेती, किनारे आणि मानवी जीवनावर अतिशय मोठे आहेत.

जागतिक सरासरी तापमान वाढले, की पृथ्वीच्या जलवायू चक्राची प्रक्रिया वेगवान आणि असमतोल होते. हाच बदल पुढे अतिवृष्टी किंवा दुष्काळ अशा दोन्ही टोकांच्या घटना वाढवतो. तापमानवाढ १.२° सेल्सियस असली, तरी जगभरात ती वाढ समान नसते. समुद्र, जमीन, ध्रुवीय भाग वेगवेगळ्या वेगाने तापतात, त्यामुळे वाऱ्यांचे प्रवाह बदलतात आणि त्याचा परिणाम मॉन्सूनवर होतो. उशिरा किंवा लवकर आणि क्षीण किंवा तीव्र, अतितीव्र अशी दोन्ही टोके गाठली जातात. त्यामुळे काही भागांत अतिवृष्टी होते, तर काही भाग दुष्काळी राहतात.

अतिवृष्टीचे संकट

काही भागात अतिवृष्टीमुळे पुराच्या घटना वाढल्या आहेत. गेल्या दशकात अनेक ठिकाणी अतिवृष्टी झाली. २००५मध्ये मुंबईला प्रचंड पावसाने झोडपून काढले. तिथल्या नाल्यांची वहनक्षमता अपुरी पडली, रस्ते पाण्याने तुंबले, लोक गाडीत अडकून पडले, काही गुदमरले, तर काही नशीबवान वाचले. पूर्ण शहर अतिवृष्टीला नतमस्तक झाले. जीवितहानी झाली, जनजीवन विस्कळीत झाले आणि भारताची आर्थिक राजधानी ठप्प झाली. २०१८ आणि १९ अशी सलग दोन वर्षे केरळात अतिवृष्टी झाली. इथल्या डोंगराळ भागाने भूस्खलनाच्या अनेक घटना अनुभवल्या, आणि गावातून पूर आले. अशीच घटना २०१३मध्ये उत्तराखंडमध्ये झाली. इथे मुसळधार पावसाने डोंगराळ भूभाग पूर्ण बादलूनच टाकला.

चेन्नईमध्ये तर अतिवृष्टी हे वार्षिक संकट ठरत आहे. चेन्नईमध्ये अनेक तलाव आणि नाले बुजवून टाकलेले आहेत आणि तिथे इमारती उभ्या राहिल्या आहेत. त्यामुळे २०१५मध्ये झालेल्या पावसाचे रूपांतर महापुरात झाले. पण यातून काहीच धडे घेतले गेले नाहीत आणि डिसेंबर २०२३मध्ये चेन्नईत पुन्हा अतिवृष्टी झाली. सुमारे ३७० मिलीमीटर पाऊस पडला. नद्यांबरोबरच रस्तेही पूरग्रस्त झाले, विमानतळ बंद झाले आणि शेकडो लोकांची घरे वाहून गेल्याने लोक बेवारस झाले. आयटीची मोठमोठी कार्यालये आणि कचेऱ्या पाण्याने तुंबल्या आणि अनेक दिवस त्यांचे कामकाज बंद पडले. गेले काही वर्ष लडाखसारख्या शीतवाळवंटातही पाऊस वाढला आहे.

अतिवृष्टी आणि भूस्खलन

डोंगराळ आणि घाटमाथ्याच्या प्रदेशात जेव्हा अतिवृष्टी होते, तेव्हा तिथे भूस्खलनाची शक्यता असते. भूस्खलनाची अनेक कारणे असली तरी अतिवृष्टी, म्हणजे थोड्या वेळात पडलेला जोरदार पाऊस, हे त्याचे एक मुख्य करण ठरू शकते. जोराच्या पावसात मातीचा थर वाहून जायला लागतो. वर्षानोवर्ष मातीत रुतलेले मोठाले दगड मोकळे होतात आणि अचानक खाली घसरतात. अशा प्रकारच्या भूस्खलनाचा पश्चिम घाट आणि हिमालय या दोन भूप्रदेशांत मोठा फटका

आर्क्टिक ॲम्प्लिफिकेशन म्हणजे पृथ्वी गरम होत असताना उत्तर ध्रुवाजवळचा आर्क्टिक प्रदेश सरासरीपेक्षा जास्त वेगाने गरम होतो. आर्क्टिक प्रदेशात बर्फाचा अल्बेडो जास्त असल्यामुळे सूर्यकिरणे अवकाशात परावर्तित होतात. पण जागतिक तापमान वाढल्याने बर्फ वितळतो आणि खाली गडद समुद्र किंवा जमीन उघडी पडते. हा गडद पृष्ठभाग सूर्याची उष्णता जास्त शोषून घेतो, आणि हा प्रदेश अधिक तापतो आणि बर्फ अधिक वेगाने वितळतो.

बसत आहे. पश्चिम घाटात खोलवर माती आणि तीव्र उतार आहेत. माळीण, इर्शाळगडाचे भीषण भूस्खलन आपण पाहिले आहे. रायगड जिल्ह्यात दर वर्षी होणाऱ्या घटना यांमुळे तिथले जनजीवन विस्कळीत होत आहे आणि काही ठिकाणी तर उपजीविका नष्ट होत आहेत.

सह्याद्रीच्या तुलनेत हिमालय अलीकडचा आहे, त्यामुळे ही पर्वतरांग अधिक अस्थिर आहे. इथे अतिवृष्टीचे धोके जास्त तीव्रपणे जाणवतात. उत्तराखंडचा हिमालयीन भाग भूस्खलनासाठी अतिसंवेदनशील आहे. २०१३मधील केदारनाथ परिसरातील आपत्तीत मुसळधार पाऊस आणि ढगफुटीमुळे भूस्खलन व पूर दोन्ही घटना एकाच वेळी घडल्या. रस्ते तुटले, मार्ग बदलून नद्या वाहिल्या आणि मोठी जीवितहानी झाली. यानंतरही दरवर्षी पावसाळ्यात रस्ते बंद पडणे, डोंगरउतार कोसळणे अशा घटना घडतात. हिमाचल प्रदेशात ही अलीकडच्या काळात अतिवृष्टीमुळे भूस्खलन वाढले आहे. डोंगरांमध्ये रस्ते खोदकाम, बांधकामे आणि जंगलतोड यांमुळे उतारांची स्थिरता बिघडते.

अतिवृष्टीबरोबर मानवी हस्तक्षेपही भूस्खलनास कारणीभूत आहे, यात शंका नाही. डोंगर उतारांवरील अनियंत्रित बांधकाम, रस्ते रुंदीकरण, खाणकाम आणि जंगलतोड यामुळे पाण्याचा नैसर्गिक प्रवाह आणि निचरा बिघडतो. परिणामी, पावसाचे पाणी व मातीला धरून ठेवणाऱ्या मुळांची कमतरता निर्माण होते आणि धोका वाढतो. त्यामुळे अतिवृष्टीमुळे होणारे भूस्खलन ही केवळ नैसर्गिक आपत्ती नाही, तर हवामान बदल आणि मानवी कृती या दोघांचा परिणाम आहे.

कोरडा दुष्काळ

एकीकडे अतिवृष्टी तर दुसरीकडे कोरड्या दुष्काळात वाढ झाली आहे. जेव्हा एखाद्या भागात सरासरीपेक्षा लक्षणीय कमी पाऊस पडतो आणि तापमान वाढल्यामुळे जमीन कोरडी पडते, तेव्हा त्याला आपण कोरडा दुष्काळ म्हणतो. याचा परिणाम शेतीवर, पिण्याच्या पाण्यावर आणि ग्रामीण भागातील उपजीविकेवर होतो. हवामान बदलामुळे केवळ पावसाचे प्रमाणच कमी होत नाही, तर उष्णतेमुळे पाणी जास्त वेगाने वाफ होऊन उडते आणि दुष्काळाची तीव्रता अधिक वाढते.

हवामान बदलामुळे सर्वाधिक प्रभावित झालेल्या प्रदेशांपैकी एक मराठवाडा आहे. २०१२ ते २०१६ या काळात, विशेषतः २०१४–१५मध्ये, येथे तीव्र दुष्काळ पडला. सलग कमी पाऊस आणि वाढते तापमान यांमुळे भूजल पातळी अत्यल्प झाली. हजारो विहिरी कोरड्या पडल्या, टँकरवर पाणीपुरवठा करावा लागला आणि शेती उत्पादनात मोठी घट झाली. हा दुष्काळ केवळ पावसाच्या अभावामुळे नव्हे, तर हवामान बदलामुळे वाढलेल्या उष्णतेमुळे अधिक तीव्र झाला.

उत्तर प्रदेश आणि मध्य प्रदेशात गेल्या दोन दशकांत वारंवार दुष्काळ पडत आहे. २००७ ते २०१० आणि पुन्हा २०१४ ते २०१९ या काळात येथे तीव्र कोरडा दुष्काळ जाणवला. पूर्णपणे पावसावर अवलंबून असलेली शेती, मृदा धूप आणि जलसंधारणाचा अभाव यांमुळे परिस्थिती

> महाराष्ट्रात २०१४मध्ये **माळीण** आणि २०२३ साली **इर्शाळगड** गावांत अतिवृष्टीमुळे भीषण भूस्खल झाले. यात माळीणमध्ये सुमारे १५०हून अधिक लोक मृत्युमुखी पडले. पूर्ण गावच मातीखाली गाडले गेले. इर्शाळगड भूस्खलनात ३०हून जास्त जीव गेले आणि घरे उद्ध्वस्त झाली. दोन्ही घटनांत कोट्यवधी रुपयांचा आर्थिक तोटा झाला. घरे, शेती, रस्ते व पायाभूत सुविधा नष्ट झाल्या.

अधिक बिकट झाली. हवामान बदलामुळे मॉन्सून अधिक अनिश्चित झाल्याने हा प्रदेश सतत दुष्काळाच्या छायेत राहू लागला आहे.

राजस्थानमध्ये दुष्काळ ही नवी गोष्ट नसली, तरी हवामान बदलामुळे त्याची तीव्रता वाढली आहे. २००२, २००९ आणि २०१५–१६ या वर्षांत येथे मध्यम ते तीव्र दुष्काळ पडला. आधीच कमी पाऊस असलेल्या या प्रदेशात तापमान वाढल्याने पाणी साठवणे अधिक कठीण झाले आहे. पशुधन, चारा आणि पिण्याच्या पाण्यावर याचा मोठा परिणाम झाला. तसेच दक्षिण भारतात कर्नाटक, तेलंगणा आणि तमिळनाडू राज्यांतही कोरडा दुष्काळ प्रकर्षाने जाणवत आहे.

हवामान बदलाच्या प्रभावाने दुष्काळाची तीव्रता वाढते. याची तीन मुख्य कारणे आहेत. पहिले, पावसाचे दिवस कमी होऊन पाऊस अनियमित होतो. दुसरे, तापमानवाढीमुळे बाष्पीभवन वेगाने होते. तिसरे, भूजलाचा अतिरेकी उपसा केल्यामुळे दुष्काळात पाणी उपलब्ध राहत नाही. त्यामुळे आजचा दुष्काळ हा केवळ कमी पाऊस नाही, तर उष्णता अधिक पाण्याचा अभाव यांचा एकत्रित परिणाम आहे.

बिघडलेले जलवायू चक्र

या सर्व घटना हेच दर्शवितात, की पृथ्वीच्या जलवायू चक्रात काहीतरी बिघाड झाला आहे. संयुक्त राष्ट्रसंघाच्या जागतिक दुष्काळ क्षेत्र यादीत आता भारताची नोंद होत आहे. ब्रिटनने अनेक भागांत दुष्काळग्रस्त परिस्थिती जाहीर केली आहे, तर चीनमध्ये जलविद्युत उत्पादनात (हायड्रो इलेक्ट्रिसिटी) लक्षणीय घट झाली आहे. सलग तेरा वर्षे दुष्काळ पडल्यामुळे दक्षिण अमेरिकेतील चिली देशात पाणीवाटप अतिनियंत्रित केले आहे. दुष्काळाचा सर्वाधिक फटका शेतकऱ्यांच्या उत्पन्नाला बसतो.

वाढत्या तापमानामुळे ध्रुवीय प्रदेश, हिमनद्या (ग्लेशियर) आणि बर्फाच्छादित डोंगरांवरील हिम वितळण्याचा वेग वाढला आहे. यामुळे समुद्राची पातळी तर वाढतेच; पण काही नद्यांना पूर येण्याच्या वेळेत आणि प्रमाणात बदल होतो. त्याचा शेती आणि नैसर्गिक परिसंस्थांच्या कार्यपद्धतीवर परिणाम होतो. आर्क्टिक समुद्रातील बर्फ वितळल्याने तापमानवाढीस अधिक चालना मिळते, कारण पृथ्वीवर पडणाऱ्या सूर्यप्रकाशाला परावर्तित करण्याची पाण्याची क्षमता बर्फापेक्षा कमी असते.

तापमानवाढीमुळे बाष्पीभवन वाढते, मौसमी वाऱ्यांमध्ये बदल होतो आणि नैसर्गिक आपत्ती उद्‌भवण्याची शक्यता वाढते. अनेक ठिकाणी यांची तीव्रता वाढली आहे.

भारताच्या किनारपट्टीवर एकामागे एक चक्रीवादळे हजेरी लावत आहेत. स्थानिक शेती आणि अर्थव्यवस्थेवर याचे आघात दिसून येतात. 'निसर्ग' वादळामुळे कोकणात तीन हजार एकर शेतीचे नुकसान झाले, तर 'तौक्ते' हे १९९८नंतरचे सर्वाधिक शक्तिशाली वादळ होते.

वाढलेले बाष्पीभवन आणि बदललेल्या पर्जन्यमानाचा जमिनीतील ओलाव्यावर परिणाम होतो. कोरड्या मातीत बुरशी, गांडुळे आणि इतर सूक्ष्मजीवांच्या विघटन प्रक्रियेवर ताण पडतो आणि मातीच्या पोषण क्षमतेत घट होते. याचा फटका शेती उत्पादन आणि नैसर्गिक परिसंस्थावर पडतो. पूर्वी काही भागांत दवावर शेती चालत असे, पण आज दवाचे प्रमाण घटले आहे. शहरात रात्रीचे तापमान वाढल्याने आणि प्रदूषणामुळे दव कमी झाले आहे. जलवायू चक्रात असे बदल होत असताना त्याचे पडसाद पर्यावरण, मानवी स्वास्थ्य आणि अर्थव्यवस्थेवर पडतात. समाजातील दुर्बल आणि भेद्य घटकांवर अधिक तीव्र आघात होतात आणि आपत्ती निवारणात सरकारी तिजोरीतून पैसा खर्च होतो. या आव्हानांना तोंड देण्यासाठी 'ॲडाप्टेशन' म्हणजे बदलांशी जुळवून घेणे आणि

'मिटिगेशन' म्हणजे बदलाच्या करणांना कमी करणे या दोन्ही गोष्टी महत्त्वपूर्ण आहेत. जल व्यवस्थापन, दुष्काळ प्रतिरोधक पीक नियोजन, पूर संरक्षण, पायाभूत सुविधा, हे तर अनिवार्य आहेतच, पण पाणथळ जागा आणि जंगलांचे संवर्धन हेसुद्धा महत्त्वाचे आहे.

भारताच्या किनारपट्टीवरील चक्रीवादळे (२०१६-२४)

वर्ष	वादळाचे नाव	समुद्र	प्रभावित राज्ये/किनारा	कमाल तीव्रता	ठळक परिणाम
२०१६	वारधा	बंगालचा उपसागर	तामिळनाडू, आंध्र प्रदेश	अतितीव्र	चेन्नई परिसरात मोठे नुकसान
२०१७	ओखी	अरबी समुद्र	केरळ, तामिळनाडू, लक्षद्वीप	तीव्र	मासेमारी समुदायावर गंभीर परिणाम
२०१८	तितली	बंगालचा उपसागर	ओडिशा, आंध्र प्रदेश	अतितीव्र	पूर, पिकांचे नुकसान
२०१९	फानी	बंगालचा उपसागर	ओडिशा, पश्चिम बंगाल	अतितीव्र	प्रचंड वारे, व्यापक विध्वंस
२०१९	बुलबुल	बंगालचा उपसागर	पश्चिम बंगाल	तीव्र	सुंदरबन भागात नुकसान
२०२०	अम्फान	बंगालचा उपसागर	पश्चिम बंगाल, ओडिशा	**महाअतितीव्र**	शतकातील सर्वात शक्तिशाली
२०२०	निसर्ग	अरबी समुद्र	महाराष्ट्र, गुजरात	तीव्र	कोकण किनाऱ्यावर नुकसान
२०२१	तौक्ते	अरबी समुद्र	गुजरात, महाराष्ट्र, केरळ	**महाअतितीव्र**	अरबी समुद्रातील अतिशक्तिशाली
२०२१	यास	बंगालचा उपसागर	ओडिशा, पश्चिम बंगाल	अतितीव्र	किनारी पूर, शेती नुकसान
२०२२	असानी	बंगालचा उपसागर	आंध्र प्रदेश	तीव्र	किनारी भागांत जोरदार पाऊस
२०२२	सितरंग	बंगालचा उपसागर	पश्चिम बंगाल	तीव्र	वारे-पाऊस, मर्यादित नुकसान
२०२३	बिपरजॉय	अरबी समुद्र	गुजरात	अतितीव्र	दीर्घकाळ टिकलेले वादळ
२०२३	मिचाँग	बंगालचा उपसागर	तामिळनाडू, आंध्र प्रदेश	तीव्र	चेन्नईत शहरी पूर
२०२४	रेमाल	बंगालचा उपसागर	पश्चिम बंगाल, बांगलादेश	तीव्र	किनारी पूर व वारे

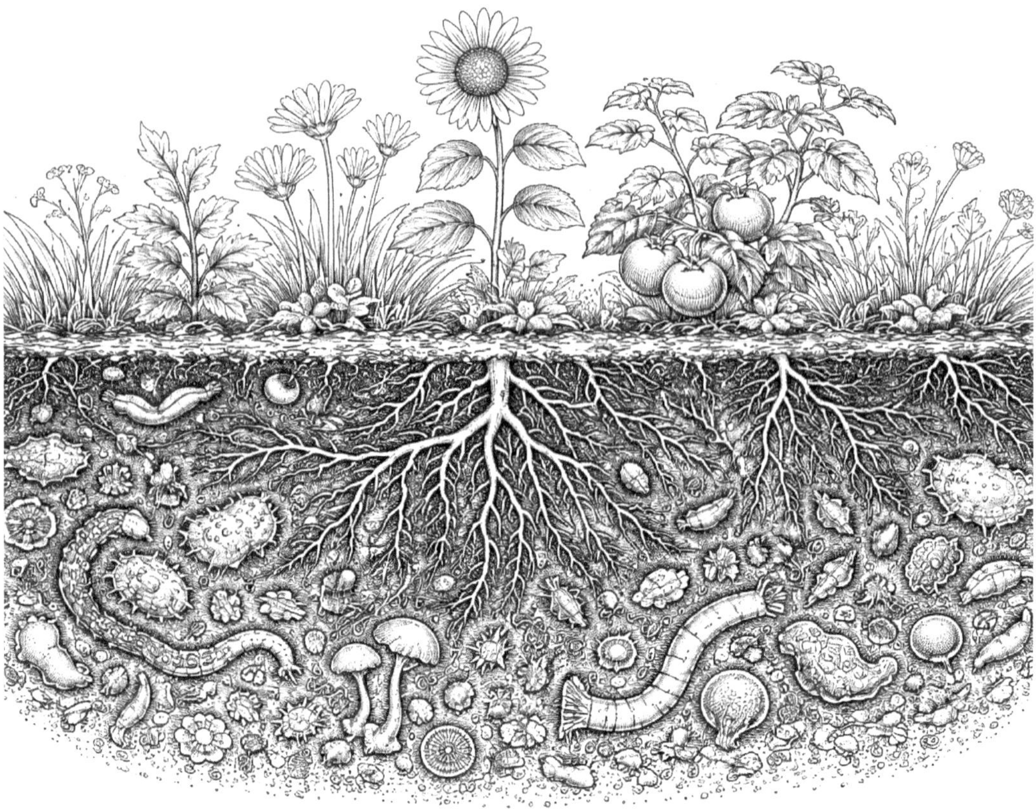

प्रकरण १२

हवामान बदल आणि माती

एखाद्या वस्तूला मातीमोलाचा भाव मिळणे हा वाक्प्रचार आपल्या बोलण्यात अगदी सहज येतो. पण खरेतर मातीचे मोल खूप मोठे आहे. आपण ज्या जमिनीवर चालतो, जिथे आपली घरे बांधतो आणि ज्यातून आपले अन्न पिकते, ती माती म्हणजे केवळ धूळ किंवा दगडगोट्यांचे मिश्रण नाही. माती हे पृथ्वीचे एक जिवंत कवच आहे. अर्थव्यवस्थेत मातीचे मूल्यांकन होत नसल्यामुळे कदाचित याचे खरे मूल्य आपल्याला कधीच जाणवत नाही.

पृथ्वीवर मातीचे अनन्यसाधारण महत्त्व

जमिनीवर सर्वत्र उपलब्ध होणारे माती हे संसाधन अमूल्यच म्हणायला पाहिजे. याचे कारण माती ही नैसर्गिक परिसंस्था आणि मानवी शेतीचा पाया आहे, आणि जीवसृष्टीचा आधारस्तंभ आहे. पृथ्वीच्या पृष्ठभागावर मातीचा केवळ काही इंचांचा थर तयार होण्यासाठी हजारो वर्षे लागतात. इथल्या सजीवसृष्टीसाठी मातीचे योगदान किती महत्त्वाचे आहे ते पुढे पाहू -

- **अन्नसुरक्षेचा पाया :** पृथ्वीवर अन्न तयार करण्याची क्षमता फक्त प्रकाशसंश्लेषण करणाऱ्या वनस्पतींमध्ये आहे (आणि केमोसिंथेसिस करणाऱ्या काही थोड्या सजीवांमध्ये). या वनस्पतींना खाद्य बनविण्यासाठी मातीतूनच आधार आणि पोषणद्रव्ये मिळतात. आपण खातो त्या अन्नापैकी ९५ टक्के अन्न प्रत्यक्ष किंवा अप्रत्यक्षपणे मातीतून येते. वनस्पतींना आवश्यक असणारी पोषकतत्त्वे, पाणी आणि आधार देण्याची कामगिरी माती करते. सूक्ष्मजीवांना अधिवास देऊन माती जैविक मालाचे विघटन करते आणि त्यामुळेच वनस्पतींना अजैविक घटक उपलब्ध होऊ शकतात.
- **जैवविविधतेचा अधिवास :** मातीत बुरशी, एकपेशीय वनस्पती, प्रोटोझोआ, सूत्रकृमी (नेमाटोड्स), गांडुळे, मुंग्या, गोगलगायी आणि काही सरपटणाऱ्या प्राण्यांना अधिवास आणि खाद्य मिळते. या वैविध्यपूर्ण समुदायामुळे जमिनीखालच्या परिसंस्थेत गुंतागुंतीची अन्नसाखळी तयार होते आणि सेंद्रिय पदार्थांचे विघटन होऊन पोषणद्रव्ये प्राप्त होतात. मातीची रचना आणि आरोग्य यांवर झाडांचे स्वास्थ्य अवलंबून असते. सूक्ष्मजीवांचे तर एक प्रचंड मोठे जगच येथे असते. ज्या मातीत मुबलक जैविक माल मिसळलेला असतो, ज्या मातीचे तापमान आणि आर्द्रता योग्य प्रमाणात असते, अशा उत्तम प्रतीच्या केवळ एक चमचा मातीमध्येसुद्धा कोट्यवधी सूक्ष्मजीव असू शकतात.
- **पाण्याचे शुद्धीकरण :** माती नैसर्गिक फिल्टर, म्हणजे गाळणी सारखे काम करते. पावसाचे पाणी जेव्हा जमिनीतून झिरपते, तेव्हा त्यातील अशुद्ध घटक मातीत शोषून घेतले जातात आणि भूगर्भातील पाणी स्वच्छ ठेवण्यास मदत करते.
- **कार्बनचा साठा :** मातीत कार्बनयुक्त सेंद्रिय पदार्थांचा साठा असतो. वनस्पती प्रकाशसंश्लेषणाद्वारे कार्बन शोषतात आणि तो मातीमध्ये साठवला जातो. त्यामुळे माती हवामान बदल कमी करण्यास मदत करते.
- **पोषकतत्त्वांचे चक्र :** मृत प्राणी आणि वनस्पतींचे विघटन करून त्यातील पोषकघटक पुन्हा जमिनीत मिसळण्याचे काम मातीतील सूक्ष्मजीव करतात. यामुळे निसर्गातील अन्नाची साखळी अखंड सुरू राहते. मातीमुळे नायट्रोजन, फॉस्फरस आणि इतर काही पोषणद्रव्ये चक्राकार पद्धतीने वातावरणात फिरत असतात. ही पर्यावरण सेवासुद्धा मातीतूनच आपल्याला मिळते.

अर्थव्यवस्थेतही मातीचा मोलाचा वाटा

- **कृषी क्षेत्र :** भारत कृषिप्रधान देश आहे. आपल्या राष्ट्रीय सकल उत्पन्नाच्या (जीडीपी) सुमारे १५ टक्के भाग आणि सुमारे ५५ टक्के रोजगार पूर्णपणे मातीवर अवलंबून आहे. तसेच ग्रामीण रोजगारही पूर्णपणे मातीच्या आरोग्यावर अवलंबून आहे. शेती, पशुपालन, बागायती आणि मत्स्यव्यवसाय यांचा पाया माती आहे. सुपीक माती म्हणजे उत्तम पीक आणि पर्यायाने समृद्ध शेतकरी.
- **कच्चा माल :** विटा आणि सिमेंटचा कच्चा माल मातीतूनच मिळतो आणि इमारतीचा पाया मातीचाच असतो. कापड कारखाने आणि साखर उद्योग हे व्यवसाय कापूस, ऊस आणि ताग या नगदी पिकांवर अवलंबून आहेत, आणि ही पिके मातीतूनच मिळतात. वनस्पती उद्योग, कागद उद्योग, औषधी वनस्पती उत्पादन हेसुद्धा मातीवर आधारित आहे.

हवामान बदलाचा मातीवर परिणाम

जागतिक हवामान बदल आणि त्यातून उद्भवणारे तीव्र तापमान, अतिवृष्टी, चक्रीवादळे यांच्या तडाख्यातून मातीसुद्धा सुटत नाही. हवामान बदलामुळे तापमानात वाढ, पावसाच्या अनिश्चित वेळा आणि तीव्र नैसर्गिक

आपत्ती येत आहेत. याचा थेट फटका मातीला बसत आहे. हवामान बदलाचा मातीच्या पोषणक्षमतेवर होणारा परिणाम अधिकाधिक स्पष्ट आणि चिंताजनक होत चालला आहे.

- **मातीची धूप :** हवामान बदलामुळे पावसाचे स्वरूप बदलले आहे. कमी वेळात पडणारा अतिवृष्टीचा पाऊस मातीचा वरचा सुपीक थर वाहून नेतो. महाराष्ट्रातील सह्याद्रीत २०२१मध्ये अभूतपूर्व भूस्खलन झाले. यात डोंगरउतारावरची प्रचंड माती वाहून नदीत शिरली. नदीची वहनक्षमता घटल्यामुळे अनेक गावांत पूरपरिस्थिती निर्माण झाली. माती जिथून वाहून गेली, तिथली वनराई नष्ट झाली. माती अतिकोरडी असो वा अतिओली- दोन्हीमुळे मातीची रचना, त्यातील अन्नसाखळी आणि उत्पादकता यांच्यावर परिणाम होतो.
- **सेंद्रिय कर्बाचा ऱ्हास :** वाढत्या तापमानामुळे मातीतील सूक्ष्मजीवांची हालचाल वाढते, त्यामुळे मातीत साठलेला कार्बन वेगाने कार्बन डायऑक्साइडच्या स्वरूपात हवेत फेकला जातो. यामुळे मातीची पाणी धरून ठेवण्याची क्षमता कमी होते.
- **जमिनीचे वाळवंटीकरण :** हवेतील उष्णता वाढली, की मातीचे तापमान वाढते आणि मातीतील ओलावा कमी होतो. मातीमधील आद्रतेची पावसाळ्यात महत्त्वाची भूमिका आहे, असे अनेक अभ्यासांतून दिसते. भारताच्या जमिनीतील आर्द्रतेचे नकाशे इस्रो (भारतीय अंतराळ संशोधन संस्था) प्रकाशित करते. यात अत्यल्प आर्द्रता असलेल्या कोरड्या मातीचे क्षेत्र वाढत असल्याचे स्पष्ट दिसते. कोरड्या मातीवर कडक आणि अभेद्य थर तयार होतो, ज्यात पाणी शिरू शकत नाही. अशा क्षेत्रात सुपीक जमीन वाळवंटीकरणाकडे जाऊ लागते. आफ्रिकेतील सहारा वाळवंटाचा विस्तार आणि भारतातील राजस्थानला लागून असलेल्या राज्यांमध्ये जमिनीचा वाढता कोरडेपणा ही धोक्याची घंटा आहे.
- **क्षारता वाढणे :** समुद्रसपाटीत वाढ झाल्यामुळे किनारपट्टीच्या भागातील खारट पाणी शेतजमिनीत शिरते. तसेच, अतिउष्णतेमुळे जमिनीतील पाण्याचे बाष्पीभवन होऊन क्षार वरच्या थरावर साचतात. यामुळे जमीन पिकांसाठी निकामी होते. एकीकडे तापमानवाढ, तर दुसरीकडे तीव्र पर्जन्यवृष्टी होत आहे. या परिस्थितीत भुसभुशीत माती पाण्याने संपृक्त होते. हे शेती आणि वनस्पतींसाठी योग्य नाही.

अस्थिर हवामानामुळे काही भागात वारंवार फ्रीझ-थॉ सायकल म्हणजे गोठणे-वितळणे ही प्रक्रिया होत आहे. यामुळे मातीच्या सच्छिद्रतेत बदल होतात. याचा परिणाम हवा आणि पाणी धरून ठेवण्याच्या क्षमतेवर होतो आणि मातीची रासायनिक रचनासुद्धा बदलते. या आघातांमुळे वनस्पतींच्या वाढीत आणि मातीच्या अन्नसाखळीच्या कार्यात घट होते आणि कार्बन शोषणक्षमता, म्हणजेच हवामान बदल रोखण्याच्या क्षमतेत घट होते.

हवामान बदलाचा कदाचित सर्वात लक्षणीय परिणाम मातीमधील सेंद्रिय पदार्थांवर होतो (सॉइल ऑरगॅनिक मॅटर). तापमान, ओलावा, पोत, क्षारता, आम्लता आणि जैविक माल अशा अनेक घटकांचा मातीतील सेंद्रिय पदार्थांच्या प्रमाणावर प्रभाव पडतो. मातीच्या आरोग्यासाठी, पोषणद्रव्ये पुरवण्यासाठी आणि आर्द्रता टिकवून ठेवण्यासाठी सेंद्रिय पदार्थ योग्य प्रमाणात असणे महत्त्वपूर्ण आहे. पण तीव्र उष्णतेत यांचे विघटन वेगाने होते, त्यामुळे त्यांच्यातील कार्बन वातावरणात उत्सर्जित होतो आणि हरितगृह वायूंमध्ये भर पडते. मातीची धूप होण्याची शक्यता वाढते आणि सूक्ष्मजीव पोसण्याची क्षमता कमी होते.

हवामान बदलाचे मातीवर होणारे आघात अन्नसुरक्षेसाठी धोक्याचे आहेत. सिंचन, शेतीची उत्पादकता, खतांचा वापर या सर्वांवर त्याचा विपरीत परिणाम होतो. त्यामुळे मातीची काळजी घेणे, हे निसर्गसंवर्धनातील एक महत्त्वाचे काम आहे.

प्रकरण १३

अन्नसाखळी, परिसेवा आणि हवामान बदल

निसर्ग एका चमत्कारिक चक्राकार पद्धतीने चालतो. पृथ्वीवरील सर्व सजीव एकमेकांशी अदृश्य धाग्यांनी जोडलेले आहेत. कोणताही सजीव एकटा जगत नाही. ऊर्जा मिळवणे, अन्न तयार करणे किंवा मिळवणे, आणि आपले जीवनचक्र पुढे नेणे याची रचना निसर्गाने अतिशय शिस्तबद्ध पद्धतीने केली आहे. या रचनेला आपण अन्नसाखळी आणि अन्नजाळे असे म्हणतो. अन्नसाखळी व अन्नजाळे हे पृथ्वीवरील परिसंस्थांचे कणे आहेत. त्यातून ऊर्जा आणि पदार्थ किंवा घटक कसे घेतले जातात, कसे फिरतात आणि कसे परत निसर्गात मिसळतात, हे समजून घेणे महत्त्वाचे आहे. पण या सगळ्यांचा हवामान बदलाशी काय संबंध? संबंध आहे, आणि सशक्त अन्नसाखळीचा मानवी आरोग्याशीही संबंध आहे. कसा ते आपण या प्रकरणात बघू.

अन्नसाखळी म्हणजे काय?

अन्नसाखळी म्हणजे कोण काय खातो किंवा अन्नासाठी कशावर अवलंबून असतो याची निसर्गातील रचना. ही साखळी सरळ रेषेत चालते. उदाहरणार्थ, सूर्यप्रकाश → सूर्यप्रकाशामुळे मातीतून गवत उगवते → गवत अन्न तयार करते → हरिण गवत खाते → वाघ हरणाला खातो → वाघ मेल्यानंतर विघटक (जंतू/बुरशी) वाघाच्या मृतदेहाचे विघटन करतात.

यामध्ये सजीवांचा एक क्रम आहे. तो असा -

उत्पादक (गवत) → प्राथमिक ग्राहक (हरिण) → दुय्यम ग्राहक (कोल्हा, लांडगा) → सर्वोच्च भक्षक (वाघ) → विघटक (सूक्ष्म जीव).

उत्पादक म्हणजे वनस्पती, शैवाल असे प्रकाशसंश्लेषणाने स्वतःचे अन्न स्वतः तयार करणारे सजीव. पृथ्वीवर अन्न तयार करण्याची क्षमता फक्त प्रकाशसंश्लेषण करणाऱ्या संजीवांमध्ये, म्हणजे वनस्पतींमध्ये आहे. काही किमोसिंथेसिस करणारे सजीवसुद्धा अन्न तयार करू शकतात, पण वनस्पतींइतकी त्यांची संख्या नाही. त्यामुळे वनस्पती हेच अन्नाचे प्राथमिक उत्पादक.

सूर्यप्रकाश, कार्बन डायऑक्साइड आणि पाण्याचा वापर करून वनस्पती आपले अन्न तयार करतात. ही साखळीची सुरुवात. वनस्पती ज्यांचे खाद्य आहेत, ते प्राथमिक ग्राहक. जसे तृणभक्षक हरिण, भेकर, नीलगाय किंवा किडे. ते वनस्पती खातात आणि त्यांच्यापासून प्राण्यांना ऊर्जा मिळते. यांच्याबरोबरच दुय्यम ग्राहक असतात. यांच्या वर सर्वोच्च भक्षक, म्हणजे वाघ, सिंह, गरुड असे प्राणी असतात. कोणत्याही सजीवाचा मृत्यू झाला, की त्याचे विघटन करणारे जीवाणू किंवा बुरशी मातीत असते. मेलेल्या वनस्पती किंवा जनवारांच्या मृतदेहांवर हे जीवाणू व बुरशी ताव मारतात. त्यांच्यामुळे मातीतील पोषणद्रव्ये पुन्हा मातीला सुपूर्द होतात. मृत जीव सडवून त्यातील पोषक घटक पुन्हा मातीला परत मिळतात. हीच आहे अन्नसाखळी...

अन्नजाळे म्हणजे काय?

निसर्गात एकाच सजीवावर अनेक सजीव अवलंबून असतात आणि एक सजीव अनेक गोष्टी खातो. त्यामुळे सरळ साखळीऐवजी जाळ्यासारखी गुंतागुंतीची जी रचना तयार होते, तिला आपण अन्नजाळे म्हणतो. उदाहरणार्थ, गवत केवळ हरिणच खात नाही; ससा, किडे, शेळ्यादेखील खातात. गरुड ससा पकडून खाऊ शकतो. हरणाला लांडगा किंवा कोल्हा खाऊ शकतो, आणि कोल्ह्याला वाघ खाऊ शकतो. अशा अनेक अन्नसाखळ्या एकत्र येऊन अन्नजाळे तयार होते. अन्नजाळे परिसंस्थेला स्थैर्य देते. त्यातील एक घटक जरी कमी झाला, तरी संपूर्ण व्यवस्था लगेच कोसळत नाही, पण त्यातल्या प्रजातींची संख्या मोठ्या प्रमाणात बदलली तर मात्र कोलमडू शकते. उदाहरणार्थ आज आपल्याकडच्या अस्तित्वात असलेल्या वाघांच्या तुलनेत हरिण, भेकर, निलगाय, सांबर यांची संख्या प्रचंड वाढली आहे. त्याचा परिणाम म्हणजे भूरूपात नवनवीन उगवणारी रोपटी हे तृणभक्षी प्राणी खातात आणि त्या परिसरात जंगल उभे राहत नाही.

एक जीव दुसऱ्या जीवाला खातो तेव्हा त्यांच्यात पदार्थांची अदलाबदल होते आणि ऊर्जा साखळीतून पुढे सरकते. ऊर्जेचा प्रवास एकाच दिशेने असतो. पण पदार्थ किंवा घटक मात्र एका दिशेने प्रवास करत नाहीत. ते अन्नसाखळीतून आणि भूरूपातून फिरत राहतात. जसे कार्बन चक्र. यात वनस्पती वातावरणातून कार्बन डायऑक्साइड घेतात, प्राणी आपल्या श्वासातून कार्बन डायऑक्साइड सोडतात. मृतदेह सडताना कार्बन डायऑक्साइड मातीत आणि हवेत मिसळतो. त्याचप्रमाणे नायट्रोजन चक्र. सूक्ष्मजीव हवेतील नत्र घेऊन मातीत मिसळतात. वनस्पती ते घेतात आणि ते पुढे प्राण्यांमध्ये सरकते. प्राणी मेले की नत्र पुन्हा मातीत मिसळून जाते.

अशा अनेक नैसर्गिक चक्रांतून पृथ्वीवर ऊर्जा आणि पोषणद्रव्यांचा प्रवाह सतत सुरू असतो. पण तो सुरू राहण्यासाठी अन्नसाखळी आणि अन्नजाळे शाबूत राहणे महत्त्वाचे असते. भूरूप आणि सजीवसृष्टीच्या देवाणघेवाणीतूनच आपल्याला पर्यावरणीय सेवा किंवा परिसेवा मिळत असतात.

नैसर्गिक परिसंस्था

पृथ्वीवरील सजीव आणि निर्जीव घटकांची सतत एकमेकांशी परस्पर देवाणघेवाण सुरू असते. या परस्परावलंबनातून तयार होणाऱ्या व्यवस्थेला नैसर्गिक परिसंस्था म्हणतात. जंगल, गवताळ प्रदेश, वाळवंट, नदी-तलाव, समुद्र, डोंगर या सर्व नैसर्गिक परिसंस्था आहेत. पूर्णपणे नैसर्गिक चक्रामधून चालणाऱ्या परिसंस्था पृथ्वीवरील जीवनाचा कणा आहेत.

नैसर्गिक परिसंस्थेचे दोन मुख्य घटक असतात. एक, सजीव घटक म्हणजे वनस्पती, प्राणी, पक्षी, कीटक, सूक्ष्मजीव. आणि दुसरे निर्जीव घटक म्हणजे हवा, पाणी, दगड, माती, तापमान आणि सूर्यप्रकाश. आधी म्हटल्याप्रमाणे सूर्यप्रकाशाचा उपयोग करून वनस्पती अन्न तयार करतात, प्राणी ते खातात आणि सूक्ष्मजीव सेंद्रिय पदार्थांचे विघटन करतात. यातूनच अन्नसाखळी आणि अन्नजाळे तयार होते आणि परिसंस्थेचा समतोल राखला जातो.

नैसर्गिक परिसंस्था साधारणपणे दोन मोठ्या गटांत विभागल्या जातात -

स्थल परिसंस्था : यामध्ये उष्णकटिबंधीय, समशीतोष्ण, वर्षावने आणि इतर सर्व प्रकारच्या जंगल परिसंस्था येतात. यात सव्हॅना, पांपास आणि कुरण क्षेत्रासारखे गवताळ प्रदेशही समाविष्ट आहेत. शीत आणि उष्ण वाळवंट परिसंस्था आणि पर्वतीय परिसंस्थाही यात गणल्या जातात.

जल परिसंस्था : यात नद्या, तलाव अशा गोड्या पाण्याच्या परिसंस्थांबरोबरच दलदलीचे क्षेत्र आणि सागरी परिसंस्थांचाही समावेश होतो.

पर्यावरणीय सेवा किंवा परिसेवा

पृथ्वीवर अशा अनेक प्रकारच्या परिसंस्था सतत एकमेकांबरोबर नैसर्गिक घटकांची देवाणघेवाण करीत असतात. या विनिमयातूनच आपल्याला पर्यावरणीय सेवा किंवा निसर्ग सेवा किंवा परिसेवा, म्हणजे इकोसिस्टीम सर्व्हिसेस प्राप्त होतात. अनेक प्रकारच्या परिसेवा सतत सुरू असल्यामुळे पृथ्वीला सजीवसृष्टी पोसण्याची क्षमता प्राप्त होते. इतर कोणत्याही ग्रहावर पृथ्वीसारखे वातावरण नाही, त्यामुळे तिथे पृथ्वीसारख्या सर्व परिसेवा पाहायला मिळत नाहीत.

आपण नैसर्गिक परिसेवांचा दैनंदिन जीवनात आणि अर्थव्यवस्थेत उपयोग करत असतो. प्रत्येक परिसेवा निसर्गाकडून विनामूल्य मिळत असते, याची मात्र आपण जाणीव ठेवत नाही. याच परिसेवा हवामान बदलामुळे आता कमकुवत होत चालल्या आहेत. आधीच्या प्रकरणात बघितलेले जलवायू चक्र हीसुद्धा एक परिसेवाच आहे. यातही ऊर्जा आणि पदार्थांची देवाणघेवाण होत असते; या जलवायू चक्रात बदल होत चालले आहेत हे आपण विस्तृतपणे पाहिले.

परिसेवा म्हणजे निसर्गाने मानवासाठी केलेली कामे. झाडे ऑक्सिजन देतात, जलवायू चक्र गोडे पाणी पुरवते, गोड्या पाण्याचे वितरण नद्या करतात, मातीमुळे पिके उगवतात, कीटक परागीभवन करतात, जंगले पाऊस व हवामान नियंत्रित ठेवतात. अशी अनेक कामे निसर्ग कोणत्याही आर्थिक मोबदल्याशिवाय करत असतो. ही आहे निसर्गाची अदृश्य अर्थव्यवस्था.

संयुक्त राष्ट्रांच्या मूल्यांकनानुसार परिसेवांचे चार मुख्य प्रकार आहेत :

१. **पुरवठा सेवा :** या सेवा म्हणजे परिसंस्थांकडून आपल्याला थेट मिळणाऱ्या वस्तू. उदाहरणार्थ, शेतीतून अन्न, फळे, भाज्या, मासे यांचा पुरवठा होतो. किंवा पर्जन्यवृष्टी आणि हिमवृष्टीमुळे नद्या, तलाव आणि

जमिनीखाली दडलेले पाणी आपल्याला मिळते. जंगलांमधून लाकूड, जळण, बांबू मिळतो. अनेक औषधी वनस्पती, बुरशी व सूक्ष्मजीवांपासून तयार होतात, तीही परिसेवांमधूनच मिळतात. मानवाच्या मूलभूत गरजा पूर्ण करण्यात या पुरवठा सेवा कणा ठरतात.

२. **नियमन सेवा :** या सेवा बहुतेक वेळा आपल्याला दिसत नाहीत, पण त्यांच्याशिवाय जीवन अशक्य आहे. हवामान बदलाच्या काळात या नियमन सेवांचे महत्त्व प्रचंड वाढले आहे.

- **हवामान नियमन :** जंगल आणि महासागर कार्बन डायऑक्साइड शोषून तापमान वाढीचा वेग कमी करतात.
- **पर्जन्य व जलचक्र नियमन :** जंगलातून होणारे बाष्पोत्सर्जन ढग व पावसाच्या प्रक्रियेला मदत करते.
- **पूर व दुष्काळ नियंत्रण :** दलदली, खरफूटी जंगले व नदीकाठची जंगले पुराची तीव्रता कमी करतात.
- **हवा व पाणी शुद्धीकरण :** झाडे हवेतले प्रदूषक शोषतात; माती व ओलसर प्रदेश पाणी गाळून स्वच्छ करतात.
- **रोग व कीड नियंत्रण :** परिसंस्थांतील जैवविविधता अनेक रोगकारकांचा प्रसार मर्यादित ठेवते.

३. **आधारभूत सेवा :** या सेवा म्हणजे इतर सर्व परिसेवांचा पाया. या सेवा नसतील तर अन्न, पाणी, औषधे काहीच टिकू शकणार नाही.

- **माती निर्मिती :** खडकांचे विघटन, सूक्ष्मजीवांची क्रिया आणि सेंद्रिय पदार्थांमुळे सुपीक माती तयार होते.
- **पोषकद्रव्य चक्र :** नायट्रोजन, फॉस्फरस, कार्बन यांचे चक्र परिसंस्थांमुळे चालते.
- **परागीभवन :** मधमाशा, फुलपाखरे, पक्षी परागीभवनामधून पिकांचे उत्पादन वाढवतात.
- **जनुकीय आणि जैवविविधतेचे संरक्षण :** विविध सजीव एकमेकांवर अवलंबून राहून परिसंस्था स्थिर ठेवतात.

४. **सांस्कृतिक सेवा :** परिसंस्था केवळ भौतिक गरजा भागवत नाहीत, तर मानवी संस्कृती व मानसिक आरोग्याशीही जोडलेल्या असतात.

- **आध्यात्मिक व धार्मिक मूल्ये :** नद्या, पर्वत, वनदेवता यांच्या निसर्गपूजेचे महत्त्व भारतीय संस्कृतीत आहे.
- **पर्यटन व मनोरंजन :** राष्ट्रीय उद्याने, समुद्रकिनारे, पर्वत या ठिकाणचे पर्यटन हा स्थानिक तसेच राष्ट्रीय पातळीवर आर्थिक उत्पन्नाचा मोठा स्रोत आहे.
- **शिक्षण व संशोधन :** निसर्ग ही जगातील सर्वात मोठी प्रयोगशाळा आहे. याचा अभ्यास करूनच मानवाने सर्व शास्त्रांचे विकसन केले.
- **मानसिक स्वास्थ्य :** हिरवळ, शांतता, निसर्गसंपर्क तणाव कमी करतो. या सेवांचे आर्थिक मोजमाप कठीण असले, तरी त्यांचे सामाजिक मूल्य अमूल्य आहे.

जैवविविधता, अन्नसाखळी आणि परिसंस्थानाचा ऱ्हास

हवामान बदल म्हणजे फक्त जागतिक तापमानवाढ इतकेच नव्हे, हे आपण पहिले. पृथ्वीचे तापमान, पाऊस, बर्फ, ऋतू या सर्वांमध्ये जेव्हा झपाट्याने बदल होतात तेव्हा काही सजीव हे बदल सोसू शकत नाहीत. कालांतराने काही प्रजाती लुप्त होऊ शकतात, तर काही प्रजाती आपला नैसर्गिक अधिवास सोडून स्थलांतर करतात. काही प्रजातींचे प्रजनन कमी होते आणि त्यांची संख्या कमी होत जाते, तर काही प्रजातींच्या संख्येत झपाट्याने वाढ

होते. म्हणजेच, नैसर्गिक जैवविविधतेमध्ये मोठे बदल होऊ लागतात. त्याचा परिणाम अन्नसाखळीवर आणि अन्न जाळ्यावर तर होतोच, पण पुढे जाऊन परिसंस्थेच्या उत्पादकतेवर परिणाम होतो.

'इंटरनॅशनल युनियन फॉर कॉन्झर्व्हेशन ऑफ नेचर' (आययूसीएन) ही संस्था जगभरातील वनस्पती आणि प्राण्यांची माहिती संकलन करते, आणि पृथ्वीवर धोक्यात आलेल्या वनस्पती आणि प्राण्यांची 'रेड लिस्ट' यादी तयार करते. जवळजवळ एक तृतीयांश प्रजाती आज नामशेष होण्याचा मार्गावर आहेत, असा त्यांचा अंदाज आहे. अर्थात याचे कारण फक्त हवामान बदल इतकेच नाही, पण मानवी हस्तक्षेप, शेतीचा आणि शहरांचा विस्तार, प्रदूषण इत्यादी घटकही त्यासाठी कारणीभूत आहेतच. पण या सगळ्या घटकांचा हवामान बदलावर विपरीत परिणाम होतो, हेही तितकेच खरे. आययूसीएनच्या संकटग्रस्त प्रजातींच्या यादीत सातत्याने वाढ होत आहे.

सिम्बायोसिस (सहजीवन) म्हणजे दोन वेगवेगळ्या प्रजाती एकत्र राहून परस्परांवर प्रभाव टाकणारे नाते. हे नाते नेहमीच समान नसते; कधी दोन्ही प्रजातींना फायदा होतो, कधी एका प्रजातीला फायदा तर दुसरीवर परिणाम होत नाही, तर कधी एका प्रजातीला फायदा आणि दुसरीचे नुकसान होते. सिम्बायोसिसचे तीन प्रकार आहेत. म्युच्युअलिझममध्ये दोन्ही प्रजातींना फायदा होतो, उदाहरणार्थ, मधमाशी आणि फुलांमधील परागीभवनाचे नाते. कॉमेंसॅलिझममध्ये एका प्रजातीला फायदा होतो, तर दुसरीवर विशेष परिणाम होत नाही, उदाहरणार्थ, मोठ्या झाडांवर वाढणाऱ्या वेलींना आधार मिळणे. पॅरासिटिझममध्ये एका प्रजातीला फायदा होतो, पण दुसरीचे नुकसान होते, उदाहरणार्थ, परजीवी आणि यजमान.

सिम्बायोसिसमुळे परिसंस्थांमध्ये संतुलन टिकते आणि जैवविविधतेला आधार मिळतो.

जैवविविधतेवर हवामान बदलाचे परिणाम का होतात, याची काही मुख्य कारणे आहेत. प्रत्येक प्रजातीच्या जीवनचक्रात हंगामी बदल किंवा हंगामी घटना होत असतात. याला 'फिनोलॉजिकल' घटना म्हणतात. लाखो वर्षांच्या उत्क्रांतीतून वेळ आणि ऋतू यांची गणिते पक्की बसलेली आहेत. हवामान बदलामुळे ऋतूंच्या वेळात आणि कालावधीत बदल झाल्यामुळे काही प्रजातींच्या जीवनक्रमातील हंगामी घटनांच्या वेळेत बदल होतात. त्यामुळे स्थलांतर, प्रजनन, परागीभवन अशा घटनांची वेळ किंवा क्रम चुकतो. असे सातत्याने होत राहिले, तर त्या प्रजाती स्थानिक पातळीवर लुप्त होण्याची शक्यता असते.

काही प्रजाती त्यांचा नैसर्गिक अधिवास सोडून वेगळ्याच भूरूपात पसरत असल्याची नोंद आहे. तापमानात बदल झाले, की नवीन निवासस्थान शोधण्यासाठी काही प्रजाती स्थलांतर करतात. उष्णतेमुळे काही प्रजाती उत्तरेकडे किंवा अधिक उंच भागांकडे स्थलांतर करतात. त्यामुळे नवीन ठिकाणी अन्नजाळे विस्कळीत होऊ शकते किंवा नवीन संबंध तयार होतात. ऋतूंची वेळ आणि तापमान बदलले, की काही वनस्पतींच्या उत्पादकतेत बदल होतो. डोंगराळ भागांतील किंवा बेटांवरील प्रजातींसाठी पुढे जाण्यास जागा उरत नाही, आणि त्यामुळे तिथल्या काही प्रजाती नामशेष होण्याचा धोका वाढतो. उष्णता वाढली की पर्जन्यमान बदलते आणि वनस्पतींच्या वाढीवर आणि उत्पादनावर परिणाम होतो. उदाहरणार्थ, आर्क्टिक प्रदेशांतील तापमान वाढल्याने तिथल्या वनस्पती झपाट्याने वाढत आहेत. शाकाहारी प्राण्यांना याचा फायदा

होतो, त्यांच्या संख्येत वाढ होते आणि अधिवासाची रचना बदलते.

आज वातावरणात हरितगृह वायूंचे प्रमाण ४४२ पीपीएमपर्यंत (कार्बन डायऑक्साइड समान) पोहोचले आहे. यामुळे महासागरांत कार्बन डायऑक्साइड मिसळण्याचे प्रमाण वाढले आहे आणि पाण्याच्या आम्लतेत वाढ होत आहे. एकपेशीय शैवाल, अपृष्ठवंशी सजीव आणि प्रवाळ यांसारख्या अनेक प्रजातींना धोका वाढला आहे आणि समुद्रातील जैवविविधतेत स्थानिक बदल नोंदविले जात आहेत. हवामान बदलाने नैसर्गिक आपत्तींमध्ये वाढ झाली आहे. वारंवार येणारे तीव्र दुष्काळ, अतिवृष्टी, चक्रीवादळे यांमुळेही परिसंस्थेत अचानक बदल होतात. यामुळे तिथल्या अधिवासात बदल होतात, अन्न उपलब्धता बदलते आणि काही प्रजाती तिथून पलायन करतात, तर काही नवीन प्रजाती तिथे प्रस्थापित होतात. उदाहरणार्थ, उष्ण तापमानामुळे काही आक्रमक कीटक नवनवीन ठिकाणी पोहोचत आहेत. याचा मोठा परिणाम शेतीवर होतो.

अशा प्रकाराने हवामान बदलांचा प्रभाव अन्नसाखळी आणि अन्नजाळ्यावर होतो. पृथ्वीच्या इतिहासात हवामानात खूप मोठे बदल होऊन गेले, पण ते काही लाख वर्षांत झाले. इतक्या मोठ्या कालावधीत सजीवसृष्टीला त्यांच्याशी अनुकूलन करण्याची संधी असते. अन्नसाखळीत बदल होतात, पण तेही या मोठ्या कालावधीत होतात. सध्याच्या काळात प्रश्न निर्माण झाला आहे, तो हवामान बदलाचा वेग आणि प्रमाण वाढण्यामुळे. अन्नसाखळीची कार्यक्षमता टिकून राहण्याच्या संदर्भात हे आव्हान मोठे आहे. जैवविविधतेसमोरील हा नवीन धोका आहे.

जैवविविधता, अन्नसाखळी आणि परिसंस्था या स्वतंत्र गोष्टी नाहीत; त्या एकमेकांवर अवलंबून आहेत. जैवविविधता कमी झाली की परिसंस्था कमकुवत होते. परिसंस्था कमकुवत झाली की ती अन्नसाखळीला आधार देऊ शकत नाही. अन्नसाखळी विस्कळीत झाली की मानवाची अन्नसुरक्षा, आरोग्य आणि उपजीविका धोक्यात येते. हे सगळे मिळून एक दुष्टचक्र तयार होते.

प्रकरण १४

हिमालय

भारतीय उपखंडाच्या गाळयुक्त मैदानी प्रदेशापासून तिबेटच्या पठाराला विभागणारा हिमालय अफगाणिस्तानपासून म्यानमारपर्यंत पसरला आहे. भारत, नेपाळ, भूतान, तिबेट (चीन), पाकिस्तान आणि अफगाणिस्तान या देशांमध्ये पसरलेला हिमालय पृथ्वीवरील सर्वांत तरुण आणि उंच पर्वतरांगांपैकी एक आहे.

हिमालय पर्वतरांगेच्या वायव्येस काराकोरम आणि हिंदुकुश पर्वतरांगा आहेत, तर उत्तरेस तिबेटचे पठार आणि दक्षिणेस सिंधू-गंगा पूरप्रदेश आहे. सिंधू, गंगा आणि त्सांगपो-ब्रह्मपुत्रा यांसारख्या जगातील काही प्रमुख नद्या हिमालयाच्या परिसरात उगम पावतात. या नद्यांच्या एकत्रित क्षेत्रात सुमारे ६० कोटी लोक राहतात आणि सुमारे ५.३ कोटी लोक हिमालय क्षेत्रातच वास्तव्य करतात. दक्षिण आशिया आणि तिबेटच्या संस्कृतींवर हिमालयाचा मोठा प्रभाव आहे. हिमालयाची अनेक शिखरे हिंदू आणि बौद्ध धर्मात पवित्र मानली जातात.

हिमालयाचे महत्त्व

आशियातील हवामान नियंत्रित करण्यात हिमालयाची भूमिका महत्त्वाची आहे. या पर्वतरांगेमुळे उत्तरेचे थंड वारे दक्षिणेकडे येण्यापासून अडवले जातात आणि भारतीय उपखंडाला तुलनेने उबदार हवामान लाभते. तसेच, मॉन्सून वाऱ्यांना याचा अडथळा निर्माण होतो आणि खालच्या भागात मोठ्या प्रमाणात पर्जन्यवृष्टी होत असते.

त्यामुळे भारत, नेपाळ, बांगलादेश यांसारख्या देशांतील शेती, नद्या आणि परिसंस्था टिकून राहतात.

हिमालयाच्या पर्वतरांगेत असंख्य हिमनद्या आहेत. अजून त्यांची पूर्ण गणनाही झालेली नाही. हिमनद्या हा पृथ्वीच्या भूपृष्ठावरील गोड्या पाण्याचा एक अजस्त्र साठा आहे. या पाण्याच्या साठ्यामुळे कोट्यवधी लोकांना पिण्याचे पाणी आणि शेतीला सिंचन मिळते. हिमनद्यां आणि इथली पर्जन्यवृष्टी यांमुळे सात राष्ट्रांच्या प्रमुख नद्यांना इथून पाणीपुरवठा होतो. पश्चिमेकडे वाहणाऱ्या नद्या सिंधू सागराला, म्हणजे अरबी समुद्राला आणि पूर्वेच्या गंगा सागराला, म्हणजे बंगालच्या सागराला जाऊन मिळतात. सिंधू, गंगा, ब्रह्मपुत्रा आणि मेघना या मोठ्या नद्यांच्या पाणलोटक्षेत्रामुळे कोट्यवधी लोकांना आपले अन्न मिळते. इथल्या लोकांचा इतिहास, साहित्य, धर्म, पुराण, खाद्यसंस्कृती या सर्वांवर हिमालयाचा प्रभाव आहे.

हिमालयात विविध उंचीवर वेगवेगळ्या प्रकारच्या वनस्पती आणि प्राणी आढळतात. इथली जैवविविधता भारतीय द्वीपकल्पाच्या पर्यावरणीय स्थैर्यासाठी अत्यंत महत्त्वाची आहे. हिमालयात किमान दहा हजार वनस्पती, ९०० पक्षी आणि ३०० सस्तन प्राण्यांचा अधिवास आहे. यात सुमारे तीन हजार वनस्पती दुर्मीळ, प्रदेशनिष्ठ किंवा संवेदनशील आहेत. औषधी वनस्पती, हिमबिबट्या, लाल पांडा, हिमालयन ताहर आणि मोनालसारख्या धोक्यात आलेल्या प्रजातींना इथे आश्रय मिळतो. जगातील ३६ 'जैवविविधता हॉटस्पॉट्स'च्या यादीत हिमालयाला स्थान मिळते. कोट्यवधी वर्षे इथल्या पर्वतरांगेत जैवविविधतेचे जनुकीय संवर्धन सुरू आहे. खाद्य आणि सुरक्षित अधिवास मिळाल्यामुळे येथे सशक्त अन्नसाखळी पोसली जाते. इथल्या जैविक आणि भौगोलिक वैविध्यामुळे इथून सतत पर्यावरणीय सेवांची निर्मिती होत असते. त्यामुळे हिमालय केवळ एक भौगोलिक रचना नाही, तर दक्षिण आशियातील जनसमुदायासाठी पर्यावरणीय सेवांचा स्रोत आहे. येथे राहणाऱ्या जनतेला तर हिमालय भरभरून देतो. त्यांना उपजीविकेची अनेक साधने आहेतच; पण समृद्ध निसर्गसृष्टीत राहणाऱ्या लोकांचे जीवन संतुष्ट व सुखी असल्याचे जाणवते.

पंजाब, दिल्ली, उत्तर प्रदेश, बिहार या राज्यांतील शेती प्रामुख्याने हिमालयीन नद्यांवर अवलंबून आहे. हिमनद्या वितळून तयार होणारे पाणी उन्हाळ्यातही नद्यांचा पाणी पुरवते. त्यामुळे धान्य उत्पादन आणि ग्रामीण अर्थव्यवस्था सुरक्षित राहते. पूरपठारावर हिमालयाचे मोठे योगदान आहे. तीव्र उतारावरून वाहत येणाऱ्या नद्या खनिजयुक्त दगडांची झीज करत जातात. त्यांच्या प्रवाहात दगडांची सूक्ष्म माती होते आणि त्यात झाडांचा पालापाचोळा मिसळत जातो. या अविरत कार्यामुळे गंगेच्या पूर मैदानावर पोषणयुक्त गाळ पसरतो. तराईपासून ते सुंदरबनपर्यंत जमिनीची सुपीकता केवळ हिमालयामुळे आहे. सुंदरबन ही पृथ्वीवरील एक अत्यंत कार्यक्षम परिसंस्था आहे, आणि हा प्रदेश जगातील सर्वाधिक सुपीक प्रदेशांतील एक आहे.

हिमालय आणि त्याच्या दक्षिण पायथ्याशी पसरलेल्या तराई प्रदेशातील विस्तीर्ण जंगलातून कार्बन डायऑक्साइडचे शोषण सुरू असते. येथे वेगवेगळ्या सजीवांना अधिवास मिळतो. लाखो वर्षे जैविक माल पडून इथल्या मातीत मोठा कार्बनसाठा आहे. जागतिक तापमानवाढ रोखण्यात यांचे महत्त्वाचे कार्य आहे.

इथून लाकूड, दगड, वनउपज, औषधी वनस्पती, फळबागा अशा अनेक नैसर्गिक संसाधनांचा पुरवठा अर्थव्यवस्थेत होतो. त्याशिवाय जलविद्युतनिर्मिती आणि पर्यटनातून अर्थनिर्मिती होते. भूकंप, वादळे आणि थंड वारे यांपासून नैसर्गिक संरक्षण हिमालय देतो. तसेच तो उत्तर दिशेने येणाऱ्या अतिशीत वाऱ्यांना रोखून भारतीय उपखंडात राहण्यायोग्य हवामान निर्माण करतो. भारतीय संस्कृतीत हिमालयाला पवित्र मानले जाते. केदारनाथ, बद्रीनाथ, अमरनाथ यांसारखी तीर्थस्थळे येथे आहेत. त्यामुळे हिमालय हा केवळ भौगोलिक नव्हे, तर सांस्कृतिक वारसाही आहे.

हवामान बदलाचे हिमालयावर होणारे परिणाम

हिमालय पर्वतरांगेत तापमानवाढ आणि त्यामुळे होणाऱ्या पर्जन्यमान आणि हिमवृष्टीतील बदल हे जागतिक सरासरीपेक्षा अधिक वेगाने होत आहेत, असे शास्त्रज्ञ मानतात. हिमालयीन प्रदेशातील सरासरी वार्षिक तापमानाची वाढ सुमारे ०.०६° सेल्सियस होत असल्याचे दिसून येत आहे. याचा परिणाम केवळ पर्यावरणावरच नाही तर मानवजातीच्या आरोग्यावर, शेतीवर, पाण्याच्या उपलब्धतेवर आणि सामाजिक-आर्थिक व्यवस्थांवर पडत आहे.

१. **तापमानवाढ आणि हिमनद्यांचे वितळणे** : जागतिक तापमानवाढीचा परिणाम हिमालयात अधिक तीव्रतेने जाणवतो. गेल्या काही दशकांत हिमालयातील सरासरी तापमान जागतिक सरासरीपेक्षा वेगाने वाढले आहे. यामुळे हिमनद्या झपाट्याने वितळत आहेत. सुरुवातीला नद्यांमध्ये पाण्याचे प्रमाण वाढते; पण दीर्घकाळात हिमनद्या कमी झाल्यावर पाण्याची टंचाई निर्माण होते. गेल्या काही दशकात गंगोत्री हिमनदी लक्षणीय प्रमाणात मागे सरकली आहे. याचा परिणाम गंगेच्या प्रवाहावर आणि उत्तर भारतातील पाणीपुरवठ्यावर होऊ शकतो. जागतिक पातळीवर हिंदुकुश–हिमालय प्रदेशातील हिमनद्या वेगाने वितळत असल्याचा इशारा दिला जातो. शास्त्रज्ञांच्या मते, या प्रदेशात तापमानवाढ अशीच सुरू राहिली, तर इथला मोठा हिमसाठा सुमारे २१०० सालापर्यंत नष्ट होऊ शकतो.

२. **हिमनदी तलाव फुटण्याचा धोका (ग्लॉफ : GLOF)** : हिमालयाच्या उंच क्षेत्रात हिमनदी वितळून तयार झालेले तलाव आहेत. ते जेव्हा अचानक फुटून प्रचंड वेगाने वाहू लागतात, तेव्हा सखोल भागात पूर येतो. वितळलेल्या पाण्याने तयार झालेल्या तलावांतील पाणी अनेकदा कमकुवत बर्फाच्या किंवा मातीच्या कड्यांनी (मोरेन) अडवलेले असते. भूकंप, अतिवृष्टी, हिमस्खलन किंवा अचानक बर्फ कोसळल्याने कडे तुटून काही तासांत प्रचंड पूर येण्याची शक्यता वाढते. उत्तराखंडमधील चमोली येथे २०२१मध्ये हिमनदी कोसळून तलाव फुटल्यामुळे अलकनंदा–धौलीगंगा खोऱ्यात मोठा पूर आला; जीवितहानी झाली आणि जलविद्युत प्रकल्पांचे मोठे नुकसान झाले. सिक्कीममध्ये २०२३मध्ये ल्होनाक हिमनदीचा तलाव फुटल्याने तिस्ता नदीला महापूर आला. त्यावरचे पूल, बाजूचे रस्ते आणि वसाहती उद्ध्वस्त झाल्या. नेपाळमधील इम्जा तलावात वारंवार ग्लॉफचा धोका उभा राहतो; हा स्थानिक नव्हे तर जागतिक धोका आहे.

३. **पर्जन्यपद्धतीतील बदल** : हिमालयात आता पावसाचे स्वरूप बदलत आहे. कमी दिवसांत अतिवृष्टी आणि उरलेल्या काळात दुष्काळ असे चित्र गेली काही वर्षे सातत्याने दिसत आहे. काही ठिकाणी अतिवृष्टी किंवा ढगफुटीसारख्या घटना घडत आहेत. संपूर्ण हिमालय भूकंपाच्या दृष्टीने संवेदनशील आहे. या तीव्र उताराच्या प्रदेशात अचानक मोठ्या पावसाचा परिणाम अतिशय गंभीर ठरतो. उत्तराखंड येथे २०१३च्या केदारनाथ दुर्घटनेत अतिवृष्टी होऊन प्रचंड पूर आला आणि अनेक ठिकाणी भूस्खलन झाले. २०२१च्या चमोलीमधील घटनेतही पावसाच्या बदलत्या स्वरूपाचा धोका स्पष्ट दिसला. नेपाळ आणि भूतानमध्येही अल्पकाळात पडणाऱ्या तीव्र पावसामुळे पूर व भूस्खलनाच्या घटनांत वाढ झाली आहे. बदलत्या पावसाने भूस्खलन, पूर, शेतीचे आणि गावांचे नुकसान, पाणी व्यवस्थेवर ताण आणि मानवी जीवितहानी हे सर्व धोके हिमालय क्षेत्रात स्पष्ट दिसून येतात.

४. **जैवविविधतेवर परिणाम** : इंटरनॅशनल सेंटर फॉर इंटिग्रेटेड माउंटन डेव्हलपमेंट (आयसीआयएमओडी) या हिमालयात वसलेल्या संस्थेच्या अभ्यासानुसार, हिंदुकुश–हिमालय प्रदेशातील तापमानवाढीमुळे अनेक

वनस्पतींचा अधिवास बदलत आहे व प्राणी उंच भागांकडे स्थलांतर करीत आहेत; काही प्रजातींना मात्र जुळवून घेणे शक्य नसल्याने नामशेष होण्याचा धोका वाढत आहे. इंटर गव्हन्मेंटल सायन्स पॉलिसी प्लॅटफॉर्म ऑन बायोडायव्हर्सिटी अँड इकोसिस्टीम सर्व्हिसेसच्या (आयपीबीईएस) अहवालात म्हटले आहे, की डोंगराळ परिसंस्थांमध्ये हवामान बदलाचा परिणाम मैदानी भागांपेक्षा वेगाने आणि तीव्रतेने दिसून येतो. उत्तराखंड आणि सिक्कीममध्ये आढळणाऱ्या औषधी वनस्पतींचे क्षेत्र कमी होत आहे. तसेच काही प्रजातींचे फुलण्याचे व प्रजननाचे कालचक्र बदलले असल्याची नोंद संशोधनातून झाली आहे. नेपाळमध्ये लाल पांडा व हिमबिबट्या यांसारख्या प्रजातींच्या अधिवासावर ताण वाढत असल्याचेही जाणवत आहे.

५. **पाण्याची टंचाई** : बर्फ आणि हिमनद्या वितळण्याचा वेग वाढल्यामुळे थोड्या काळात मोठ्या प्रमाणात पाणी वाहून जाते आणि भविष्यात नद्यांचा प्रवाह घटण्याची शक्यता असते. याचा परिणाम पंजाब, उत्तर प्रदेश आणि बिहारपर्यंत जणवण्याची शक्यता आहे. येथे पिण्याच्या पाण्यावर, शेतीवर आणि जलविद्युत प्रकल्पांवर त्याचा विपरीत परिणाम होण्याची भीती आहे . येथे वास्तव्य असलेल्या कोट्यवधी लोकांच्या पाणीसुरक्षेचा प्रश्न उद्भवण्याचा धोका आहे. याची उदाहरणे आज आपल्याला दिसत आहेत. हिमाचल आणि उत्तराखंडमध्ये चालणाऱ्या पर्यटन व्यवसायाचे दिवस कमी झाल्यामुळे तिथले उत्पन्न घटत आहे.

६. **सामाजिक परिणाम** : हजारो वर्षे हिमालयाला आपले घर मानून वसलेल्या समुदायाचे जीवन इथल्या नैसर्गिक साधनांवरच अवलंबून असते. हवामान बदलामुळे काही संसाधने मिळेनाशी झाली आहेत, तर नवीन संसाधने शहरातून स्वस्त भावात येऊ लागली आहेत. हजारो वर्षे इथली घरे देवदार वृक्षाचे लाकूड आणि स्लेट दगडाचा वापर करून बांधली जात असत. आता ही संसाधने मिळेनाशी होऊ लागली आहेत, त्यामुळे आता बांधकामात सिमेंट-काँक्रीटचा वापर वाढला आहे. ही घरे अधिक थंड पडतात आणि जळणाच्या लाकडाची मागणी वाढते. शेतीच्या उत्पादनात घट झाल्यामुळे लोकांनी मशरूम लागवड, मधमाश्यांची शेती यांसारख्या पर्यायी उद्योगांची सुरुवात केली आहे. नवनवीन व्यवसायात पाण्याची गरज अधिक वाढते. त्यामुळे हिमालयातील तीव्र उतारावर मोठ्या टाक्या बांधण्याचे प्रमाण वाढलेले दिसते. काही

महाकवी कालिदास यांनी हिमालयाला 'नगाधिराज'—म्हणजे पर्वतांचा राजा— म्हटले आहे. हा केवळ भौगोलिक उंचीचा गौरव नाही, तर हिमालयाच्या सांस्कृतिक, आध्यात्मिक आणि नैसर्गिक महत्त्वाचा आदर आहे. कालिदासांनी हिमालयाला सर्व पर्वतांचा अधिपती आणि रक्षणकर्ता मानले. त्यांच्या 'कुमारसंभव' आणि 'मेघदूत' या महाकाव्यांत हिमालय केवळ निसर्गरचना नसून देवतांचा निवास, तपश्चर्येचे स्थान आणि सृष्टीच्या समतोलाचा आधार म्हणून उभा राहतो. 'नगाधिराज' हिमालय अढळतेचे, स्थैर्याचे आणि संरक्षणकर्त्याचे प्रतीक आहे. तो नद्या जन्माला घालतो, हवामान नियंत्रित करतो आणि जीवनाला आधार देतो, जसे राजा आपल्या प्रजेचे रक्षण करतो. आज हवामान बदलाच्या पार्श्वभूमीवर हा काव्यदृष्टिकोन अधिक अर्थपूर्ण ठरतो : हिमालयाचे रक्षण म्हणजे निसर्गाच्या राजाचे, आणि पर्यायाने आपल्या भवितव्याचे रक्षण.

ठिकाणी बारमाही नैसर्गिक झरे आता हंगामी झाले आहेत, असे स्थानिक लोक सांगतात. त्यामुळे पिण्याच्या पाण्यासाठी घरातल्या बायकांना लांबपर्यंत जावे लागते.

दुर्दैवाने, ही अमूल्य परिसंस्था आज हवामान बदलाच्या तडाख्यात सापडली आहे. तापमानवाढीचा फटका हिमालयात अगदी स्पष्ट दिसतो. गेल्या दोन दशकांत अतिवृष्टी, भूस्खलन आणि पूर परिस्थितीची तीव्रता आणि वारंवारिता वाढली आहे. पाऊस पडण्याचा कालावधी कमी झाल्यामुळे इथल्या रहिवाशांवर त्याचा ताण पडतो. भूस्खलनामुळे रस्ते बंद होतात, बाजारपेठ आणि शाळा गाठता येत नाहीत, त्यामुळे जनजीवन विस्कळीत होते आणि अर्थकारण ठप्प होते. भूस्खलनात जंगले उद्ध्वस्त होतात, माती वाहून जाण्याचे प्रमाण वाढते. यामुळे कार्बन शोषणक्षमतेत घट होते. झपाट्याने वाढणाऱ्या पर्यटनामुळे येथे बांधकाम वाढले आहे. पाण्याची मागणी, सांडपाणी आणि कचरा वाढला, की त्याचा ताण इथल्या परिसंस्थेवर पडतो.

मुद्दे	परिणाम आणि संभाव्य परिणाम	उपाय आणि शिफारसी
ग्लेशियरचा पाणी साठा	नद्यांचे उगमस्थान धोक्यात, जलाशयांच्या सुरक्षेला धोका	जलसंवर्धन, पाणी पुनर्निर्माण, ग्लॉफ नियंत्रण
पाणी सुरक्षा	अनियमित पर्जन्य, स्थानिक पाणी वाद, कृषी उत्पादनात घट	जलपुरवठा प्रणाली सुधारणा, पाणी तंत्रज्ञानाचा वापर
शेती	पारंपरिक पिकांवर परिणाम, उपज कमी, आर्थिक तोटे	पर्यायी पिकांच्या लागवडीचे प्रोत्साहन, कृषी तंत्रज्ञानाचा वापर
आरोग्य	श्वसन आणि मानसिक आरोग्यावर विपरीत परिणाम	प्रदूषण नियमन, आरोग्य सेवा सुधारणा, अलर्ट प्रणाली विकसित करणे
सामाजिक	समुदायातील उत्पन्नात घट, सामाजिक वाद, स्त्री-सुरक्षा	स्थानिक सहकार्याचा विस्तार, सामाजिक न्यायासाठी धोरणात्मक सुधारणा

उष्णता वाढल्यामुळे नवनवीन जंतूंचा प्रसार या भागात होत आहे. गेल्या काही वर्षांत इथल्या समुदायांना मलेरिया आणि डेंग्यूसारख्या आजारांचा सामना करावा लागत आहे. उष्णता वाढल्यामुळे पारंपरिक पीकपद्धतीत बदल करणे भाग पडले आहे. ब्रिटिश राजवटीत हिमालयात चीड पाईन वृक्षांची लागवड झाली. यात तेलाचे प्रमाण जास्त असल्यामुळे वणवे लागले की आग विझवायला अनेक महिने लागतात. यात कार्बन उत्सर्जन होते. एकीकडे कार्बन शोषणक्षमतेत घट आणि दुसरीकडे कार्बन उत्सर्जनात वाढ असा दुहेरी फटका बसत आहे.

हिमालय ही जगातील प्रत्येक राष्ट्राची निसर्गसंपत्ती आहे. त्याचे संवर्धन करण्यासाठी जागतिक पातळीवर ठोस पावले उचलली नाहीत, तर मानवजातीचाच ऱ्हास होण्यास वेळ लागणार नाही.

प्रकरण १५

हवामान बदल आणि पृथ्वीचे सागर

सुमारे ७१ टक्के पृष्ठभागावर पाणी असलेल्या आपल्या ग्रहाला आपण ब्लू प्लॅनेट म्हणजे 'निळा ग्रह' म्हणतो, यात काहीच नवल नाही. पृथ्वीचे सागर हे केवळ पाण्याचे साठे नाहीत. सागराच्या खाऱ्या पाण्यातूनच आपल्याला गोड्या पाण्याचा पुरवठा होतो. इथल्या पाण्यात प्राणवायूची निर्मिती सुरू असते, आणि एकपेशीय शैवालाकडून सतत कार्बन शोषण होत असते, आणि हे सगळे होत असताना जागतिक तापमान संतुलित ठेवण्याची क्षमताही सागरात आहे. थोडक्यात काय, तर सजीवसृष्टीचे रक्षण आणि पोषण करण्यासाठी, आणि मानवी अर्थव्यवस्था कार्यरत राहण्यासाठी ही अत्यंत महत्त्वाची परिसंस्था आहे.

मात्र झपाट्याने बदलणाऱ्या हवामानामुळे सागरांवर मोठा परिणाम होताना दिसत आहे. त्यांचे संतुलन ढासळत गेले, तर सबंध पृथ्वीवर त्याचे पडसाद उमटतील अशी भीती शास्त्रज्ञ व्यक्त करतात. या प्रकरणात आपण सागरांचे महत्त्व, जागतिक तापमान नियंत्रणातील त्यांची भूमिका, हवामान बदलामुळे सागरी परिसंस्थांवर आज दिसणारे परिणाम, भविष्यातील धोके आणि भारतासाठी महत्त्वाची उदाहरणे बघणार आहोत.

सागरातून मिळणाऱ्या परिसेवा

मागील प्रकरणात आपण परिसेवा म्हणजे काय हे समजून घेतले. सागरातील जैविक आणि अजैविक घटकांच्या

देवाणघेवाणीमधून आपल्याला अनेक परिसेवा अविरत प्राप्त होत असतात. समुद्रापासून मिळणाऱ्या काही मुख्य परिसेवा पाहू.

१. **प्राणवायूनिर्मिती व कार्बन साठवण :** समुद्राच्या पृष्ठभागावर फायटोप्लँक्टन नावाचे सूक्ष्म एकपेशीय शैवाल मोठ्या संख्येत असते. हे जीव झाडांप्रमाणे सूर्यप्रकाशाचा वापर करून प्रकाशसंश्लेषण करतात. सूर्यप्रकाश, कार्बन डायऑक्साइड आणि पाण्याचा वापर करून ते स्वतःचे अन्न तयार करतात. या प्रक्रियेत प्राणवायू बाहेर सोडला जातो, म्हणजे प्रकाशसंश्लेषणाचे हे उप-उत्पादन (बाय-प्रॉडक्ट) आहे. पृथ्वीवरील ५० टक्क्यांहून अधिक प्राणवायूची निर्मिती या पद्धतीने समुद्रात होते. म्हणून समुद्र हे जणू पृथ्वीची फुफ्फुसेच आहेत. समशीतोष्ण प्रदेशातील समुद्रात केल्प नावाने ओळखल्या जाणाऱ्या अलगीची प्रचंड मोठी जंगलेच आहेत. त्याचप्रमाणे उष्णकटिबंधीय प्रदेशात नदी समुद्राला येऊन मिळते, तिथे खारफुटीची घनदाट जंगले आहेत. फायटोप्लँक्टनसारखे हे सजीवसुद्धा प्रकाशसंश्लेषण करतात आणि त्यामुळे समुद्रात मोठ्या प्रमाणात कार्बन शोषण होते. मृत्यूनंतर हे सजीव समुद्राच्या मातीत मिसळतात आणि तिथे कार्बनचा साठा वाढत जातो. याला 'ब्लू कार्बन सिंक' म्हणतात. जमिनीवरील जंगलातील सर्वाधिक कार्बन साठा त्यांच्या लाकूड आणि पानांमध्ये असतो, त्याउलट ब्लू कार्बन सिंकमधील कार्बनचा सर्वाधिक भाग समुद्राच्या तळाला तिथल्या वाळू आणि मातीत साठवला जातो.

२. **सागर आणि जागतिक तापमान नियंत्रण :** सागरी परिसंस्था ही पृथ्वीचा 'थर्मोस्टॅट' म्हणजे तापमान नियंत्रक आहे, असे म्हणता येईल. सूर्यापासून मिळणाऱ्या उष्णतेपैकी ९० टक्क्यांपेक्षा जास्त उष्णता समुद्र स्वतःमध्ये शोषून घेतो. असे झाले नसते, तर जमिनीचे तापमान इतके वाढले असते, की अनेक प्रजातींचे जगणे मुश्कील झाले असते. हवेच्या तुलनेत, पाणी उष्णता अधिक चांगल्या प्रकारे धरून ठेवू शकते, त्यामुळे हे शक्य होते. समुद्रातील पाण्याच्या प्रवाहामुळे गरम पाणी ध्रुवीय प्रदेशाकडे आणि थंड पाणी विषुववृत्ताकडे नेले जाते. यामुळे दिवसा पृथ्वीच्या एका भागावर पडणारी उष्णता ही पूर्ण पृथ्वीवर वितरित होते आणि अनेक देशांतील हवामान अतिशय थंड किंवा अतिशय गरम न होता संतुलित राहते.

   जलवायू चक्रामध्ये सागराची भूमिका सर्वात मोठी आहे. भारतीय उपखंडातील मॉन्सून मुख्यतः सागरातील तापमान, वाफेचे वहन आणि वाऱ्यांच्या दिशांवर अवलंबून असतो. भारतातील शेती पूर्णपणे मॉन्सूनच्या पावसावर अवलंबून आहे. याबाबत जलवायू चक्रावरील प्रकरणामध्ये पाहिले आहे.

३. **सागरातील जैवविविधता आणि औद्योगिक कच्चा माल :** समुद्र म्हणजे जैवविविधतेचा एक खजिनाच आहे. येथे लाखो प्रजातींना अधिवास मिळतो. मासे, शैवाल, शिंपले, प्रवाळ, प्लँक्टन हे सर्व सजीव इथल्या खाऱ्या पाण्यात राहतात. ही जैवविविधता केवळ सौंदर्यासाठी नाही, तर ती आपल्या उद्योगधंद्यांना कच्चा मालही पुरवते. समुद्रावर अवलंबून असलेला सर्वात मोठा उद्योग म्हणजे मासेमारी आणि मत्स्यप्रक्रिया. मासे, कोळंबी, खेकडे, ऑक्टोपस इत्यादींपासून अन्न, तेल, खत (फिशमील) आणि पशुखाद्य तयार होते. लाखो लोकांची उपजीविका यावर अवलंबून आहे. काही ठरावीक प्रवाळ, स्पंज आणि शिंपल्यातून औषधनिर्मितीसाठी वापरली जाणारी जैवसक्रिय (एन्झाइम) द्रव्ये मिळतात. शंख-शिंपल्यांपासून चुना, दागिने आणि सजावटीच्या वस्तू तयार होतात. समुद्री सूक्ष्मजीवांचा वापर जैवइंधन तयार करण्यासाठी केला जातो. प्रवाळ वसाहतींजवळ वाढणारे समुद्री शैवालापासून (सी-वीड) अगर-अगर, अल्जिनेट, कॅरेजिननसारखी द्रव्ये मिळतात, ज्यांचा उपयोग अन्नप्रक्रिया, औषधे, सौंदर्यप्रसाधने, कागद आणि कापड उद्योगात होतो. तमिळनाडूत शैवाल शेती केली जाते. यातून खत, जैवइंधन आणि औषध व्यवसायासाठी कच्चा माल पुरविला जातो.

हवामान बदलाचे सागराला धोके

सागर केवळ पाणी साठवण्याचे ठिकाण नसून तो पृथ्वीची ढाल आहे. मात्र, वाढत्या प्रदूषणामुळे समुद्राचे तापमान वाढत आहे, त्यामुळे चक्रीवादळे आणि समुद्राच्या पातळीत वाढ यांसारख्या समस्या निर्माण होत आहेत. त्यामुळे हवामान बदल रोखण्यासाठी सागराचे रक्षण करणे अनिवार्य आहे. सागरी परिसंस्थेला हवामान बदलापासून होणारे काही प्रमुख धोके पुढे बघू :

१. सागराचे तापमानवाढ

जागतिक तापमानवाढीमुळे सागरी पृष्ठभागाचे तापमान सरासरी १° सेल्सियसने वाढले असल्याचे दिसते. पाण्याच्या वाढीव तापमानामुळे ध्रुवीय बर्फ लवकर वितळण्यास हातभार लागतो. सागराच्या उष्णतेमुळे चक्रीवादळे अधिक शक्तिमान होण्याची शक्यता वाढते. गेल्या दशकात अनेक शक्तिशाली चक्रीवादळे भारताच्या पूर्व आणि पश्चिम किनाऱ्याला येऊन धडकली आहेत (जलवायू चक्राचे प्रकरण पाहा).

पाण्याचे तापमान जेव्हा वाढते, तेव्हा जैवविविधतेला दोन मोठे धोके निर्माण होतात. पहिला धोका म्हणजे समुद्राच्या परिसंस्थेवर याचा ताण पडतो. प्रवाळ क्षेत्रात ब्लिचिंग होते आणि काही प्रजातींच्या प्रजननावर परिणाम होतो. उष्णता वाढलेल्या समुद्रातील मासे योग्य तापमानाच्या शोधात स्थलांतर करतात, आणि मासेमारी व्यवसायात घट होते. दुसरा परिणाम म्हणजे पाण्याचे तापमान जसे वाढते, तसे त्यात विरघळलेल्या (डिझॉल्व्ह्ड ऑक्सिजन) प्राणवायूचे प्रमाण घटत जाते. जलचरांसाठी हे घातक ठरते. गरम पाण्यात प्राणवायू विरघळण्याचे प्रमाण कमी होते. नदीच्या पाण्यातून जेव्हा समुद्रात सांडपाणी आणि रासायनिक खतांचा ओघ येतो, तेव्हा काही विशिष्ट प्रकारचे शैवाल वाढते. मेलेले शैवाल सडण्याच्या प्रक्रियेत प्राणवायू वापरला जातो आणि तिथे प्राणवायूचे प्रमाण अजूनच कमी होते. याला 'डेड झोन्स' किंवा मृत भाग असे म्हणतात. अशा झोनमध्ये मोठ्या संख्येने मासे आणि जलचर मरतात. जगभरात असे पाचशेहून जास्त डेड झोन्स असल्याचा अंदाज आहे.

गल्फ ऑफ मेक्सिकोमध्ये २०१७मध्ये इतिहासातील सर्वात मोठ्या डेड झोनची नोंद झाली होती. येथे साधारण २२,७०० चौरस किलोमीटरचे डेड झोन क्षेत्र तयार झाले. मिसिसिपी नदीच्या खोऱ्यातील शेतातून वाहून आलेली नायट्रोजन आणि फॉस्फरसयुक्त खते समुद्रात मिसळली आणि त्यामुळे समुद्रात शेवाळाची प्रचंड वाढ झाली (अलगल ब्लूम). जेव्हा हे शेवाळ मरून समुद्राच्या तळाशी गेले, तेव्हा त्याचे विघटन करण्यासाठी जिवाणूंनी पाण्यातील सर्व प्राणवायू वापरून टाकला. पाण्यातील प्राणवायू संपल्यामुळे हजारो मासे, खेकडे आणि कोळंबी श्वास कोंडून मेली. जे मासे पोहून दूर जाऊ शकले नाहीत, त्यांचा जागीच मृत्यू झाला आणि त्यांचे ढीग किनाऱ्यावर येऊन पडले.

२. समुद्रपातळी वाढ

उष्ण वातावरणात पाण्याचा विस्तार होतो आणि हिमनद्या वितळण्याचा वेग वाढतो. या दोन्ही कारणांनी समुद्रपातळीमध्ये वाढ दिसून येते. समुद्राच्या पाण्याची पातळी बदलणे ही गोष्ट पृथ्वीच्या इतिहासात नवीन नाही. हवामानातील नैसर्गिक बदल, ज्वालामुखी, उल्कापात, किंवा टेक्टॉनिक प्लेट्सच्या हालचालींमुळे असे होत असते. पण समुद्रपातळीत असे नैसर्गिक बदल होण्यासाठी काही लाख वर्षे लागतात. या कालावधीमध्ये जलचर आणि भूचरांना त्याच्याशी अनुकूलन करून घेण्याची - जुळवून घेण्याची - संधी मिळते. पण आता गेल्या ३०० वर्षांत सरासरी तापमान १.५° सेल्सियसने वाढल्यामुळे पृथ्वीवरचे बर्फाळ प्रदेश वितळण्याचा वेग वाढला आणि समुद्राची पातळी वाढत चालली आहे.

इतक्या कमी कालावधीत पाण्याची पातळी वाढली, की किनाऱ्यावरील समुदायांवर आणि तिथल्या

जैवविविधतेवर विपरीत परिणाम होतो. येणाऱ्या काळात अमेरिकेपासून भारतापर्यंत सर्व किनारपट्टीवरील शहरे धोक्यात येणार असल्याचे हवामान शास्त्रज्ञ सांगतात. असे जरी असले, तरी प्रत्येक देशाला धोका समान नाही. महासागराचे अभिसरण, समुद्राचे तापमान, किनाऱ्यावरील बांधकामे, जमिनीची उंची यांसारख्या अनेक घटकांवर धोका कमी-जास्त होतो.

याचे उत्तम उदाहरण म्हणजे किरिबाती नावाचे एक अतिशय लहान आणि अप्रचलित राष्ट्र. पॅसिफिक महासागरात वसलेल्या या देशाला समुद्रपातळीच्या वाढीचा सर्वात मोठा धोका आहे. हवाई आणि ऑस्ट्रेलियाच्या मध्यभागी पॅसिफिक महासागरात विषुववृत्तावर किरिबाती वसलेले आहे. किरिबाती हा ३३ बेटांचा समूह आहे. त्याचा बहुतांश भूभाग सखल आहे. समुद्रसपाटीपासून सरासरी उंची दोन मीटर असलेल्या या देशाचे एकूण क्षेत्रफळ फक्त ८०० चौरस किलोमीटर आहे. त्यामुळे पाण्याची पातळी वाढली, की बचावासाठी माघार घेणे शक्य होत नाही. इथले सगळेच नागरिक किनाऱ्याजवळ राहतात आणि उपजीविकेसाठी सागरी संसाधनांवर अवलंबून आहेत. समुद्रपातळी वाढली, की त्यांच्या गोड्या भूजलात खारे पाणी मिसळते. काही इंचांनी जरी समुद्रपातळी वाढली, तरी इथला जमिनीचा भाग पाण्याखाली जातो. याचा परिणाम शेती, मासेमारी आणि पर्यटनावर, आणि परिणामी किरिबातीच्या अर्थव्यवस्थेवर दिसून येतो.

येणाऱ्या दशकात किरिबातीचा बहुतांश भाग पाण्याखाली जाऊन तिथले नागरिक विस्थापित होतील असे चित्र काही अभ्यासांतून दिसून येते. इथले नागरिक जगातील पहिले 'क्लायमेट मायग्रंट्स' असतील अशी भीती आहे. स्थलांतर अनिवार्य असल्यामुळे सरकारने नागरिकांच्या शिक्षण आणि कौशल्य प्रशिक्षणावर लक्ष दिले आहे, ज्यामुळे त्यांना इतर देशात सन्मानाची उपजीविका मिळू शकेल.

आता विरोधाभास बघा. सव्वा लाख लोकसंख्या असलेल्या या देशाचे जागतिक पातळीवर हरितगृह वायू उत्सर्जन नगण्य आहे. येथे औद्योगिकीकरण जवळजवळ नाहीच आणि दरडोई विजेचा वापरही अतिशय कमी आहे. देश विखुरलेला असल्यामुळे एका ठिकाणी वीजनिर्मिती होत नाही, तर छोट्या डिझेल जनरेटरने होते. असे असताना इतर राष्ट्रांच्या अनियंत्रित उत्सर्जनामुळे किरिबाती नेस्तनाबूत होण्याच्या मार्गावर आहे. अगदी अशीच परिस्थिती भारतातील सुंदरबनची आहे. इथले नागरिक नैसर्गिक संसाधनांवर अवलंबून आहेत. त्यांचे कार्बन फुटप्रिंट, म्हणजे दरडोई हरितगृह वायू उत्सर्जन हे भारतामध्ये सर्वात कमी असेल. पण समुद्रपातळी वाढली की याच लोकांची घरे बुडून ते विस्थापित होणार आहेत.

समुद्राच्या पातळीत वाढ प्रामुख्याने दोन कारणांमुळे होते. तापमानवाढीमुळे बर्फ वितळणे हे पहिले कारण, आणि उष्णतेमुळे पाण्याचे तापमान वाढले की त्याचा विस्तार होतो आणि जागा जास्त व्याप्त होते, हे दुसरे कारण. समुद्राची पातळी किती वाढेल हे येणाऱ्या काळात हरितगृह वायू उत्सर्जन किती होईल यावर अवलंबून आहे. इंटर गव्हर्न्मेंट पॅनेल ऑन क्लायमेट चेंजच्या (आयपीसीसी) अंदाजाप्रमाणे उत्सर्जन झपाट्याने कमी केले, तरी सरासरी पातळी १.४ फुटाने वाढेल. जास्त प्रमाणात उत्सर्जन झाले, तर वाढ जवळजवळ २.७६ फुटापर्यंत होऊ शकते. हरितगृह

मरीन हीटवेव्ह : ज्याप्रमाणे जमिनीवर उष्णतेची लाट येते, तशीच ती समुद्रातही येते. जेव्हा समुद्राच्या एका विशिष्ट भागाचे तापमान सरासरीपेक्षा खूप जास्त वाढते आणि ती स्थिती किमान पाच दिवस किंवा त्यापेक्षा जास्त काळ टिकून राहते, तेव्हा त्याला 'मरीन हीटवेव्ह' म्हणतात. काहीवेळा या लाटा काही आठवडे किंवा महिनेही टिकू शकतात.

वायूंचे उत्सर्जन कमी करून आपण हे संकट टाळू शकतो, अशी शास्त्रज्ञांना खात्री आहे.

समुद्रपातळी वाढत असल्याचे वैज्ञानिक पुरावे आहेत. याचा वेग कमी करण्यासाठी जागतिक पातळीवर प्रत्येक राष्ट्रांने आपले हरितगृह वायू उत्सर्जन तातडीने आणि मोठ्या प्रमाणात कमी करणे हा एकच उपाय आहे.

सागरी आम्लता

वातावरणात उत्सर्जित होणारा कार्बन डायऑक्साइड जेव्हा समुद्राच्या पाण्यात विरघळतो, तेव्हा एक रासायनिक प्रक्रिया घडते. या प्रक्रियेत पाण्यात 'कार्बोनिक ॲसिड' तयार होते. यामुळे समुद्राच्या पाण्याची आम्लता वाढू लागते (पीएच लेव्हल1). समुद्राचे पाणी नैसर्गिकरित्या थोडे अल्कधर्मी (अल्कलाइन) असते. मात्र, औद्योगिक क्रांतीनंतर मानवनिर्मित कार्बन उत्सर्जनामुळे समुद्राच्या आम्लतेत सुमारे ३० टक्के वाढ झाली असल्याची भीती व्यक्त केली जाते. समुद्रातील शिंपले, कालवे, खेकडे आणि काही प्रकारचे सूक्ष्म प्लँक्टन असे अनेक जीव स्वतःचे संरक्षण करण्यासाठी कॅल्शियम कार्बोनेटचे कवच तयार करतात. जेव्हा पाणी आम्लधर्मी होते, तेव्हा या जीवांना कवच तयार करण्यासाठी आवश्यक असलेले कार्बोनेट मिळत नाहीत. इतकेच नाही, तर आम्लतेमुळे त्यांचे कवच विरघळू लागते. आम्लता वाढली की प्रवाळांची वाढ खुंटते आणि त्यांची संरचना कमकुवत होते. यामुळे समुद्री जैवविविधतेचे मोठे नुकसान होते. 'टेरोपॉड'सारख्या लहान समुद्री गोगलगायी अनेक माशांचे मुख्य खाद्य असतात. आम्लतेमुळे यांची संख्या कमी झाली आहे. यामुळे त्या भागातील अन्नसाखळी विस्कळीत होण्याचा धोका वाढतो. संशोधनानुसार, अधिक आम्लतेमुळे काही माशांची वासाची आणि ऐकण्याची क्षमता कमी होते. यामुळे त्यांना शिकारी प्राण्यांपासून स्वतःचा बचाव करणे कठीण जाते.

भारताला सुमारे ७,५०० किलोमीटर लांबीची किनारपट्टी लाभली आहे, त्यामुळे सागरी आम्लतेचा धोका भारतासाठी मोठा आहे. लक्षद्वीप आणि अंदमान-निकोबार येथील प्रवाळ वसाहतींवर आम्लतेचा परिणाम दिसत आहे . इथल्या प्रवाळांचा रंग उडून प्रवाळ फिके पडत आहेत आणि त्यांची वाढ मंद झाली असल्याचे नोंदविले गेले आहे. पश्चिम बंगालच्या सुंदरबन क्षेत्रात जगातील सर्वात मोठा खारफुटी प्रदेश आहे. वाढत्या आम्लतेमुळे इथल्या परिसंस्थेवर आणि स्थानिक लोकांच्या उपजीविकेवर विपरीत परिणाम दिसत आहेत.

भविष्यातील समुद्रपातळीतील वाढ आणि सागरी परिसंस्थांतील बदलांमुळे किनारपट्ट्यांवरील लोकसंख्या, विशेषतः कमी उंचीच्या भागातील समुदाय यांना मोठा धोका संभावतो. भारताला प्रचंड मोठी किनारपट्टी लाभल्यामुळे देशातील कोट्यवधी नागरिक समुद्र संसाधनांवर अवलंबून आहेत. सुमारे चाळीस लाख मच्छीमार किनारपट्टीच्या भोवती आपली मासेमारी करतात. पण वाढीव तापमानामुळे इथले मासे कमी होत आहे. त्यामुळे या छोट्या मच्छीमारांना खोल पाण्यात जाऊन मासेमारी करावी लागत आहे. भारतीय सागरी किनाऱ्यांवर उष्णतेमुळे, अफाट वाऱ्यांमुळे आणि वाढत्या चक्रीवादळांमुळे मत्स्यपालकांना फक्त आर्थिकच नव्हे तर जिवालासुद्धा धोका निर्माण होतो.

हवामान बदलामुळे सागरांवर होणारे परिणाम थेट मानवी जीवनावर आणि अर्थव्यवस्था व सामाजिक संरचना यावर विपरीत परिणाम करत आहेत. सागरी परिसंस्था हा पृथ्वीचा एक अत्यावश्यक घटक आहेत, हा घटक केवळ जैविक संतुलन राखण्यातच नाही तर तापमान नियंत्रित करण्यातही महत्त्वाची भूमिका बजावतो. हवामान बदलाच्या परिणामी सागरी परिसंस्थांमध्ये होणाऱ्या बदलांचे निरीक्षण व विश्लेषण करून, शाश्वत धोरणे व व्यवस्थापनाच्या उपाययोजना राबविणे गरजेचे आहे. हे उपाय भविष्यातील पर्यावरणीय, सामाजिक व आर्थिक आव्हानांना सामोरे जाण्यासाठी गरजेचे आहेत.

प्रकरण १६

खारफुटी आणि हवामान बदल

उष्णकटिबंधीय आणि उप-उष्णकटिबंधीय किनारपट्टीवर जिथे नदी येऊन मिळते तिथे मॅनग्रोव्ह म्हणजे खारफुटीची जंगले किंवा कांदळवने आढळतात. अत्यंत मौल्यवान, पण दुर्लक्षित अशी ही नैसर्गिक परिसंस्था आहे. समुद्राच्या खारट पाण्यात, नदीमुखांजवळ, भरती-ओहोटीच्या प्रभावाखाली वाढणारी ही जंगले मानवी संस्कृतीसह जैवविविधतेसाठीही जीवनदायी आहेत. जमिनीवर उगवणारी, पण समुद्राशी घट्ट नाते असणारी खारफुटी जंगले नैसर्गिक आपत्तींपासून संरक्षण करतात, समुद्री जलचारांना प्रजनन क्षेत्र आणि अडोसे देतात, कार्बन शोषण करून त्याची साठवण करतात आणि मत्स्यव्यवसायात अमूल्य योगदान देतात. पण आज हवामान बदलाच्या पार्श्वभूमीवर या जंगलांचे महत्त्व आणखी वाढले आहे.

खारफुटी वनस्पतींची काही वैशिष्ट्ये

नदी जिथे समुद्राला जाऊन मिळते, तिथे अतिविशिष्ट वातावरण असते. ओहोटी-भरतीमुळे नदीत सतत खाऱ्या आणि गोड्या पाण्याचे मिश्रण होत असते. अशा क्षारयुक्त पाण्याने संपृक्त झालेल्या मातीत जमिनीवर उगवणाऱ्या वनस्पतींना तग धरणे शक्य नसते. पण या विशिष्ट वातावरणात खारफुटीची वनस्पती मात्र इतकी फोफावते, की त्यांचे घनदाट जंगल तयार होते. हे साध्य करण्यासाठी त्यांनी उत्क्रांतीच्या शर्यतीत स्वतःमध्ये काही विशिष्ट

बदल करून घेतले, जे जमिनीवरच्या वनस्पतींमध्ये नसतात.

या क्षेत्रात खाऱ्या-गोड्या पाण्याचे प्रमाण आणि तापमान यात सारखे बदल होत असतात. इथली माती दलदलीसारखी असते, त्यामुळे झाडाच्या वाढीसाठी लागणारा घट्ट पाया मुळांना मिळत नाही. ज्या वनस्पतींनी अशा प्रतिकूल वातावरणाशी अनुकूलन करून म्हणजेच जुळवून घेतले आहे, त्यांच्यामध्ये काही आश्चर्यकारक बदल दिसतात. लाटांचा धक्का सोसण्यासाठी इथल्या झाडांना त्यांच्या मुळांमध्ये बदल करावा लागतो. लांब, कमानीदार दिसणारी ही मुळे खोडातून वाढतात आणि मातीत रुतून झाडाला भक्कम आधार देतात. अशा दाटीने वाढणाऱ्या कांदळवनातल्या मुळांच्या गुंतागुंतीमुळे एक नैसर्गिक पूरप्रतिबंधक क्षेत्र तयार होते.

किनारपट्टीच्या राहिवाशांच्या सुरक्षेसाठी आणि उपजीविकेसाठी कांदळवने अत्यंत महत्त्वाची आहेत.

ही झाडे क्षार-प्रतिकारक असतात, त्यामुळे मीठयुक्त माती आणि पाण्यातही वाढू शकतात. दलदल क्षेत्रात माती पाण्याने संपृक्त झालेली असते, त्यामुळे मातीमध्ये प्राणवायूचे प्रमाण कमी असते. खारफुटी झाडांची मुळे मातीतून पुन्हा उलटी बाहेर आलेली असतात. ही झाडांची श्वसनमुळे असतात, त्यांच्यामुळे झाड प्राणवायू शोषण करू शकते. हे अनुकूलन काही विशिष्ट प्रजातींमध्ये दिसते. या झाडांची पाने जाड आणि चिवट असतात. त्यांना मीठ बाहेर फेकण्यासाठी विशेष ग्रंथी असतात. इथल्या काही झाडांची प्रजननपद्धती वेगळीच असते. खारफुटी क्षेत्रात दलदल असते आणि लाटांची ऊर्जा असते. त्यामुळे अशा ठिकाणी जर झाडाचे बी खाली पडले, तर ते पाण्यात वाहून जाऊ शकते किंवा कुजून नष्ट होऊ शकते. असे होऊ नये म्हणून खारफुटी झाडांचे बी झाडावरच रुजायला सुरुवात करते. बी प्रजननयोग्य झाले की बीपासून एक लांबट, हिरवी काडीसारखी रचना तयार होते, आणि पक्की झाल्यावर झाडावरून ती काडी खाली पडते. ही कडक आणि जड रचना चिखलात रुतून बसते आणि तिथे त्याचे रोप उगवते.

जगभरातील खारफुटीची प्रदेश

जगभरातील उष्णकटिबंधीय आणि उप-उष्णकटिबंधीय प्रदेशांत खारफुटी जंगले आढळतात. अमेरिका, आफ्रिका, आशिया खंडांमध्ये पॅसिफिक समुद्र आणि नदी यांच्या सांगमावर खारफुटी वाढतात. अमेरिका व आफ्रिकेच्या पश्चिम किनारे, पूर्व आफ्रिका, आशिया व पश्चिम पॅसिफिक भागात दहा किंवा अधिक खारफुटींच्या जाती आढळतात.

भारताला सुमारे ७,५०० किलोमीटर लांबीची किनारपट्टी लाभलेली आहे. पूर्व आणि पश्चिम किनाऱ्यावर खारफुटीचे मोठे क्षेत्र आहे. पश्चिम बंगालच्या किनाऱ्यावर वसलेले सुंदरबन हे जगातील सर्वात मोठे खारफुटी क्षेत्र आहे. रॉयल बंगाल वाघाचा हा अधिवास आहे. एकूण खारफुटीच्या सुमारे ४० टक्के क्षेत्र फक्त सुंदरबनात आहे. ओडिशातील भितरकनिका हे खारफुटीचे वन जैवविविधतेने समृद्ध आहे. येथे मुबलक मगरी आहेत आणि व स्थलांतरित पक्षीही येथे येतात. तमिळनाडूमध्ये पिचावरमच्या किनाऱ्यावर दाट खारफुटी जंगल आहे. अंदमान आणि निकोबार बेटांवरचे खारफुटी जंगल अतिशय संपन्न वनांपैकी एक आहे. महाराष्ट्रात ठाणे खाडी, मुंबई, रायगड, रत्नागिरी किनारा येथे विपुल खारफुटीची जंगले आहेत.

खारफुटीचे पर्यावरणीय महत्त्व

- **जैवविविधतेचे आश्रयस्थान :** या घनदाट जंगलात मासे, कोळंबी, खेकडे, शंख-शिंपले, पक्षी, सरपटणारे प्राणी आणि सूक्ष्मजीव यांना सुरक्षित आश्रय मिळतो. अनेक समुद्री जलचरांचे हे प्रजनन क्षेत्र आहे, त्यांची पिल्ले येथे सुरक्षित वाढतात. खारफुटी ही समुद्री अन्नसाखळीचा पाया आहे, असे म्हणता येईल.

- **कार्बन साठवण (ब्लू कार्बन) :** खारफुटी जंगलांतली झाडे प्रकाशसंश्लेषण करणाऱ्या वनस्पती असल्यामुळे खारफुटीच्या जंगलात दिवसाच्या प्रकाशात कार्बन डायऑक्साइड शोषून घेतला जातो. झाडांच्या खोडात, मुळात आणि फांद्यांमध्ये कार्बन साठा सुरक्षित साठवला जातो. उष्णकटिबंधीय जंगलांच्या तुलनेत खारफुटीच्या क्षेत्रात प्रति हेक्टर अधिक कार्बन साठवण्याची क्षमता आहे. दरवर्षी एक हेक्टर क्षेत्रात एक टन कार्बन डायऑक्साइड साठतो. सुंदरबनमध्ये सुमारे एक कोटी टन कार्बन साठा असल्याचा अंदाज आहे. त्यामुळे हवामान बदल रोखण्यात त्यांची भूमिका अत्यंत महत्त्वाची आहे.
- **पाणी शुद्धीकरण :** नद्यांमधून येणारा गाळ, प्रदूषके व पोषकद्रव्ये समुद्रात जाण्यापासून खारफुटी अडवून धरतात आणि त्यातील पोषणद्रव्ये शोषून घेतात. त्यामुळे खारफुटी जंगले हा एक जैविक फिल्टरच आहे. यांच्या मुळातून सांडपाणी, मर्क्युरी व लेडसारखे जड धातू, नायट्रोजन आणि फॉस्फरससारखी पोषकद्रव्ये आणि कार्बन शोषून घेतला जातो. एक हेक्टर खारफुटी क्षेत्रातून दरवर्षी दहा ते वीस किलो नायट्रोजन आणि पाच किलो फॉस्फरस शोषला जातो.
- **किनारपट्टीची सुरक्षा :** या जंगलांत मुळांचे घनदाट जाळे असते. त्याने पाण्याचा प्रवाह नियंत्रित होतो आणि भरती-ओहोटीचे पाणी शोषून घेऊन खारफुटी पुराचा वेग कमी करतात. वादळाच्या लाटा व वाऱ्यांची तीव्रतासुद्धा येथे कमी होते आणि चक्रीवादळ व त्सुनामीची तीव्रता कमी होते. तमिळनाडूमध्ये २००४मध्ये झालेल्या त्सुनामीत खारफुटीचे महत्त्व स्पष्टपणे दिसून आले. येथे त्सुनामीच्या महाकाय लाटा आदळल्या, तेव्हा खारफुटी असलेली फक्त सहा गावे बचावली. त्यांच्या तुलनेत जवळच्या अकरा वस्त्यांमध्ये मोठे नुकसान झाले. खारफुटींच्या मुळांच्या जाळ्यात माती धरून ठेवली जाते आणि जमिनीची धूप कमी होते व किनारा स्थिर राहण्यास मदत होते.

अर्थव्यवस्थेत खारफुटीचे योगदान

- **मासेमारी व उपजीविका :** खारफुटीची जंगले ही जलचरांसाठी समुद्रकिनाऱ्यावरील मोठी पैदास केंद्रे आहेत. येथे मासळी, कोळंबी, खेकडे यांचे प्रजनन होते. मासेमारी व्यवसायावर कोट्यवधी कुटुंबांची उपजीविका अवलंबून असते. आपल्या देशातील सुमारे ४० टक्के किनारपट्टीवर चालणारी मासेमारी खारफुटींवर अवलंबून आहे. सुंदरबनमधून दरवर्षी एक लाख टन मासे मिळतात, ज्यातून स्थानिक लोकांना सुमारे ५०० कोटी रुपयांचे उत्पन्न मिळते. महाराष्ट्रात ठाण्याच्या खाडीतील खारफुटीमुळे सुमारे वीस हजार कुटुंबांना रोजगार मिळतो असा अंदाज आहे.
- **पर्यटन व्यवसाय :** या जंगलांचे सौंदर्य, जैवविविधता आणि नैसर्गिक वातावरण वैशिष्ट्यपूर्ण असते, त्यामुळे या क्षेत्रात मोठ्या संख्येने पर्यटक येतात. नैसर्गिक सौंदर्य, पक्षी निरीक्षण आणि छायाचित्रणासाठी जगभरातून लोक सुंदरबनाकडे आकर्षित होतात. तमिळनाडूमधील पिचवरम आणि कच्छमधील खारफुटी क्षेत्रात मोठ्या प्रमाणात पर्यटन सुरू आहे. २०२३मध्ये खारफुटी पर्यटनाने देशाला पाच हजार कोटी रुपयांचे उत्पन्न मिळाले.
- **इतर उत्पादने :** येथून मजबूत व टिकाऊ लाकूड मिळते, आणि स्थानिक लोकांसाठी इंधन मिळते. आयुर्वेदात सांगितलेल्या काही विशिष्ट आणि महत्त्वाच्या वनौषधी खारफुटी प्रदेशात आहेत. त्यापासून जैविक खतेसुद्धा तयार होतात. संरक्षित खाडी क्षेत्रात कोळंबीची शेती केली जाते.

हवामान बदलाचा खारफुटींवर परिणाम

जागतिक तापमानवाढ, वाढती चक्रीवादळे आणि नद्यांतून येणारे प्रदूषण यामुळे जगभरातील खारफुटीच्या परिसंस्थांना मोठा धोका निर्माण झाला आहे. सर्वात मोठा परिणाम समुद्रपातळी वाढीचा आहे. तापमान वाढल्यामुळे हिमनद्या वितळतात आणि समुद्राचे पाणी उष्णतेमुळे प्रसरण पावते. यामुळे समुद्राची पातळी वाढते. खारफुटींना नैसर्गिकरित्या आपले क्षेत्र हळूहळू वाढवता येते, म्हणजे त्यांना स्थलांतर करता येते, पण किनाऱ्यालगत शहरे, बंदरे, रस्ते आणि तटबंदी उभी राहिल्याने ते शक्य होत नाही. परिणामी काही भागांत खारफुटी बुडून नष्ट होण्याचा धोका वाढतो. गेल्या तीस वर्षांत सुंदरबनमध्ये पाण्याची पातळी सुमारे दहा सेंटीमीटर वाढली आहे. शास्त्रज्ञांचा अंदाज आहे, की २१००पर्यंत सुंदरबनचे साधारण १५ टक्के क्षेत्र पाण्याखाली जाईल. सुंदरबन हे जगातील सर्वात मोठे अखंड खारफुटीचे जंगल आहे. इथल्या पाण्यातील क्षार वाढत असल्याचे दिसते. त्यामुळे इथली 'सुंदरी' ही प्रबळ खारफुटी कमी होत चालली आहे, आणि त्याबरोबर सुंदरबनची उत्पादकता घटत चालली आहे.

तापमानवाढ हीसुद्धा महत्त्वाची समस्या आहे. खारफुटी उष्ण प्रदेशातील असल्या, तरी तापमान ठरावीक मर्यादेपलीकडे गेल्यास त्यांच्या वाढीवर, प्रकाशसंश्लेषणावर आणि पुनरुत्पादनावर परिणाम होतो. अतिउष्णतेमुळे पानगळ, झाडांची वाढ कमी झाल्याचे आणि काही प्रजाती स्थानिक पातळीवर लुप्त होत असल्याचे दिसून येते. तापमान बदलले, की कीड आणि रोगांचे प्रमाणही वाढण्याची शक्यता असते.

पर्जन्यमानातील बदल खारफुटींसाठी तितकाच महत्त्वाचा आहे. मुसळधार पावसामुळे गोड्या पाण्याचा अतिरेक होऊन खारटपणाचा समतोल बिघडतो, तर दीर्घकाळचा दुष्काळ खारटपणा वाढवतो. दोन्ही परिस्थितींत खारफुटीतील प्रजातींची रचना बदलते; काही प्रजाती टिकत नाहीत, तर काही आक्रमक प्रजाती वाढू शकतात. अतिवृष्टी होत असलेल्या भागात पावसामुळे खारफुटी प्रदेशातील पाण्यातील क्षारता कमी होऊ शकते. यामुळे प्रजातींच्या संख्येत आणि रचनेत बदल होऊ शकतात. जलचरांच्या प्रजनन क्षेत्रात असे फरक पडले, तर त्यांचे प्रजनन कमी होण्याची शक्यता असते. याउलट, कमी पाऊस आणि वाढलेले बाष्पीभवन अनुभवणाऱ्या भागात माती क्षारपड (हायपर सलाइन) होऊन खारफुटीसाठी घातक ठरू शकते. यामुळे इथल्या मातीची पोत कमी होतो आणि त्याचा परिणाम वनस्पतींच्या वाढीवर आणि बिया रुजण्यावर होतो.

हवामान बदलामुळे चक्रीवादळे व वादळांची तीव्रता वाढत आहे. जोरदार वारे, मोठ्या लाटा आणि वादळी भरतीमुळे खारफुटींची झाडे उन्मळून पडतात, मुळे उघडी पडतात आणि संपूर्ण पट्टे नष्ट होऊ शकतात. जरी खारफुटी वादळांपासून किनाऱ्याचे संरक्षण करत असल्या, तरी वारंवार व तीव्र वादळे त्यांच्याच अस्तित्वावर घाला घालतात. सुंदरबनमध्ये २०२३मध्ये ५०० हेक्टर खारफुटी नष्ट झाली, तर लक्षद्वीपच्या प्रवाळ क्षेत्रासह खारफुटी धोक्यात आली. अशा ठिकाणी मातीची जीझ झपाट्याने वाढते. जसे महासागराचे आम्लीकरण वाढत जाते, तसे खारफुटीची मातीत कार्बन शोषणाची क्षमता कमी होते. १९८०च्या दशकापासून आजपर्यंत जगातील ३५ टक्क्यांपेक्षा जास्त खारफुटी नष्ट झाली असल्याची भीती आहे. यात मानवी हस्तक्षेप आहेच, पण हवामान बदलाचा त्यावर मोठा परिणाम आहे.

याशिवाय, मानवी हस्तक्षेप हवामान बदलाचे दुष्परिणाम अधिक तीव्र करतो. खारफुटींची तोड, औद्योगिक व सांडपाणी प्रदूषण, जलमार्गांचे खोलीकरण आणि किनारी विकास यांमुळे खारफुटींची लवचिकता कमी होते. त्यामुळे हवामान बदलाच्या धक्क्यांना तोंड देताना त्या कमी पडतात.

तरीही, खारफुटी जंगले हवामान बदलाशी लढण्यासाठी महत्त्वाची ठरतात. त्या मोठ्या प्रमाणात कार्बन साठवण (ब्लू कार्बन) करतात आणि किनाऱ्यांचे संरक्षण करतात. म्हणूनच हवामान बदलाचा खारफुटींवर होणारा परिणाम कमी करण्यासाठी पुनर्लागवड, नैसर्गिक प्रवाहांचे संरक्षण, स्थानिक समुदायांचा सहभाग आणि शाश्वत किनारी नियोजन अत्यावश्यक आहे. खारफुटी वाचवणे म्हणजे केवळ एक परिसंस्था वाचवणे नाही, तर भविष्यातील किनारी सुरक्षिततेत गुंतवणूक करणे होय.

खारफुटींचे महत्त्व ओळखून अनेक देशांत त्यांचे संवर्धन सुरू आहे. याचा फायदा खारफुटीला तर होईलच; पण मानवी स्वास्थ्य आणि अर्थव्यवस्थेला अत्यावश्यक पर्यावरणीय सेवांसाठी हे अनिवार्य आहे. भारतीय वन अधिनियम (१९८०), वन्यजीव संरक्षण कायदा आणि किनारपट्टी नियमन अधिसूचना यांच्याद्वारे खारफुटी जंगलांना कायदेशीर संरक्षण मिळाले आहे. पण काही प्रदेशांत या कायद्यांची अंमलबजावणी नीट होत नसल्याचे दिसते. भारतात अनेक ठिकाणी संवर्धनाच्या दृष्टीने पुनर्वसन प्रकल्प कार्यरत आहेत. यात खारफुटींची पुनर्संरचना केली जाते. पुनर्वसनासाठी नैसर्गिक अधिवासांची नक्कल तयार करून आणि भरती-ओहोटी पुनर्संचयित करून या जंगलांचे संरक्षण करता येते. स्थानिक समुदायांना खारफुटींच्या महत्त्वाबद्दल जागरूक करणे आवश्यक आहे. पर्यावरणीय शिक्षण, स्थानिक स्वयंसेवी संस्था व शासन यांच्यातील सहकार्यातून या जंगलांचे दीर्घकालीन संवर्धन सुनिश्चित केले जाऊ शकते. खारफुटी जंगलांचा दीर्घकालीन संवर्धन केवळ स्थानिक समुदायासाठीच नव्हे, तर संपूर्ण वातावरणीय संतुलनासाठी आवश्यक आहे. भविष्यातील शाश्वत विकास आणि नैसर्गिक आपत्तींचे प्रतिबंध साध्य करण्यासाठी या अद्वितीय जंगलांचे संवर्धन करणे अत्यंत आवश्यक आहे. भारतासारख्या किनारी देशासाठी खारफुटीचे संवर्धन म्हणजे भविष्यातील सुरक्षिततेत केलेली गुंतवणूक होय. योग्य धोरणे, स्थानिक सहभाग आणि शाश्वत विकासाच्या मार्गानेच ही जीवनरेषा टिकवता येईल.

प्रकरण १७

ॲमेझॉन नदीचे खोरे

दक्षिण अमेरिकेतील ॲमेझॉन नदीचे खोरे ही पृथ्वीची अतिमहत्त्वाची नैसर्गिक संपत्ती आहे. या नदीने सुमारे सत्तर लाख चौरस किलोमीटर पाणलोट क्षेत्र व्यापले आहे. सहा देशांतून वाहणारी ही नदी पश्चिमेकडील ॲंडीज पर्वतरांगेत उगम पावते आणि ६,४०० किलोमीटर वाहत जाऊन अटलांटिक महासागराला मिळते. याचा विसर्ग प्रतिसेकंद सुमारे दोन लाख घनमीटर आहे. नदीच्या खोऱ्याने कोट्यवधी वर्षे घनदाट पर्जन्यवने पोसली आहेत. 'ॲमेझॉन रेनफॉरेस्ट' हे जगातील सर्वात मोठे उष्णकटिबंधीय पर्जन्यवन आहे. याला पृथ्वीचे फुप्फुस म्हटले जाते. ही नदी आणि जंगले अतुलनीय जैवविविधतेला पोसतात. येथे वनस्पती, प्राणी आणि सूक्ष्मजीवांच्या हजारो प्रजाती आहेत, आणि अजून अनेक प्रजातींचा आपल्याला शोध लागायचा आहे. येथे काही प्रदेशाष्ठनिष्ठ, म्हणजे इतर कोठेही न सापडणाऱ्या प्रजाती आहेत. या जंगलातून आणि पाणथळ क्षेत्रातून प्रचंड प्रमाणात कार्बन डायऑक्साइड शोषण होते आणि इथली अन्नसाखळी भूखंडावरील एक अजस्र कार्बन साठा आहे.

ॲमेझॉन पर्जन्यवनांचे पर्यावरणीय महत्त्व

- **जैवविविधतेचे भांडार :** ॲमेझॉन पर्जन्यवन हे जगातील सर्वात मोठे जैवविविधतेचे क्षेत्र मानले जाते. ही जंगले अतिशय दाट आहेत. येथे वनस्पतींचे तीन स्तर स्पष्ट दिसून येतात; ते तीन स्तर म्हणजे, सर्वात उंच

वाढणार थर आणि त्याचे आच्छादन, त्याच्या खालचा स्तर आणि जंगलाची जमीन. दाट झाडीमुळे फार थोडा सूर्यप्रकाश जमिनीपर्यंत पोहोचतो. प्रत्येक स्तरावर वेगळ्या प्रजातींना अधिवास आणि खाद्य मिळते. पृथ्वीवरील सुमारे १० टक्के प्रजाती (शास्त्रज्ञांना माहीत झालेल्या) येथे आढळतात. येथे ४० हजारांहून अधिक वनस्पती प्रजाती, सुमारे १,३०० पक्षी आणि ४५० सस्तन प्राणी आहेत. हजारो वृक्षप्रजाती, औषधी वनस्पती, पक्षी, सस्तन प्राणी, उभयचर आणि कीटक यांचे अस्तित्व या जंगलावर अवलंबून आहे, आणि अनेक प्रजाती अजूनही विज्ञानाला अपरिचित आहेत. ही जैवविविधता केवळ निसर्गसौंदर्यापुरती मर्यादित नसून औषधनिर्मिती, अन्नसुरक्षा आणि पर्यावरणीय स्थैर्यासाठी अत्यावश्यक आहे.

- **कार्बन शोषण आणि हवामान नियंत्रण :** सागर परिसंस्थेनंतर ॲमेझॉन पर्जन्यवन हे पृथ्वीवरील सर्वात मोठे 'कार्बन सिंक' आहे. आधी म्हटल्याप्रमाणे इथल्या घनदाट जंगलात कार्बन डायऑक्साइड शोषून घेतला जातो. शास्त्रज्ञांच्या अंदाजानुसार, येथे सुमारे ९०-१४० अब्ज मेट्रिक टन कार्बन साठवला गेला आहे, आणि दरवर्षी सुमारे दोन अब्ज टन कार्बन डायऑक्साइडचे शोषण होते. या जंगलाला पृथ्वीचे फुफ्फुस म्हणतात ते यासाठीच. ॲमेझॉन केवळ कार्बन शोषत नाही, तर ते दक्षिण अमेरिकेच्या हवामानावर आणि जागतिक हवामानावर नियंत्रण ठेवण्यात हातभार लावते. ॲमेझॉनमधली झाडे जमिनीतील पाणी शोषून घेतात आणि पानांद्वारे त्याची वाफ होऊन ते वातावरणात सोडले जाते. आपण आधीच्या प्रकरणात पहिले त्याप्रमाणे याला बाष्पोत्सर्जन म्हणतात. एका मोठ्या झाडातून दिवसाला हजारो लिटर पाण्याचे बाष्प हवेत सोडले जाते. हे बाष्प ढगांच्या रूपात जमा होते आणि त्यातून दक्षिण अमेरिकेत पाऊस पडतो. या प्रक्रियेला फ्लाइंग रिव्हर्स (Flying Rivers) म्हणजे 'आकाशी नद्या' म्हणतात. या प्रवाहामुळे ब्राझील, अर्जेंटिना आणि उरुग्वेच्या शेतीला पाणी मिळते. दाट जंगलांमुळे सूर्याची उष्णता थेट जमिनीपर्यंत पोहोचत नाही, आणि जमिनीचे तापमान मर्यादित राहते. त्यामुळे स्थानिक हवामान थंड राहण्यास मदत होते.

ॲमेझॉनचे आर्थिक योगदान

मानवी अर्थव्यवस्थेत ॲमेझॉन खोऱ्याचे वार्षिक मूल्य अंदाजे ८.२ ट्रिलियन डॉलर आहे, आणि दरवर्षी इथल्या परिसंस्थेतून अब्जावधी डॉलरच्या पर्यावरणीय सेवा प्राप्त होतात. दुर्दैवाने याची गणना अर्थव्यवस्थेत होत नाही. अनेक औषधांचा कच्चा माल येथे मिळतो. संपूर्ण खोऱ्याची जमीन अतिशय सुपीक असल्यामुळे लाखो लोकांसाठी आणि त्यांच्या पाळीव प्राण्यांसाठी येथून अन्न उत्पादन होते. या नदीच्या खोऱ्यातील कार्बनसाठा आणि हवामान नियमन सेवांचे वार्षिक मूल्य ५०० अब्ज डॉलरपेक्षा जास्त असल्याचे मानले जाते. लाकूड, रबर, औषधी वनस्पती, फळे, मध, काजू, कोको यांसारखी उत्पादने ॲमेझॉन अर्थव्यवस्थेचा भाग आहेत. याशिवाय मोठ्या प्रमाणावर सोयाबीन शेती आणि पशुपालनही विकसित झाले आहे. मात्र अनियंत्रित शेती विस्तारामुळे जंगलतोडीचा वेग वाढला आहे.

दक्षिण अमेरिकेच्या सकल राष्ट्रीय उत्पन्नाच्या (जीडीपी) ७० टक्के उत्पन्न केवळ ॲमेझॉनमुळे होणाऱ्या पावसावर अवलंबून आहे. ब्राझीलची सोयाबीन आणि गोमांस निर्यात या पावसाशिवाय शक्य नाही. 'ब्राझील नट्स'ची झाडे केवळ नैसर्गिक जंगलातच वाढतात. याच्या निर्यातीतून स्थानिक समुदायांना दरवर्षी कोट्यवधी रुपयांचे उत्पन्न मिळते. तसेच आसाई बेरीज, कोको आणि रबर यांसारख्या उत्पादनांची जागतिक बाजारपेठ वेगाने वाढत आहे. या उत्पादनांतून वर्षाला सुमारे ३०० अब्ज डॉलर्सचे उत्पन्न मिळते.

ॲमेझॉन खोऱ्यात अनेक आदिवासी समुदाय राहतात. हे जंगलच त्यांचे घर आणि अन्न, औषध आणि

संस्कृतीचे केंद्र आहे. मासेमारी, फळे, कंदमुळे, औषधी वनस्पती आणि नैसर्गिक साधनसंपत्तीवर त्यांचे जीवन अवलंबून आहे. या समुदायांचे पारंपरिक ज्ञान पर्यावरणीय व्यवस्थापनासाठी अमूल्य ठरू शकते.

ब्राझील, पेरू आणि इक्वेडोर या देशांनी आपली ऊर्जेची गरज भागवण्यासाठी ॲमेझॉन नदी आणि तिच्या उपनद्यांवर शेकडो धरणे बांधली आहेत, आणि काही प्रस्तावित आहेत. या धारणांवर जलविद्युत निर्मिती होते आणि या देशांना ऊर्जा मिळते. त्याशिवाय जगभरातील पर्यटक या खोऱ्याकडे आकर्षित होतात. इथले पर्यटनाचे उत्पन्न ॲमेझॉन खोऱ्यातील देशांना रोजगार संधी मिळवून देतात.

याव्यतिरिक्त दक्षिण अमेरिकेतील देशांच्या अर्थव्यवस्थेत ॲमेझॉनचे अप्रत्यक्षपणे योगदान आहेच. त्यात हवामान नियंत्रण करणे, सुपीक गाळ आणून शेतीचे उत्पादन वाढविणे, भूजल स्रोतांचा पुनर्भरणा करणे अशा प्रकारच्या अनेक पर्यावरणीय सेवा प्राप्त होतात. त्यामुळे ॲमेझॉनचे संरक्षण म्हणजे अप्रत्यक्षपणे अन्नसुरक्षा आणि आर्थिक स्थैर्याचे संरक्षण आहे.

हवामान बदलाचे ॲमेझॉनवर होणारे परिणाम

हवामान बदलाच्या लढ्यात आणि मानवी अर्थव्यवस्थेत इतके मोठे योगदान देणारे हे ॲमेझॉन खोरे आज हवामान बदलाच्या संकटात सापडले आहे. शेतीसाठी जंगलतोड आणि खाणकाम यांसारख्या मानवी हस्तक्षेपांमुळे याचा धोका द्विगुणीत झाला आहे. मागील काही प्रकरणांत 'फीडबॅक लूप'चा उल्लेख केला होता. येथेही तसेच होत असल्याची भीती आहे, कारण जसे जंगलक्षेत्र कमी होत जाते तसे हवामान बदलाचे परिणाम तिथे अधिक तीव्रपणे उमटतात.

जागतिक तापमानवाढीचा ॲमेझॉन खोऱ्यात मोठा परिणाम झाला आहे. २०१०, २०१५ आणि २०२३मध्ये ॲमेझॉनने इतिहासातील सर्वात भीषण दुष्काळ अनुभवला आहे. हे दुष्काळ प्रामुख्याने 'एल निनो' आणि उत्तर अटलांटिक महासागराचे वाढलेले तापमान यामुळे आले. २०१०चा दुष्काळ हा या शतकातील सर्वात भीषण म्हणून ओळखला जातो. उत्तर अटलांटिकमधील पाण्याच्या वाढलेल्या तापमानामुळे ढगांची निर्मिती कमी झाली, आणि त्यामुळे ॲमेझॉन नदीची पाणी पातळी ऐतिहासिक नीचांकावर पोहोचली. यामुळे कोट्यवधी झाडे नष्ट झाली आणि जंगलाने कार्बन शोषण्याऐवजी कार्बन उत्सर्जित करण्यास सुरुवात केली. २०१५-२०१६चा दुष्काळ शक्तिशाली 'एल निनो' सक्रिय असल्यामुळे आला. त्यामुळे इथल्या पर्जन्यवनात उष्णतेची तीव्र लाट आली आणि प्रचंड प्रमाणात आगी लागल्या. या वणव्यांत तब्बल २.५ अब्ज झाडे जळून खाक झाल्याची भीती आहे. त्यामुळे ॲमेझॉनच्या परिसंस्थेची लवचिकता कमी झाल्याचे शास्त्रज्ञ सांगतात. २०२३चा दुष्काळ हा मागील सर्व दुष्काळांपेक्षा अधिक तीव्र ठरला. ॲमेझॉनची मुख्य

ॲमेझॉनमधली जैवविविधता

गोल्डन पॉयझन डार्ट फ्रॉग हा बेडूक जगातील सर्वात विषारी प्राण्यांपैकी एक आहे. त्याच्या विषाचा वापर करून नवीन प्रकारची वेदनाशामक औषधे विकसित होत आहेत. पिंक रिव्हर डॉल्फिन हा केवळ ॲमेझॉन आणि ओरिनोको नद्यांमध्ये आढळतो. पर्यटकांचे हे मुख्य आकर्षण असून पर्यटनामुळे स्थानिक अर्थव्यवस्थेला उत्पन्नाचे मोठे साधन उपलब्ध होते. जॅग्वॉर प्राणी हा ॲमेझॉनमधील सर्वोच्च शिकारी आहे. त्याच्यामुळे या परिसंस्थेचे संतुलन राखले जाते आणि जंगलाचे आरोग्य टिकून राहते.

उपनदी रिओ निग्रोची पातळी १२१ वर्षांतील सर्वात खालच्या स्तरावर गेली. या नदीच्या पाण्याचे तापमान वाढल्यामुळे इथले हजारो दुर्मीळ गुलाबी डॉल्फिन मृत्युमुखी पडले. आणि जलवाहतूक ठप्प झाल्याने स्थानिक आदिवासी समुदायांना अन्न आणि औषधांचा तुटवडा जाणवला.

सरासरी तापमान वाढले, की त्याचा परिणाम जलचक्रावर होतो. पर्जन्यवृष्टी कमी झाली की मातीचा शुष्कपणा वाढतो, भूजल स्रोत आटत जातात आणि झाडांच्या वाढीवर परिणाम होतो. अशा प्रकारे वारंवार येणाऱ्या दुष्काळामुळे ॲमेझॉनचे पर्जन्यवन कोरडे पडत आहे, ज्यामुळे हे जंगल 'टिपिंग पॉइंट'च्या दिशेने वेगाने सरकत आहे. शास्त्रज्ञांचा मते, इथले २०-२५ टक्के जंगल नष्ट झाले, तर ॲमेझॉनचे रूपांतर एका कोरड्या गवताळ प्रदेशात (सव्हॅना) होण्याची शक्यता आहे. हाच तो टिपिंग पॉइंट.

आदिवासी समाजावर परिणाम

सुमारे ४००हून अधिक आदिवासी समुदाय या खोऱ्यात वसले आहेत. या समुदायांवर जागतिक हवामान बदलाचा आघात अतिशय तीव्र होतो. निसर्गाशी एकरूप होऊन जगणाऱ्या या लोकांसाठी हवामान बदल हे केवळ पर्यावरणाचे संकट नसून, ते त्यांच्या अस्तित्वाचे संकट आहे. हे समुदाय प्रामुख्याने शिकार, मासेमारी आणि पारंपरिक शेतीवर अवलंबून असतात. २०२३सारख्या भीषण दुष्काळामुळे जेव्हा नद्या कोरड्या पडल्या आणि पाण्याचे तापमान वाढले, तेव्हा मासे मोठ्या प्रमाणात मेले आणि या आदिवासींच्या अन्नाचा मुख्य स्रोत धोक्यात आला आहे. हवामान बदलामुळे इथल्या पावसाचे चक्रही बदलले आहे. कधी अतिवृष्टी तर कधी दीर्घकाळचा दुष्काळ यामुळे त्यांच्या 'चाक्रा' (पारंपरिक शेती) पद्धतीला फटका बसला आहे आणि अन्नसुरक्षेचा प्रश्न निर्माण झाला आहे. तसेच, पूर्वी या भागात न आढळणारे डेंग्यू आणि मलेरिया यांसारखे उष्णकटिबंधीय आजार आता या दुर्गम भागातही पसरू लागले आहेत. अनेक आदिवासींसाठी जंगल म्हणजे दैवी स्थान आहे. त्यांची गाणी, कथा आणि सण जंगलाशी जोडलेले आहेत. जंगल नष्ट होणे म्हणजे त्यांच्या संस्कृतीचा आणि इतिहासाचा नाश होणे होय.

उष्णतेचा दुसरा मोठा परिणाम म्हणजे वणव्यांची संख्या आणि तीव्रता वाढत चालली आहे. २०२३च्या तुलनेत २०२४मध्ये जानेवारी ते ऑगस्ट महिन्यात ब्राझीलमधील ॲमेझॉनच्या पर्जन्यवनातील वणव्यांच्या संख्येत १०४ टक्क्यांची वाढ झाली. ऑगस्ट २०२४च्या अखेरीस ६५ हजारांहून जास्त वणवे लागले आणि एकट्या ऑगस्ट महिन्यात ३८ हजार वणवे लागले. याची अनेक कारणे आहेत, पण हवामान बदल आणि एल निनोमुळे २०२३चे वर्ष पृथ्वीवरील सर्वात उष्ण वर्ष ठरले. त्यावर्षी ॲमेझॉन खोऱ्यात कोरडा दुष्काळ पडल्यामुळे आगीचे लोट दूरवर पसरले. उपनद्यांमधील पाण्याची पातळी कमी झाल्यामुळे आगीचे नियंत्रण अवघड झाले आणि वणव्यांमुळे इथल्या जैवविविधतेचा अभूतपूर्व ऱ्हास झाला. वणवे आणि घटते पर्जन्य व नक्षत्र याचा परिणाम इथल्या स्थानिक जैवविविधतेवर होत आहे. अनेक प्रजातींचे नैसर्गिक अधिवास घटत आहेत, तर काही प्रजातींच्या अस्तित्वालाच धोका निर्माण झाला आहे. काही प्रजाती तिथून स्थलांतर करीत आहेत. यामुळे तिथली संपन्न अन्नसाखळी आणि अन्नजाळे कोलमडण्याच्या मार्गावर आहे. असे झाले तर इथल्या नैसर्गिक ऊर्जा आणि पदार्थांच्या देवाणघेवाणीमध्ये मोठा बिघाड होऊ शकेल.

ॲमेझॉन परिसंस्थेचा ऱ्हास ही केवळ प्रादेशिक समस्या नसून संपूर्ण पृथ्वीच्या पर्यावरणीय संतुलनाला हा धोका आहे. ॲमेझॉन नदी आणि इथल्या पर्जन्यवनाचे आर्थिक मूल्य त्याच्या भौगोलिक सीमांच्या पलीकडे पसरलेले आहे. कोट्यवधी लोकांचे अस्तित्व आणि उपजीविका यावर अवलंबून आहे. त्यामुळे त्याचे संरक्षण

करणे आणि त्यातील जैवविविधता टिकवून ठेवणे ही सर्व राष्ट्रांची जबाबदारी आहे. वृक्षतोड थांबविणे, पाळीव प्राण्यांची संख्या कमी करणे, स्थानिक समुदायांना सशक्त करणे आणि जागतिक स्तरावर कार्बन उत्सर्जन कमी करणे यामुळेच ॲमेझॉन खोरे वाचू शकेल. पृथ्वीची सजीवसृष्टी पोसण्याची क्षमता टिकविण्यात ॲमेझॉन नदी आणि इथल्या पर्जन्यवनाचे मोठे योगदान आहे. इथून मिळणाऱ्या पर्यावरणीय सेवांचा ऱ्हास झाला, तर कोणतेही तंत्रज्ञान त्याची भरपाई करू शकणार नाही. ॲमेझॉनचे पाणी आणि हवामान नियंत्रण यामुळे जागतिक अर्थव्यवस्थेला दरवर्षी ट्रिलियन्स डॉलर्सचा फायदा होतो. जर हे जंगल टिपिंग पॉइंटला पोहोचले आणि नष्ट झाले, तर जागतिक अर्थव्यवस्थेला होणारे नुकसान हे जगातील सर्वात मोठ्या मंदीपेक्षाही भयानक असेल.

प्रकरण १८

वाळवंट

वाळवंट म्हटले की आपल्या डोळ्यासमोर येते ती फक्त क्षितिजापर्यंत पसरलेली वाळू, रणरणते ऊन आणि पाण्याचा थेंबही नसलेला रखरखीत प्रदेश. पण वाळवंट म्हणजे केवळ निरुपयोगी किंवा ओसाड जमीन नसून, ती पृथ्वीच्या परिसंस्थेतील एक अत्यंत महत्त्वाची कडी आहे. हा रूक्ष प्रदेश पृथ्वीवर महत्त्वाचे कार्य करतो. पृथ्वीच्या सुमारे ३०–३३ टक्के भूभागावर वाळवंटी व अर्ध-वाळवंटी प्रदेश पसरलेले आहेत.

वाळवंट म्हणजे काय?

वाळवंट म्हणजे असा प्रदेश जिथे बाष्पीभवनाचा वेग पर्जन्यमानापेक्षा जास्त असतो. ज्या प्रदेशात सरासरी वार्षिक पर्जन्यमान २५० मिलीमीटरपेक्षा कमी असते, बाष्पीभवन जास्त असते आणि वनस्पती विरळ असतात, त्या प्रदेशाला वाळवंट म्हणतात. वाळवंटे फक्त उष्णच नसतात; काही वाळवंटे अतिशीतही असतात. पृथ्वीवर वाळवंटांचे चार प्रकार आहेत - उष्ण वाळवंटे, थंड किंवा शीत वाळवंटे, किनारी वाळवंटे आणि अर्ध-वाळवंटे. आफ्रिका, इस्त्राईल, ऑस्ट्रेलिया आणि भारतात उष्ण आणि कोरडी वाळवंटे आहेत; उदाहरणार्थ, आफ्रिकेतील सहारा, अरबी आणि भारतातील थर. शीत वाळवंटे समशीतोष्ण प्रदेशात आढळतात. मंगोलियातील गोबी, भारतातील लडाख आणि चीनचे ताक्लामकान ही शीत वाळवंटे आहेत.

दक्षिण आफ्रिकेतील चिले देशामधील अटाकामा वाळवंट हे किनारी वाळवंटाचे उत्तम उदाहरण आहे, तर साहेल हा आफ्रिकेतील पट्टा अर्ध-वाळवंटी प्रदेश आहे.

वाळवंटाची वैशिष्ट्ये

येथे दिवसाच्या तापमानात मोठे चढ-उतार होतात. दिवसा तापमान प्रचंड वाढते, उदाहरणार्थ, सहारा वाळवंटात तापमान दिवसा ५०$^{\circ}$ सेल्सियसच्या वर जाऊ शकते, तर रात्री ते शून्याखालीही जाऊ शकते. याचे कारण म्हणजे हवेतील आर्द्रतेचा अभाव. याच्यामुळे येथे ऊब साठवून धरली जात नाही. वाळवंटात पाण्याचे स्रोत अत्यंत मर्यादित असतात. ओॲसिस किंवा भूजल पाण्याचे साठे हेच इथल्या संजीवांचे मुख्य आधार असतात.

येथे विशिष्ट वनस्पती आणि प्राणी आढळतात. येथील जीवसृष्टीने अत्यंत कठीण परिस्थितीत जगण्यासाठी स्वतःमध्ये बदल घडवून आणले आहेत. उष्ण वाळवंटाच्या शुष्क वतावरणाला अनुकूलन केलेले कॅक्टस, रसाळ देठांची झुडुपे आणि हंगामी वनस्पती (एफीमेरल्स) सापडतात. तर उंटासारखे प्राणी कमी पाण्यावर अनेक दिवस राहू शकतात. दिवसाच्या उष्णतेत बाहेर पडता येत नसल्याने काही प्राणी निशाचर असतात. इथल्या सजीवांना पाणीटंचाईचा सामना करावा लागतो. याउलट शीत वाळवंटातील वनस्पती तीव्र थंडीत तग धरू शकतात. तिथल्या वनस्पतींची पाने सूचीपर्णी आणि लहान असतात. अनेक प्रकारचे लायकेन आणि शैवाल येथे सापडते. थंडीपासून बचाव करण्यासाठी प्राण्यांना जाड केसाळ फर असते. हिवाळ्यात काही प्राणी शीतसुप्तावस्थेत (हायबरनेशन) जातात, तर काही स्थलांतर करतात.

वाळवंटातील वैशिष्ट्यपूर्ण जैवविविधता मानवीदृष्ट्या उपयुक्त आहे. येथे औषधांच्या कच्च्या मालासह खजूर आणि सीबक थॉर्नसारखे पोषणस्रोत आहेत.

वाळवंटाचे पर्यावरणीय महत्त्व

या अथांग वाळूच्या प्रदेशाकडे बघून असे सहज मनात येईल, की वाळवंटाचा पर्यावरणाचा काहीच उपयोग नाही, पण हे पूर्णतः चुकीचे आहे. कोणत्याही नैसर्गिक परिसंस्थेप्रमाणे वाळवंटाचासुद्धा पृथ्वीच्या समतोल राखण्यात मोठा हातभार लागतो.

- **हवामान संतुलनात हातभार :** उष्ण आणि शीत वाळवंटाचा हवामानव्यवस्थेवर प्रभाव असतो. बर्फ अच्छादित भूरूपाप्रमाणे वाळवंटाच्या चकाकणाऱ्या वाळूमुळे सूर्यप्रकाश परावर्तित होतो. आपण चौथ्या प्रकरणात पाहिलेला हाच तो अल्बेडो इफेक्ट. पृथ्वीच्या वायू अभिसरणातही वाळवंटाचा हात आहे. सहारासारख्या प्रचंड मोठ्या उष्ण वाळवंटावर वाहणारी हवा गरम होते आणि प्रवाह सुरू होतो. भूरूपातील तापमानाच्या फरकामुळे पृथ्वीवरच्या जेटस्ट्रीमवर प्रभाव पडतो. वाळवंटात वाळू आणि अतिसूक्ष्म कण वातावरणात तरंगत असतात. ढग, पर्जन्यमान आणि सौरऊर्जेच्या शोषण आणि विखुरण्यावर याचा परिणाम होतो.
- **कार्बन शोषण :** संशोधनानुसार, वाळवंटातील माती आणि तिथे राहणारे सूक्ष्मजीव मोठ्या प्रमाणात कार्बन डायऑक्साइड शोषून घेतात. वाळवंटातील मातीमध्ये चुनखडी आणि इतर खनिजे असतात. वातावरणातील कार्बन डायऑक्साइड पावसाच्या थेंबांत मिसळून किंवा हवेच्या प्रवाहाबरोबर जमिनीत शिरला, की मातीतील कॅल्शियम आणि इतर खनिजांशी त्याची रासायनिक अभिक्रिया होते. यातून कॅल्शियम कार्बोनेट तयार होते. हा कार्बन अजैविक स्वरूपात जमिनीखाली हजारो वर्षांपर्यंत सुरक्षित साठलेला राहतो. घनदाट

जंगलांच्या तुलनेत वाळवंटातील कार्बन साठा अधिक स्थिर असतो, कारण तिथे आगी लागण्याचे किंवा जमिनीची धूप होण्याचे प्रमाण कमी असते. त्याच प्रमाणे येथे जैविक पद्धतीनेसुद्धा कार्बनचा साठा केला जातो. वाळवंटाच्या वरच्या थरात सूक्ष्मजीव, सायनोबॅक्टेरिया, बुरशी, लायकेन्स आणि मॉस यांचे एक पातळ आवरण असते. याला 'बायोलॉजिकल सॉइल क्रस्ट' म्हणतात. हे सूक्ष्मजीव कठीण परिस्थितीतही जिवंत राहतात आणि प्रकाशसंश्लेषणाद्वारे वातावरणातील कार्बन डायऑक्साइड शोषून त्याचे रूपांतर सेंद्रिय कार्बनमध्ये करतात. हे सूक्ष्मजीव मातीच्या कणांना एकत्र बांधून ठेवतात आणि कार्बन हवेत पुन्हा मिसळण्यापासून रोखला जातो.

- **जीन (जनुकीय) बँक :** वाळवंटात अशा अनेक प्रजाती आढळतात, ज्या पृथ्वीवर इतर कोठेही सापडत नाहीत. त्यांचे अस्तित्व पृथ्वीच्या जनुकीय विविधतेसाठी आवश्यक आहे. अशा प्रजातींना वाळवंट अधिवास आणि अन्नपुरवठा करीत असतो. त्यामुळे ही परिसंस्थासुद्धा पृथ्वीवरची एक महत्त्वाची जीन म्हणजे जनुकीय बँक आहे.

वाळवंटाचे अर्थव्यवस्थेतील महत्त्व

जागतिक अर्थव्यवस्थेत वाळवंटी प्रदेशांचा वाटा मोठा आहे. आज जिथे सहारा वाळवंट आहे तो प्रदेश सुमारे १० कोटी वर्षांपूर्वी गोंडवाना महाखंडाचा भाग होता. येथे टेथिस नावाचा समुद्र होता. टेक्टोनिक प्लेट्सच्या हालचालीमुळे हा भाग युरेशियन प्लेटवर आदळला आणि टेथिस समुद्र वर उचलला गेला. पुढे काही कोटी वर्षांत हा प्रदेश कोरड्या वाळवंटात रूपांतरित झाला. या समुद्रात दडलेली खनिजे अर्थव्यवस्थेत उपयुक्त ठरली.

- **खनिज साठे :** पाण्यातून वाहत येणारी जिप्सम, बोरेट्स, नायट्रेट्स, पोटॅशियम ही खनिजे पाण्याचे बाष्पीभवन झाले, की वाळूत राहतात आणि कालांतराने त्यांची घनता वाढते. अतिशय तुरळक वनस्पती असलेल्या वाळवंटातून खनिजे काढणे हे खाणीच्या तुलनेने सोपे असते. मेक्सिकोच्या चिहुआवुअन, चिलेच्या अॅटकामा आणि ऑस्ट्रेलियाच्या ग्रेट व्हिक्टोरिया वाळवंटात तांब्याचे साठे आहेत. चीन, अमेरिका आणि नामिबियाच्या वाळवंटात बॉक्साईट, सोने आणि हिरे आहेत. अल्जेरिया आणि लिबियाच्या वाळवंटात खनिज तेल आणि गॅसचे साठे आहेत. मोरोक्को, मॉरिटानिया, नायगर आणि सुदानमध्ये सोने, लोह, युरेनियम आणि मँगनीज सापडते. याव्यतिरिक्त येथे सोने, तांबे आणि लिथियमचे साठेही येथे मोठ्या प्रमाणात आहेत.
- **खनिज तेल आणि वायू :** इतकेच नव्हे तर जगातील बहुतांश खनिज तेल आणि नैसर्गिक वायूचे साठे वाळवंटी प्रदेशात आढळतात. याचे मुख्य कारण म्हणजे या प्रदेशांचा भूगर्भीय इतिहास. आज हा प्रदेश जरी शुष्क दिसत असला, तरी कोट्यवधी वर्षांपूर्वी येथे परिस्थिती वेगळी होती. आजची बहुतांश मोठी वाळवंटे, विशेषतः मध्य पूर्वेतील, कोट्यवधी वर्षांपूर्वी उथळ महासागर किंवा समुद्रांचा भाग होती. या समुद्रांमध्ये सूक्ष्मजीव, प्लँक्टन आणि समुद्री वनस्पतींची संख्या मोठी होती. हे सजीव मृत झाल्यावर समुद्राच्या तळाला साचले आणि कालांतराने त्यांच्यावर वाळू, चिखल आणि गाळाचे एकावर एक थर साचत गेले. गाळाच्या थराखाली ऑक्सिजनचा अभाव असतो. वरून पडणारा प्रचंड दाब आणि पृथ्वीच्या पोटातील उष्णता यांमुळे या सेंद्रिय पदार्थांचे खनिज तेल आणि नैसर्गिक वायूत रासायनिक रूपांतर झाले. पृथ्वीच्या अंतर्गत हालचालींमुळे, म्हणजे ज्याला आपण टेक्टोनिक प्लेटची हालचाल म्हणतो, त्या हालचालींमुळे हे समुद्राचे तळ उंचावले गेले आणि पुढच्या काळात समुद्र कोरडे पडत गेले. पर्यावरणातील बदलांमुळे याचे

रूपांतर नंतर कोरड्या वाळवंटात झाले. पण जमिनीच्या खाली दडलेले तेलाचे साठे तिथेच राहिले.वाळवंटी प्रदेशातील खडकांची रचना या तेलाला आणि वायूला बाहेर पडण्यापासून रोखून धरते, आणि त्यामुळेच आज कोट्यवधी वर्षे येथे नैसर्गिक साठे सुरक्षित राहिले आहेत.

- **सौरऊर्जा निर्मितीत योगदान :** वाळवंटी प्रदेश सौरऊर्जेच्या निर्मितीसाठी मोक्याचे ठिकाण मानले जातात. या भागात उच्च सौरऊर्जा तीव्रता असते आणि सुमारे ३०० ते ३३० दिवस स्वच्छ सूर्यप्रकाश असतो. त्यामुळे येथे सौरऊर्जानिर्मिती मोठ्या प्रमाणावर होऊ शकते. तसेच, येथे मोठे क्षेत्र उपलब्ध असते. वाळवंटातील हजारो एकर जमीन यासाठी सोयीस्कर ठरते. ही जमीन शेतीसाठी किंवा मानवी वस्तीसाठी उपयुक्त नसल्यामुळे जमीन अधिग्रहणाचे प्रश्न उद्‌भवत नाहीत. अशा ठिकाणी सौरपार्क उभारून रस्ते, वीज आणि रोजगाराच्या नवीन संधी निर्माण होतात आणि स्थानिक अर्थव्यवस्थेला चालना मिळते. पण सगळीच वाळवंटे जर आपण सौरऊर्जा प्रकल्पांनी झाकून टाकली, तर ही अतिमहत्त्वाची परिसंस्था कोलमडून जाऊ शकते. त्यामुळे सर्व दृष्टीने विचार करूनच असे प्रकल्प उभे करणे हे महत्त्वाचे आहे.

हवामान बदलाचे वाळवंटावर होणारे परिणाम

हवामान बदलामुळे एकीकडे नैसर्गिक वाळवंटांचे संतुलन बिघडत चालले आहे, तर दुसरीकडे काही नवीन प्रदेश 'वाळवंटीकरण' म्हणजे 'डेझर्टिफिकेशन'कडे जाऊ लागले आहेत.

- **वाढते तापमान आणि पाण्याचे संकट :** आधीच उष्ण आणि शुष्क

सहारा आणि ॲमेझॉनचे विलक्षण नाते!

सहारा वाळवंटातील धुळीचे वादळ उडत जाऊन अटलांटिक महासागर ओलांडून ॲमेझॉनच्या जंगलांपर्यंत पोहोचते. सहारा वाळवंट आणि ॲमेझॉनचे जंगल यांच्यातील हा संबंध निसर्गाच्या परस्परसहकार्याचे एक अप्रतिम उदाहरण आहे. नासाच्या उपग्रहवरून जगभरात पसरलेल्या धुळीचा प्रवाहाचा अभ्यास शास्त्रज्ञांनी केला. त्यात त्यांना असे दिसले, की ॲमेझॉनच्या मातीत मिसळलेली अर्ध्याहून अधिक सूक्ष्म खनिजे दक्षिण सहारातील एकाच ठिकाणाहून आली आहेत. या ठिकाणाला 'बोडेले डिप्रेशन' (Bodélé Depression) असे नाव आहे. हे एक मोठे दरीसारखे पर्वतांनी वेढलेले क्षेत्र आहे. येथून दरवर्षी अंदाजे १८ कोटी टन धूळ वाऱ्याबरोबर उडते आणि अटलांटिक महासागर ओलांडून सुमारे पाच हजार किलोमीटरचा प्रवास करत दक्षिण अमेरिकेपर्यंत पोहोचते. ॲमेझॉनमध्ये प्रचंड पाऊस पडत असल्याने तिथल्या जमिनीतील आवश्यक खनिजे वारंवार वाहून जातात. त्यामुळे तिथल्या मातीला बाहेरून पोषकघटकांची गरज असते. सहारातून येणाऱ्या या धुळीत मुबलक प्रमाणात फॉस्फरस असतो, जो वनस्पतींच्या वाढीसाठी आणि ऊर्जेसाठी अत्यंत आवश्यक आहे. ही धूळ ॲमेझॉनमध्ये पडते, तिथे मातीत मिसळून ती नैसर्गिक खताप्रमाणे काम करते. अशा प्रकारे आफ्रिकेतील वाळवंट आणि दक्षिण अमेरिकेतील पर्जन्यवन यांच्यात एक विलक्षण आणि अत्यंत महत्त्वाचे पर्यावरणीय नाते निर्माण झाले आहे.

असलेल्या वाळवंटांचे तापमान हवामान बदलामुळे आणखी वाढत आहे. वाळवंटांमध्ये जागतिक सरासरीपेक्षा जास्त वेगाने तापमान वाढत आहे. गेल्या शतकात वाळवंटातील प्रदेशांमध्ये तापमानात २° सेल्सियसपर्यंत वाढ झाली आहे, तर जागतिक सरासरीमध्ये सुमारे १° सेल्सियसची वाढ झाली आहे, असे संशोधनातून दिसून आले आहे. यामुळे बाष्पीभवन वेगाने होत असून, असलेले पाण्याचे स्रोत आटत आहेत आणि जिथे थोडीफार माती आहे, तीही शुष्क पडत चालली आहे. याचा परिणाम तिथल्या वन्यजीवांवर आणि मानवी वस्त्यांवर होत आहे.

वाळवंटी प्रदेशांत पर्जन्यमानात बदल झाले आहेत. काही वाळवंटे अधिक कोरडी होत आहेत, तर काही प्रदेशांमध्ये अतिवृष्टीसुद्धा झालेली आहे. या अनियमित हवामानपद्धती इथल्या नाजूक परिसंस्था विस्कळीत करतात, वनस्पतींचे नुकसान करतात आणि शुष्क परिस्थितीशी जुळवून घेतलेल्या प्रजातींचे अस्तित्व धोक्यात येते. बदललेल्या पर्जन्यमानामुळे वाळवंटातील प्रदेशांमध्ये पाण्याची मोठी टंचाई निर्माण होत आहे. दुष्काळ अधिक वारंवार आणि तीव्र होत आहेत. याचा परिणाम इथल्या भूजल आणि मातीच्या ओलाव्यावरही होतो. ही परिस्थिती वनस्पती आणि प्राण्यांसाठी धोकादायक वातावरण निर्माण करते.

- **वाळवंटीकरण :** हा आजच्या काळातील सर्वांत मोठा धोका आहे. जमिनीचा कस कमी होणे, अतिचराई आणि प्रचंड क्षेत्रावर वृक्षतोड झाल्यामुळे सुपीक जमीन वाळवंटात रूपांतरित होत आहे, आणि त्यात भर पडते ती हवामान बदलाची. अशा परिस्थितीत उजाड झालेले भूरूप उष्णता वाढल्यामुळे झपाट्याने शुष्क होत जाते. दरवर्षी लाखो हेक्टर जमीन वाळवंटात रूपांतरित होत चालली असल्याचा धोका दिसत आहे.
- **धुळीच्या वादळांची तीव्रता :** जमिनीचा वरचा थर कोरडा झाला, की वाऱ्याबरोबर धुळीचे कण हवेत उडतात. हे सूक्ष्म कण अतिशय हलके असतात, त्यामुळे खूप वेळ हवेत राहतात. निसर्गाचे चक्र बदलत असताना धुळीची वादळे ही एक मोठी जागतिक समस्या ठरली आहे. गेल्या काही दशकांत मध्य पूर्व, उत्तर आफ्रिका आणि आशियातील अनेक भागांत या वादळांची वारंवारता आणि तीव्रता लक्षणीयरित्या वाढली आहे. हवामान बदलामुळे वाऱ्याच्या दिशेत आणि वेगात अनपेक्षित बदल होत आहेत, ज्यामुळे ही वादळे अधिक शक्तिशाली होत आहेत. ही वादळे शेकडो मैल प्रवास करून शहरे आणि शेतीचे नुकसान करतात. धुळीची वादळे आपल्याबरोबर अतिसूक्ष्म कण (ज्याला आपण पीएम २.५ म्हणतो) आणि जीवाणू घेऊन येतात. यामुळे दमा, ब्रॉन्कायटिस आणि श्वसनाचे इतर विकार वाढतात. सौरऊर्जानिर्मिती प्रकल्पांच्या पॅनेलवर धुळीचा थर बसला, की त्याची कार्यक्षमता सुमारे ३० टक्क्यांपर्यंत कमी होऊ शकते. तसेच, धुळीच्या वादळांमुळे रस्ते आणि विमान वाहतूक विस्कळीत झाल्यामुळे मोठे आर्थिक नुकसान होते. ही धूळ जेव्हा हिमालयासारख्या बर्फाळ प्रदेशात पडते, तेव्हा बर्फाचा रंग गडद होतो. गडद रंग जास्त उष्णता शोषतो आणि बर्फ वेगाने वितळू लागतो.
- **जैवविविधतेचा ऱ्हास :** वाळवंटातील प्राणी आधीच मर्यादित संसाधनांवर आणि अत्यंत प्रतिकूल परिस्थितीत जगत असतात. हवामान बदलामुळे ही परिस्थिती अधिक बिकट होत जाते. त्यामुळे इथल्या अन्नसाखळीवर मोठे आघात झाले आहेत आणि काही दुर्मीळ प्रजाती नष्ट होण्याची भीती निर्माण झाली आहे.

उपाययोजना आणि भविष्यातील पावले

वाळवंटांचे रक्षण आणि वाळवंटीकरण रोखण्यासाठी जागतिक स्तरावर प्रयत्न होणे गरजेचे आहे. आंतरराष्ट्रीय स्तरावर १९९४मध्ये युनायटेड नेशन्स कन्व्हेंशन टू कॉम्बॅटिफिकेशन (यूएनसीसीडी) नावाचा करार केला गेला. जागतिक स्तरावर वाढते वाळवंटीकरण आणि कोरड्या प्रदेशांतील मृदेचा पोत राखणे, हे त्याचे मुख्य उद्दिष्ट

पृथ्वीवरील सर्वाधिक क्षेत्रफळांची पहिली दहा वाळवंट

क्र.	वाळवंटाचे नाव	प्रकार	देश	क्षेत्रफळ चौरस किलोमीटर
१	अंटार्क्टिक	थंड	अंटार्क्टिक ध्रुव	१४,२००,०००
२	आर्क्टिक	थंड	आर्क्टिक ध्रुव	१३,९००,०००
३	सहारा	उष्ण	मध्य आफ्रिका	९,२००,०००
४	ग्रेट ऑस्ट्रेलियन	उष्ण	ऑस्ट्रेलिया	२,७००,०००
५	अरबी	उष्ण	आखाती राष्ट्रे	२,३३०,०००
६	गोबी	थंड	मंगोलिया, चीन	१,२९५,०००
७	कालाहारी	उष्ण	दक्षिण आफ्रिका	९,००,०००
८	पॅटॅगोनियन	थंड	अर्जेंटिना, चिले	६,७३,०००
९	सीरियन	उष्ण	सौदी अरबेया, सिरिया, जॉर्डन	५,००,०००
१०	ग्रेट बेसिन	समशीतोष्ण	यूएसए	४,९०,०००

आहे. यात मुख्यतः आफ्रिका, आशिया आणि लॅटिन अमेरिकेतील कोरड्या प्रदेशांवर लक्ष केंद्रित केले आहे. येथे सुमारे ३.२ अब्ज लोकांना या धोक्यास सामोरे जावे लागते आहे किंवा लागणार आहे.

सहाराच्या दक्षिणेकडील सॅहेल प्रदेशात आठ हजार किलोमीटर लांबीच्या हरित पट्ट्याची योजना आखली आहे. यामुळे खराब झालेली १० कोटी हेक्टर भूमी पुनर्संचयित करणे, एक कोटी रोजगार निर्माण करणे आणि २५ कोटी टन कार्बन साठवणे शक्य होईल. यूएनसीसीडीच्या माध्यमातून खासगी गुंतवणुकीला आकर्षित करून भूमी पुनरुज्जीवन प्रकल्पांना आर्थिक पाठबळ दिले जात आहे. त्याचबरोबर पारंपरिक भूमी व्यवस्थापनपद्धतींना आधुनिक वैज्ञानिक ज्ञानाची जोड देण्याचे काम येथे चालते.

पण यूएनसीसीडीचे काम सोपे नाही. याला अनेक आव्हानांना तोंड द्यावे लागत आहे. पैसा, राजकीय इच्छाशक्तीचा अभाव आणि जागतिक प्राधान्यक्रमात भूमी संवर्धनाला कमी महत्त्व, ही काही मुख्य आव्हाने आहेत. तरीही, हवामान बदल आणि जैवविविधतेच्या ऱ्हासाशी हे संबंधित असल्यामुळे हा विषय आता जागतिक पुढाऱ्यांचे लक्ष वेधून घेत आहे.

वाळवंट हे केवळ वाळूचे ढिगारे नसून, ते पृथ्वीच्या जिवंत परिसंस्थेचे महत्त्वाचे प्रदेश आहेत. हवामान बदल हा केवळ बर्फाळ प्रदेशांनाच नाही, तर या रखरखीत प्रदेशांनाही गिळंकृत करत आहे. जर आपण वेळीच सावध झालो नाही, तर वाढते वाळवंटीकरण मानवी अस्तित्वासाठी मोठे संकट निर्माण करेल. निसर्गाचे हे संतुलन राखणे ही आपल्या सर्वांची जबाबदारी आहे. वाळवंटे ओसाड आणि निरुपयोगी नाहीत, आणि हवामान बदल वाढत गेले, तर ही परिसंस्था नाहीशी होऊन इतर सुपीक जमिनींचे वाळवंटीकरण वाढत जाईल, अशी भीती आहे.

प्रकरण १९

प्रवाळ परिसंस्था धोक्याच्या छायेत

कोरल रीफ म्हणजे समुद्रात वसाहती असलेले प्रवाळ क्षेत्र. प्रवाळ मांसाहारी अपृष्ठवंशी सागरी सजीव आहेत. खडकाळ क्षेत्रावर किंवा समुद्राच्या तळाशी चिकटून तिथे ते आपल्या वसाहती तयार करतात. पाण्यातून येणारे शैवाल आणि झूप्लँक्टन्स (एकपेशीय सजीव) हे त्यांचे खाद्य आहे. प्रवाळ क्षेत्र ही एक अतिशय वैविध्यपूर्ण आणि उत्पादक परिसंस्था आहे. ही नेत्रदीपक परिसंस्था पृथ्वीवरील समुद्रतळाच्या फक्त काही अंश भागावर सापडत असली, तरी त्यांच्यामुळे सागरातील अनेक सजीवांना अधिवास, अडोसे, अन्नस्रोत आणि प्रजननक्षेत्र मिळते. त्यांच्या गुंतागुंतीच्या परस्पर संबंधातून द्रव्य आणि ऊर्जेची देवाणघेवाण सुरू असते आणि त्यातूनच त्यांना पर्यावरणीय उत्पादकता प्राप्त होते.

प्रवाळ दोन मुख्य प्रकारचे असतात, हार्ड कोरल (कठोर, ज्याच्यापासून रीफ म्हणजे त्यांच्या वसाहती तयार होतात) आणि सॉफ्ट कोरल (मऊ, जे प्रवाहाने वाहून जाऊ शकते). हे सजीव येथे अल्गीबरोबर राहतात. अल्गी प्रकाशसंश्लेषणाद्वारे अन्न उत्पादन करतात. पृथ्वीवर सुमारे ८०० मुख्य प्रवाळ क्षेत्रे आहेत, आणि ती मुख्यतः उष्णकटिबंधीय आणि उप-उष्णकटिबंधीय भागात आढळतात. हे क्षेत्र समुद्राच्या एकूण तळाच्या फक्त ०.१ टक्के भाग व्यापतात, म्हणजे फक्त सुमारे २,८४,३०० चौरस किलोमीटर क्षेत्रात प्रवाळ आहे.

त्यांची प्रमुख ठिकाणे अशी आहेत :

- **ग्रेट बॅरियर रीफ (ऑस्ट्रेलिया) :** जगातील सर्वात मोठे, २,३०० किलोमीटर लांब असलेलेल हे क्षेत्र ऑस्ट्रेलियाच्या पूर्व किनाऱ्याजवळ आहे.
- **कोरल ट्रँगल (प्रवाळ त्रिकोण) (इंडोनेशिया, फिलिपिन्स, मलेशिया, पापुआ न्यू गिनी) :** हा त्रिकोण म्हणजे जैवविविधतेचे केंद्र आहे. येथे सुमारे ७६ टक्के प्रवाळ प्रजाती आहेत.
- **रेड सी (मध्य पूर्व) :** उच्च तापमान सहन करणारे प्रवाळ येथे आहेत.
- **कॅरिबियन सागर (मेक्सिको, क्युबा, बहामा) :** हे प्रवाळांचे अटलांटिक महासागरातील प्रमुख क्षेत्र आहे.
- **पॅसिफिक बेटे (फिजी, हवाई) :** लहान पण वैविध्यपूर्ण.
- **भारत आणि आपले शेजारी :** मालवण, विजयदुर्ग, गोवा, लक्षद्वीप, खंबात आणि अंदमान-निकोबार बेटांभोवती प्रवाळ आहेत. तर मालदीव्ज आणि श्रीलंकेजवळही मोठे क्षेत्र आहेत.

हे संपूर्ण क्षेत्र मुख्यतः ३०° उत्तर ते ३०° दक्षिण अक्षांशांदरम्यान आढळते. या पट्ट्यात पाणी जरा उबदार असते म्हणजेच पाण्याचे तापमान सुमारे २०° ते ३०° सेल्सियस असते, तसेच हे पाणी स्वच्छही असते. आयपीसीसीच्या २०२२च्या अहवलानुसार जलवायू बदलामुळे आज सुमारे ७० टक्के प्रवाळ क्षेत्र धोक्यात आले आहे.

प्रवाळाचे महत्त्व

प्रवाळ फक्त दिसायलाच सुंदर असतात असे नाही, तर संपूर्ण सजीवसृष्टीला जीवनावश्यक सेवा पुरविण्यात ते कार्यरत असतात. या परिसंस्थेतून मानवी अर्थव्यअस्थेला अंदाजे २.७ ट्रिलियन डॉलरच्या वस्तू आणि सेवा प्राप्त होतात.

पृथ्वीवरील सर्वाधिक कार्यक्षमपणे कार्बन शोषण करणाऱ्या नैसर्गिक परिसंस्थेत यांची गणना होते, आणि त्याव्यतिरिक्तसुद्धा प्रवाळचे पृथ्वीवर मोठे योगदान आहे :

- **मत्स्योद्योग आणि अन्नसुरक्षा :** प्रवाळ क्षेत्रे मासेमारीची नैसर्गिक प्रजनन क्षेत्रे आहेत. तिथे त्यांना सुरक्षित आसरा मिळतो आणि पिल्लांची वाढ होण्यासाठी खाद्य मिळते. प्रवाळ क्षेत्रांतून आर्थिकदृष्ट्या महत्त्वाच्या माशांच्या अनेक प्रजातींना अधिवास आणि सुरक्षित प्रजनन क्षेत्र मिळते. यामुळे प्रवाळ व्यावसायिक मासेमारीला पुष्टी देतात.अंदाजे ६० लाख लघु मत्स्यपालक प्रवाळ क्षेत्रांवर अवलंबून आहेत.
- **जैवविविधतेचा अधिवास :** चार हजारांहून अधिक मासे प्रजाती आणि ८०० प्रकारचे प्रवाळ येथे राहतात. ते समुद्राचे वर्षावन म्हणून ओळखले जातात. सशक्त अन्नसाखळीमुळे पर्यावरणीय संतुलन राखले जाते.
- **अन्नसाखळी :** मासेमारीसाठी हे महत्त्वाचे ठिकण आहे. येथे अनेक मस्यांच्या प्रजातींचे प्रजनन होते. प्रवाळ क्षेत्र पृथ्वीवरील सर्वाधिक जैवविविधता असलेले क्षेत्र मानले जाते. समुद्री जलचरांच्या २५ टक्के प्रजातींना येथे अधिवास मिळतो. यात मासे, शार्क, कासवे आणि असंख्य अपृष्ठवंशी सजीव आहेत.
- **किनारपट्टी संरक्षण :** प्रवाळ क्षेत्रे नैसर्गिक तटरक्षक म्हणून काम करतात. यांच्या वसाहतीमुळे समुद्रातील लाटा आणि वादळांचा प्रभाव कमी होतो आणि किनारपट्टी सुरक्षित राहते. जिथे प्रवाळ आहेत, तिथे चक्रीवादळाने किनारपट्टीच्या मालमत्तेचे नुकसान कमी झाल्याची नोंद आहे. प्रवाळ क्षेत्रे वादळांच्या नुकसानापासून जे बचावकाम करतात, त्याचे मूल्यांकन अंदाजे दर वर्षी नऊ अब्ज डॉलर इतके असल्याचा अंदाज काही संशोधनकांनी काढला आहे.

- **पर्यटन :** जगातील पर्यटनास आकर्षित करणारे सर्वात मोठे प्रवाळ क्षेत्र म्हणजे ऑस्ट्रेलियातील ग्रेट बॅरियर रीफ. इथल्या पर्यटनाचा भाग असलेल्या स्कूबा डायव्हिंग, स्नॉर्कलिंग आणि प्रवाळ दर्शन यावर अवलंबून असलेल्या उद्योगांतून ऑस्ट्रेलियाला दर वर्षी पाच अब्ज डॉलर उत्पन्न मिळते. भारतात लक्षद्वीपमधील प्रवाळ क्षेत्र आंतरराष्ट्रीय पर्यटकांचे आकर्षण आहे. जगातील सुमारे ७० देशांमध्ये प्रवाळ पर्यटन हा आर्थिक उत्पन्नाचा एक महत्त्वाचा स्रोत आहे.
- **औषधी आणि वैज्ञानिक :** इथल्या प्रजातींमधून अनेक औषधांचा कच्चा माल मिळतो. कर्करोग आणि एड्ससारख्या अनेक आजारांच्या औषधांचाही कच्चा माल येथून मिळतो. अद्यापही संशोधन झाली नसलेली अनेक रासायने येथे असल्याचा शास्त्रज्ञांचा अंदाज आहे.
- **सांस्कृतिक :** प्रवाळ परिसंस्था केवळ जैविक किंवा आर्थिकदृष्ट्या नाही, तर मानवी संस्कृती, मनःस्वास्थ्य, ज्ञान आणि जीवनमूल्ये यांच्यासाठी अत्यंत मौल्यवान आहेत. प्रवाळ क्षेत्रातील रंगांची उधळण, जैवविविधता आणि शांत वातावरण हे ताण कमी करणे, मनःशांती यासाठी उपयुक्त आहे. कलाकार, छायाचित्रकार, लेखक यांना प्रवाळ क्षेत्रांकडून प्रेरणा मिळते. तसेच समुद्रशास्त्र, जैवविविधता, हवामान बदल, महासागर आम्लता यांचा अभ्यास करण्यासाठी प्रवाळ परिसंस्था जिवंत प्रयोगशाळा आहे. अनेक द्वीप व किनारी समुदायांच्या लोककथा, श्रद्धा, परंपरा प्रवाळ परिसंस्थांशी जोडलेल्या आहेत. काही ठिकाणी समुद्र व प्रवाळ क्षेत्र पवित्र मानले जाते.

प्रवाळ नसतील तर समुद्री सजीवसृष्टी ३०-५० टक्क्यांनी कमी होईल, अशी भीती शास्त्रज्ञ व्यक्त करतात. याचा परिणाम संपूर्ण पृथ्वीच्या अन्नसुरक्षा आणि पर्यावरणावर होऊ शकतो.

प्रवाळांकडून हरितगृह वायू शोषले जातात का?

प्रवाळ हरितगृह वायू, मुख्यतः कार्बन डायऑक्साइड शोषून घेतात, पण ही प्रक्रिया गुंतागुंतीची आहे. या कार्यात त्यांना अनेक सजीव मदत करतात. यात मुख्यातः दोन प्रकरणे कार्बन शोषण होते.

प्रवाळ क्षेत्रात प्रवाळांबरोबर सहजीवन असणाऱ्या (सिम्बायोटिक) अल्गी प्रकाशसंश्लेषण करतात. यामध्ये सूर्यप्रकाशाच्या ऊर्जेने आणि हवेतील कार्बन डायऑक्साइड शोषून घेऊन अल्गी आपले अन्न तयार करते. या प्रक्रियेत कार्बन शोषण होते आणि ऑक्सिजन बाहेर सोडला जातो. तसेच प्रवाळांभोवती खारफुटी असते, प्रवाळ क्षेत्रात समुद्री गवत उगवते आणि या दोन्ही वनस्पती असल्यामुळे त्या दिवसभर कार्बन शोषण करीत असतात.

कॅल्सिफिकेशन : प्रवाळचे सुरक्षा कवच

प्रवाळ प्राणी आहेत, हे आपण आधी पहिले. ते समुद्रातील कॅल्शियम आणि कार्बोनेट आयन घेऊन त्याच्यापासून कॅल्शियम कार्बोनेट तयार करतात, जे वापरून ते आपला कठीण सांगाडा (कोरल रीफ) तयार करतात. या प्रक्रियेत कार्बन शोषण होते आणि काहीप्रमाणात उत्सर्जनसुद्धा होते.

प्रवाळ स्वतः फार मोठे कार्बन शोषक नाहीत, पण त्यांच्याभोवती शोषण प्रक्रिया मोठ्या प्रमाणात सुरू असते. एकुणात, कोरल रीफ हे नेट कार्बन सिंक आहेत. वर्षाला सुमारे ७०० ते ९०० दशलक्ष टन कार्बन प्रवाळ क्षेत्रांत शोषला जातो. एकटे ग्रेट बॅरियर रीफ वर्षाला २०-३० दशलक्ष टन कार्बन शोषते. हे जंगलांइतके नसले, तरी प्रवाळ क्षेत्रफळ जंगलापेक्षा कित्येकपट कमी आहे. हे शोषण हरितगृह वायू कमी करण्यात मदत करते, पण ब्लीचिंगमुळे (प्रवाळ पांढरे पडणे) ते कार्बन डायऑक्साइड सोडण्याची शक्यता वाढते.

आज वातावरणातील कार्बन डायऑक्साइडच्या वाढलेल्या प्रमाणामुळे आणि नद्यांतून येणाऱ्या प्रदूषणामुळे समुद्राची रासायनिक रचना बदलली आहे. यामुळे पाणी अधिक आम्लयुक्त झाले आहे. प्रवाळांना कॅल्शियम कार्बोनेटपासून वसाहती तयार करण्यासाठी हे बाधकारक असते. पाण्याचे वाढते तापमान कोरल ब्लीचिंगचे एक महत्त्वाचे कारण आहे. याच्यामुळे त्यांची पर्यावरणीय उत्पादकता कमी होते. प्रदीर्घ ब्लीचिंग झाले, तर कोरल तग धरू शकत नाहीत. तापमानवाढीमुळे ध्रुवप्रदेशात बर्फ वितळण्याचा वेग वाढला आहे, आणि त्यामुळे समुद्राच्या पातळीत वाढ होत आहे. काही भागात प्रवाळवाढीच्या दरापेक्षा समुद्राची पातळी अधिक वेगाने वाढू शकते, ज्यामुळे या वसाहती बुडून जाण्याचा धोका आहे.

तापमानवाढीमुळे प्रवाळ परिसंस्था निकृष्ट झाल्या तर...

आज ही नाजूक परिसंस्था मानवी हस्तक्षेपामुळे धोक्यात आली आहे. प्रदूषण, तापमानवाढ, महासागरातील आम्लीकरण आणि अनियंत्रित मासेमारी अशा कारणांचा यात समावेश होतो. परिणामी, अलीकडच्या दशकांमध्ये प्रवाळांच्या संख्येत लक्षणीय घट झाली आहे. जागतिक स्तरावर हवामान बदलाचे प्रवाळ परिसंस्थेवर गंभीर आणि व्यापक आघात होत आहेत. त्यातील काही मुख्य परिणाम पाहू.

प्रवाळ परिसंस्थांसाठी हवामान बदलाचा सर्वात मोठा फटका बसेल तो जागतिक तापमानवाढीमुळे. प्रवाळ अत्यंत नाजूक सजीव आहेत. विशिष्ट तापमान, सूर्यप्रकाश आणि पाण्याच्या रासायनिक संतुलनावर त्यांचे जीवनचक्र आणि प्रजनन अवलंबून असते. महासागराचे तापमान सातत्याने वाढत राहिले, तर प्रवाळ परिसंस्था निकृष्ट होत जाऊन अखेरीस कोसळण्याच्या मार्गावर जातील आणि त्याचे परिणाम केवळ समुद्रापुरते मर्यादित राहणार नाहीत.

सर्वप्रथम, तापमानवाढीमुळे कोरल ब्लीचिंग वाढते. प्रवाळांच्या शरीरात राहणारे सूक्ष्म शैवालाकडून (झूझँथेली) प्रवाळला त्याचे अन्न आणि रंग मिळते. पाण्याचे तापमान १° ते २° सेल्सियसने जरी वाढले, तरी हे शैवाल प्रवाळांना सोडून इतर ठिकाणी प्रस्थान करू शकतात. परिणामी प्रवाळ पांढरे दिसू लागतात, त्यांची ऊर्जानिर्मिती थांबते आणि दीर्घकाळ असे ब्लीचिंग टिकले, तर प्रवाळ मरू शकतात. मोठ्या प्रमाणावर प्रवाळ नष्ट झाले, तर संपूर्ण रीफ संरचना कमकुवत होते.

दुसरे म्हणजे, प्रवाळ परिसंस्था नष्ट झाल्यास समुद्री जैवविविधतेवर मोठा परिणाम होतो. जगातील सुमारे २५ टक्के समुद्री प्रजाती प्रवाळ क्षेत्रांवर थेट किंवा अप्रत्यक्षपणे अवलंबून आहेत. प्रवाळ नष्ट झाले, तर मासे, शंख-शिंपले, लहान अपृष्ठवंशी सजीव यांचे अधिवास नष्ट होतील. यामुळे समुद्रातील अन्नसाखळी विस्कळीत होऊन काही प्रजाती नष्ट होतील, तर काहींची संख्या अनियंत्रित वाढू शकते.

तिसरा महत्त्वाचा परिणाम म्हणजे, मासेमारी आणि अन्नसुरक्षा धोक्यात येणे. आधी पाहिल्याप्रमाणे अनेक व्यावसायिकदृष्ट्या उपयुक्त मासे प्रवाळ क्षेत्रांत वाढतात किंवा प्रजनन करतात. प्रवाळ परिसंस्था निकृष्ट झाल्यास मासेमारीचे उत्पादन घटेल, ज्याचा थेट परिणाम किनारी भागातील कोट्यवधी लोकांच्या उपजीविकेवर होईल. विशेषतः विकसनशील देशांतील लहान मच्छीमार समुदाय अधिक असुरक्षित होतील.

चौथा परिणाम किनारपट्टी संरक्षणाच्यादृष्टीने अत्यंत गंभीर आहे. प्रवाळ रीफ नैसर्गिक अडथळ्यासारखे काम करून लाटांची तीव्रता कमी करतात. प्रवाळ नष्ट झाले, तर चक्रीवादळे, त्सुनामी आणि वाढती समुद्रपातळी यांचा फटका थेट किनारी भागांना बसेल. त्यामुळे मालमत्तेचे नुकसान आणि किनारी गावांचे स्थलांतर वाढण्याची शक्यता आहे.

पाचवा आणि दीर्घकालीन परिणाम म्हणजे, जागतिक पर्यावरणीय संतुलन बिघडणे. प्रवाळ परिसंस्था समुद्रातील कार्बन सायकल, पोषकद्रव्यांचे वहन आणि इतर ब्लू-कार्बन परिसंस्थांच्या (खारफुटी, समुद्री गवत) संरक्षणात अप्रत्यक्ष भूमिका बजावतात. प्रवाळ नष्ट झाले, तर या संपूर्ण समुद्री व्यवस्थेची लवचिकता कमी होईल आणि हवामान बदलाचे परिणाम अधिक तीव्र होतील.

सन २०२६ हे वर्ष प्रवाळ परिसंस्थांसाठी 'टिपिंग पॉइंट' (असा टप्पा जिथून परत येणे कठीण आहे) ठरू शकते, अशी भीती जगभरातील शास्त्रज्ञांनाआहे. 'एल निनो' या नैसर्गिक हवामान चक्रामुळे समुद्राचे तापमान वाढत आहे. याआधी प्रवाळ यातून सावरत होते, करण 'ला निना' या पृथ्वीवरच्या थंड काळामुळे तसा वेळ मिळत असे. पण आता पृथ्वीच्या वाढत्या उष्णतेमुळे हे थंड कालावधी कमी होत आहेत, ज्यामुळे प्रवाळ वसाहतींना सावरण्यासाठी पुरेसा वेळ मिळत नाही.

एन्सो सायकल

आपण आधीच्या एका प्रकरणात एन्सो (ENSO) सायकल समजून घेतली होती. जागतिक तापमानवाढीमुळे एन्सो चक्राचा नैसर्गिक समतोल बिघडत चालला असल्याचे शास्त्रज्ञ मानतात. यामुळे प्रवाळ परिसंस्थांवरील होणाऱ्या धोक्यात लक्षणीय वाढ होत आहे. एल निनोच्या घटना अधिक तीव्र आणि वारंवार होत आहेत, याचा अर्थ प्रवाळ बेटांना अधिक वेळा तीव्र उष्णतेला सामोरे जावे लागत आहे. ला निनाचे थंड टप्पे कमी होत चालले असल्याने प्रवळांना संक्रमणासाठी कमी वेळ मिळत आहे. यामुळे पुढील उष्णतेची लाट येण्यापूर्वी प्रवाळांना पूर्ववत होण्यासाठी पुरेसा वेळ मिळत नाही.

आज नैसर्गिक आपत्तीची वारंवारिता आणि तीव्रता वाढलेली स्पष्ट दिसत आहे. चक्रीवादळांमुळे प्रवाळाच्या संरचनेला धोका निर्माण होतो. वादळ येऊन गेल्यावर काही प्रवाळ क्षेत्रांत घट झाल्याची नोंद आहे. हवामान बदलामुळे सागरी प्रवाह (करंट) बदलत आहेत. त्यांचा मार्ग बदलला की पोषणद्रव्यांचे वितरण बदलते, आणि त्यामुळे प्रवाळांच्या प्रजनन करण्याच्या क्षमतेत घट होऊ शकते. आर्थिकवाढीच्या, विकासाच्या मार्गात प्रदूषण अटळ असते. वाडीवस्ती आणि शहरांतून वाहून येणारे प्रदूषण अखेर समुद्रात पोहोचते. दूषित पाण्यामुळे कोरल ब्लीचिंग वाढत आहे. तापमानवाढीचा अजून एक मोठा धोका आहे, तो म्हणजे पाण्यात ऑक्सिजन विरघळण्याचे प्रमाण घटत चालले आहे. पाण्याचे तापमान वाढले, की त्यात मिसळलेल्या ऑक्सिजनचे प्रमाण कमी होते, आणि हे प्रवाळांच्या वसाहतींसाठी धोकादायक असते.

एकूणच, जागतिक तापमानवाढीमुळे प्रवाळ परिसंस्था निकृष्ट होणे म्हणजे केवळ सुंदर समुद्री दृश्ये हरपणे नव्हे, तर जैवविविधता, अन्नसुरक्षा, अर्थव्यवस्था, किनारी संरक्षण आणि हवामान स्थैर्य या सर्वांवर घाला घालणे होय. म्हणूनच प्रवाळांचे संरक्षण करणे हा पर्यावरणपूरक छंद नसून, मानवजातीच्या सुरक्षित भविष्यासाठी अत्यावश्यक पाऊल आहे.

प्रकरण २०

क्रायोस्फियर, हिमनद्या आणि हवामान बदल

पृथ्वीवरील हवामान प्रणाली समजून घेताना आपण वातावरण म्हणजे 'ॲटमॉस्फियर', जलमंडल म्हणजे 'हायड्रोस्फियर', स्थलमंडल म्हणजे 'लिथोस्फियर' आणि जीवमंडल म्हणजे 'बायोस्फियर' यांचा उल्लेख करतो. याच व्यवस्थेतील एक अत्यंत महत्त्वाचा पण अनेकदा दुर्लक्षित घटक म्हणजे 'क्रायोस्फियर'. पृथ्वीवरील जे प्रदेश कायमस्वरूपी किंवा हंगामी स्वरूपात बर्फ किंवा गोठलेल्या अवस्थेत असतात, त्यांना क्रायोस्फियर म्हणतात. अंटार्क्टिका आणि आर्क्टिक ध्रुव प्रदेश, हिमालय आणि आल्प्समधील हिमनद्या, समुद्री बर्फ, हंगामी हिमवृष्टी आणि गोठलेली जमीन हे सर्व क्रायोस्फियरचे घटक आहेत. क्रायोस्फियर हा पृथ्वीच्या हवामान संतुलनाचा, पाण्याच्या चक्राचा आणि जैवविविधतेचा आधारस्तंभ आहे. आज हवामान बदलाच्या पार्श्वभूमीवर क्रायोस्फियर झपाट्याने बदलत आहे, आणि त्यामुळे संपूर्ण पृथ्वीवरील नैसर्गिक व मानवी जीवनावर दूरगामी परिणाम होत आहेत.

क्रायोस्फियरमध्ये अजस्र, संथ गतीने पुढे सरकणारे बर्फाचे ढीग असतात, त्यांना ग्लेशियर किंवा हिमनद्या असे म्हणतात. जिथे हिमवृष्टी मुबलक असते, पण बर्फ वितळण्याचा वेग मात्र तुलनेने कमी असतो, अशा ठिकाणी गोड्या पाण्याचा बर्फरूपी हिमनद्या तयार होतात. पर्वतरांगा, ध्रुवप्रदेश आणि ठरावीक उंचीवर हे

गोठलेले जलाशय आढळतात. हिमनदी म्हणजे केवळ साचलेला बर्फ नव्हे, येथे जगातील अनेक नद्यांच्या उगम होतो. जेव्हा एखाद्या उंच डोंगरावर किंवा ध्रुवीय प्रदेशात वर्षानुवर्षे बर्फ साचत जातो आणि त्याचे रूपांतर एका महाकाय, जड बर्फाच्या थरात होते, तेव्हा स्वतःच्या वजनामुळे तो थर हळूहळू उताराच्या दिशेने सरकू लागतो. या सरकणाऱ्या बर्फाच्या प्रवाहाला 'हिमनदी' म्हणतात.

हिमानदी कशी तयार होते ?

वर्षानुवर्षे बर्फाळ प्रदेशात पडणारा नवा बर्फ जुन्या बर्फावर साचत जातो. वरच्या थरांच्या वजनामुळे खालच्या थरांवर प्रचंड दाब पडत जातो. यामुळे बर्फातील हवा बाहेर फेकली जाते आणि त्याचे रूपांतर कडक बर्फात होते. हा थर जेव्हा खूप जाड होतो, तेव्हा गुरुत्वाकर्षणामुळे तो संथपणे म्हणजे दिवसाला काही इंच किंवा फूट खाली सरकतो. हिमनद्या तयार होण्यासाठी दोन गोष्टी आवश्यक असतात - भरपूर हिमवर्षाव आणि वितळण्यापेक्षा साठा होण्याचा वेग जास्त असणे. जर एखाद्या क्षेत्रात वितळण्याचा वेग जास्त असेल, तर तिथे हिमनदी घटत जाते.

हिमनद्यांचे दोन मुख्य प्रकार आहेत, आणि ते त्यांच्या स्थान व आकारानुसार केले जातात. पहिला प्रकार म्हणजे पर्वतीय हिमनद्या. या नद्या हिमालय, आल्प्स, अँडीज पर्वतरांगांत आढळतात. तर, हिमनद्यांचा दुसरा प्रकार म्हणजे ध्रुवीय हिमनद्या पृथ्वीच्या ध्रुव प्रदेशात, म्हणजे आर्क्टिक, अंटार्क्टिका आणि ग्रीनलँडसारख्या ठिकाणी असतात. याव्यतिरिक्त आइस कॅप्स म्हणजे लहान क्षेत्र व्यापणाऱ्या हिमचादरी आणि व्हॅली ग्लेशियर्स म्हणजे दऱ्यांमधून वाहणाऱ्या हिमनद्यासुद्धा आहेत.

हिमनद्यांना क्रायोस्फियरचा कणा म्हणता येईल, कारण क्रायोस्फियरमधील सर्वात महत्त्वाचा आणि संवेदनशील घटक म्हणजे या हिमनद्या आहेत. हिमनद्यांची हालचाल अतिशय संथ असते, पण तिचा परिणाम मात्र मोठा असतो. अनेक नद्यांचे उगमस्थान हिमनद्यांमधून आहे. येथून गंगा, सिंधू, ब्रह्मपुत्रा, यांगत्से आणि ॲमेझॉनच्या काही उपनद्या उगम पावतात.

क्रायोस्फियर म्हणजे काय ?

क्रायोस्फियर हा शब्द ग्रीक भाषेतील क्रायो (थंड) आणि स्फियर (आवरण) या शब्दांपासून तयार झाला आहे. क्रायोस्फियरमध्ये अनेक प्रकारचे बर्फाळ प्रदेश येतात. त्यात हिमनद्या, हिमचादरी (अंटार्क्टिका व ग्रीनलँड), समुद्री बर्फ, हंगामी बर्फ व हिमवृष्टी, पर्माफ्रॉस्ट म्हणजे कायम स्वरूपी गोठलेली जमीन, बर्फाचे तुकडे म्हणजे आइसबर्ग हे सर्व घटक येतात. या सर्वांची पृथ्वीच्या हवामान यंत्रणेत महत्त्वाची भूमिका आहे.

पृथ्वीवर क्रायोस्फियर प्रामुख्याने दोन प्रकारच्या भागांत आढळतो - ध्रुवीय प्रदेश आणि उंच पर्वतरांगा.

ध्रुवीय प्रदेश : पृथ्वीवरील सर्वात मोठा बर्फसाठा अंटार्क्टिका येथे आहे. जगातील सुमारे ९० टक्के बर्फ या प्रदेशात आहे, आणि येथे प्रचंड प्रमाणात गोडे पाणी साठलेले आहे. तर, आर्क्टिक प्रदेशात म्हणजे उत्तर ध्रुवाभोवतीच्या प्रदेशात समुद्री बर्फ, हिमचादरी आणि पर्माफ्रॉस्ट आहे. तसेच, ग्रीनलँड, आइसलँड, कॅनडा, सायबेरिया अशा देशांतही मोठे बर्फाचे थर आहेत.

उंच पर्वतरांगा : हिमालय पर्वतरांग हे हिमनद्यांचे आशियातील सर्वात मोठे क्षेत्र आहे. येथे सुमारे पन्नास हजार हिमनद्या आहेत. त्यामुळे याला पृथ्वीचा 'तिसरा ध्रुव' म्हटले जाते. गंगा, सिंधू, ब्रह्मपुत्रा या महानद्यांचा उगम इथल्या हिमनद्यांतूनच होतो. युरोपमधील आल्प्स पर्वतरांग असलेल्या स्वित्झर्लंड, ऑस्ट्रिया, फ्रान्स या देशांमध्ये हिमनद्या आहेत.

दक्षिण अमेरिकेतली अँडीज पर्वतरांग आणि उत्तर अमेरिकेतील रॉकी पर्वतरांग येथेही क्रायोस्फियरचा भाग येतो. या पर्वतरांगांमधील हिमनद्या आणि हंगामी बर्फ स्थानिक तसेच खंडीय पाणीपुरवठ्यासाठी अत्यंत महत्त्वाचा आहे.

क्रायोस्फियर आणि हिमनद्यांचे पर्यावरणीय महत्त्व

क्रायोस्फियर म्हणजे केवळ बर्फाचे पांढरेशुभ्र डोंगर नसून ते पृथ्वीची जीवनवाहिनी आहे. क्रायोस्फियरचे आणि हिमनद्यांचे पर्यावरणासाठी काय महत्त्व आहे, ते पुढे पाहू.

- **गोड्या पाण्याचा साठा :** पृथ्वीला जलवायू चक्रातून मिळालेले सुमारे ७० ते ७५ टक्के गोडे पाणी क्रायोस्फियरमध्ये साठलेले आहे. उन्हाळ्यात जेव्हा पाऊस नसतो, तेव्हा हिमनद्या वितळून गंगा, ब्रह्मपुत्रा, सिंधू यांसारख्या मोठ्या नद्यांना पाणी पुरवतात. हिमालयीन हिमनद्यांपासून आशियातील सुमारे १.९ अब्ज लोकांना पिण्याचे आणि सिंचनाचे पाणी पुरविले जाते. सर्व हिमनद्या जर एकदम वितळल्या, तर समुद्राची पातळी सुमारे ७० मीटरने वाढेल असा अंदाज आहे. म्हणजे, समुद्राची पातळी राखण्यात हिमनद्यांचा हातभार आहे.
- **पृथ्वीचे तापमान नियंत्रण :** मागील प्रकरणात आपण अल्बेडो इफेक्ट समजून घेतला. क्रायोस्फियर पांढऱ्या रंगाचे असल्यामुळे त्यावर पडणारा सूर्यप्रकाश आणि उष्णता पुन्हा अवकाशात परावर्तित होते. हे परावर्तन पृथ्वीचे तापमान स्थिर ठेवण्यास मदत करते. जसजसे क्रायोस्फियर किंवा त्यातील हिमनद्या वितळतात, तसतसा सूर्यप्रकाश परावर्तित करायला पृष्ठभाग कमी होत जातो आणि तिथे जास्त उष्णता शोषून घेतली जाते, ज्यामुळे पृथ्वीचे तापमान आणखी वाढते. अशा प्रकारे क्रायोस्फियर पृथ्वीचे 'शीतकरण प्रणाली' म्हणून काम करते.
- **जलवायू चक्राचा भाग :** क्रायोस्फियर प्रदेश हा जलवायू चक्राचा महत्त्वाचा भाग आहे. हिवाळ्यात तिथे बर्फाच्या रूपात पाण्याचा साठा होतो आणि उन्हाळ्यात हळूहळू हा साठा वितळून समुद्र आणि नद्यांना पाणी पुरविले जाते. त्यामुळे पृथ्वीवर गोड्या पाण्याचे वितरण करण्यात क्रायोस्फियरचा मोठा हातभार लागतो.
- **पर्यावरणीय निर्देशक :** क्रायोस्फियर आणि विशेषतः हिमनद्यांची स्थिती ही हवामान बदलाचा एक संवेदनशील निर्देशक आहे. हिमनद्यांचे आकार, वेग आणि वितळण्याचे प्रमाण पाहून शास्त्रज्ञ हवामान बदलाचे परिणाम समजून घेऊ शकतात.
- **जैवविविधतेचे संरक्षक :** क्रायोस्फियर आणि भोवतालचा प्रदेश अनेक दुर्मीळ वनस्पती आणि प्राण्यांना आश्रय देतो. ध्रुवीय अस्वल, पेंग्विनच्या अनेक प्रजाती, सील यांसारखे प्राणी थेट किंवा अप्रत्यक्षपणे क्रायोस्फियरवर अवलंबून आहेत. हिमालयातील हिमनद्यांच्या प्रदेशात हिमबिबट्या, हिमालयीन ताहर, विविध प्रकारच्या औषधी वनस्पती आणि अनेक जीव आढळतात.

क्रायोस्फियर आणि हिमनद्यांचे अर्थव्यवस्थेत योगदान

- **शेती :** हिमालय, अँडीज आणि रॉकीज पर्वतरांगांत असलेल्या हिमनद्यांवर अवलंबून नद्या करोडो हेक्टर शेतीला पाणी पुरवतात. हिमनद्यांच्या साठ्यामुळे भारत, पाकिस्तान, चीन, बांगलादेश, म्यानमार, नेपाळ आणि भूतान या देशांतील लोकांना पिण्यासाठी आणि शेतीसाठी वर्षभर पिण्याचे आणि सिंचनासाठी पाणी मिळते. इथल्या कोट्यवधी शेतकऱ्यांची उपजीविका या पाण्यावर अवलंबून आहे.

- **जलविद्युत निर्मिती :** हिमनद्यांमधून येणाऱ्या पाण्याचा वेग प्रचंड असतो, ज्याचा उपयोग वीजनिर्मितीसाठी केला जातो. भारत, चीन, नेपाळ, भूतान या देशांमध्ये हिमालयीन नद्यांवर मोठ्या प्रमाणात जलविद्युत उत्पादन केले जाते. याला हरितऊर्जा म्हणतात, करण या प्रक्रियेतून हरितगृह वायूंचे उत्सर्जन होत नाही.
- **पर्यटन :** स्वित्झर्लंड, काश्मीर किंवा न्यूझीलंडमधील पर्यटन, अर्थव्यवस्था हिमनद्यांच्या सौंदर्यावर आणि स्कीइंग, ट्रेकिंगवर अवलंबून आहे.

हवामान बदलाचे क्रायोस्फियरवरील परिणाम

क्रायोस्फियरचे अस्तित्व हे पर्जन्य, तापमान आणि पृष्ठभागावरील पाणीप्रवाह यांच्यातील गुंतागुंतीचे संबंध दर्शविते. आज जागतिक तापमानवाढीमुळे क्रायोस्फियरच्या वितळण्याच्या वेगात अभूतपूर्व वाढ झाली आहे. जगभरातील हिमनद्यांच्याबाबतीत हे स्पष्ट दिसून येते. सोळाव्या शतकात पृथ्वीच्या काही भागावर स्थानिक लघु हिमयुग होते. त्या कालावधीपासून ते आजपर्यंत हिमालयातील हिमनद्यांचे क्षेत्र ४० टक्क्यांनी घटले आहे. परिणामी हिमनद्यांचा पाणीसाठा आणि आकारमान बदलते आहे. आज जागतिक तापमानवाढ ही क्रायोस्फियरची सर्वात मोठे शत्रू ठरली आहे. हरितगृह वायूंचे प्रमाण वाढल्यामुळे पृथ्वीचे सरासरी तापमान वाढत आहे, आणि याचा मोठा परिणाम क्रायोस्फियरवर होतो आहे.

- **हिमनद्यांचे आकुंचन :** जागतिक तापमान वाढल्याने हिमनद्यांचा वितळण्याचा वेग आणि प्रमाण वाढले आहे. हिमालयीन हिमनद्या विसाव्या शतकापेक्षा आता दुप्पट वेगाने वितळत असल्याची भीती व्यक्त केली जाते. २००० ते २०१६ या काळात हिमालयातील हिमनद्यांचा सुमारे आठ अब्ज टन बर्फ कमी झाला. गोमुख हे गंगोत्री हिमनदीचे तोंड. उष्णतेमुळे हे झपाट्याने घटत असल्याचे दिसून येते. २००५मध्ये वर्षाला सुमारे नऊ मीटर घटलेले असलेले गोमुख २०१६मध्ये वर्षाला २५ मीटर मागे जात होते. कोलंबिया आणि अलास्कातील काही हिमनद्या २०० मीटरहून जास्त घटल्या आहेत. अंटार्क्टिकामधील बर्फाचा थर दरवर्षी सुमारे १५० अब्ज टन बर्फ गमावत आहे. ग्रीनलँडमधील बर्फाचा थर १९९०च्या तुलनेत सातपट जास्त वेगाने वितळत आहे. याचा परिणाम म्हणजे हिमनद्यांचा आकार लहान होत चालला आहे. १८५०पासून आल्प्स पर्वतरांगेतील हिमनद्यांचे क्षेत्रफळ निम्म्याहून अधिक कमी झाले आहे. अफ्रिकेतील माउंट किलिमंजारोवरील बर्फ १९१२पासून ८५ टक्के कमी झाला आहे. एकीकडे बर्फ वितळण्याचे प्रमाण वाढले आहे, तर दुसरीकडे हिमवृष्टी घटत चालली आहे. वितळणाऱ्या बर्फामुळे नद्यांमध्ये अधिक पाणी उपलब्ध होते; पण हिमवृष्टी कमी झाल्यामुळे दीर्घकालीन पाणीटंचाई निर्माण होण्याची शक्यता वाढते.
- **समुद्राच्या पाणी पातळीत वाढ :** जेव्हा अंटार्क्टिका आणि ग्रीनलँडमधील बर्फ वितळून समुद्रात येतो, तेव्हा समुद्राची पातळी वाढते. त्यामुळे अनेक मोठ्या शहरांचा काही भाग पाण्याखाली जाण्याचा धोका असल्याची भीती शास्त्रज्ञ व्यक्त करतात. मुंबई, न्यूयॉर्क, माले यांसारखी किनारपट्टीवरील शहरे पाण्याखाली जाण्याचा धोका निर्माण झाला आहे. समुद्रपातळी काही फुटांनी जरी वाढली, तरी कोकण किनारपट्टीवर मोठा परिणाम होईल. जमीन पाण्याखाली जाऊन शेतीचे क्षेत्र कमी होणे, वादळी लाटा आणि चक्रीवादळांमुळे मालमत्तेचे नुकसान आणि जीवितहानी हे तर होईलच, शिवाय अर्थव्यवस्थेवरही मोठे आघात होतील, अशी भीती आहे. भूजल आणि नद्यांमध्ये खाऱ्या पाण्याचा शिरकाव झाला, तर पिण्याच्या पाण्याच्या स्रोतांवर परिणाम होईल.

  'ग्लॉफ'वर आपण 'हिमायल' या प्रकरणात चर्चा केली आहे. हिमानदी वितळल्यामुळे तिच्यासमोर पाण्याचे मोठे तलाव तयार होतात. जेव्हा हे तलाव फुटतात, तेव्हा अचानक महापूर येतो. २०१३ची केदारनाथ दुर्घटना आणि २०२१ची चमोली दुर्घटना ही याचीच काही उदाहरणे आहेत.

- **ऋतुचक्रात बदल :** क्रायोस्फियर लवकर वितळू लागल्यामुळे वसंत ऋतू लवकर सुरू होत असल्याचे नोंदविले जात आहे. त्यामुळे पावसाळ्याचे स्वरूप बदलत आहे, असे काही शास्त्रज्ञांचे म्हणणे आहे. पण ही गोष्ट खात्रीने सांगता येत नाही, कारण हवामानात बदल होण्याचा अभ्यास करण्यासाठी मोठा कालावधी लागतो. पण आज असे दिसते, की ऋतुचक्रात बदल झाल्यामुळे शेतीचे चक्रही बिघडत आहे आणि पिकांची उत्पादकताही कमी होत आहे.
- **नैसर्गिक आपत्तींच्या प्रमाणात वाढ :** क्रायोस्फियरच्या वितळण्यामुळे नैसर्गिक आपत्ती घडण्याची शक्यता वाढली आहे. अतिवृष्टी, चक्रीवादळे, अतिउष्णता अशा घटनांमुळे बर्फ अस्थिर होतो आणि हिमस्खलनाचे प्रमाण वाढत असल्याचे जाणवते. बर्फ वितळल्यामुळे पर्वतांची स्थिरता कमी होते आणि भूस्खलनाची शक्यता वाढते. याची प्रचिती गेल्या काही वर्षांत हिमालयात सातत्याने येत आहे. बर्फ वितळण्याचा वेग वाढला की पुराचा धोका वाढतो. पुढे नदीत धरण असेल, तर हा प्रवाह अधिक धोकादायक ठरतो. तीस्ता नदीच्या खोऱ्यात ३१३ हिमनद्या आहेत. २०२३मध्ये 'ग्लेशियल लेक आउटबर्स्ट' घटना घडली. म्हणजे नदीच्या वरच्या भागावरच्या हिमनद्या झपाट्याने वितळत असतानाच अतिवृष्टी झाली. या पुराचा जोर इतका होता, की चुंगथांगचे तीस्ता स्टेज थ्री जलविद्युत प्रकल्पाचे ६० मीटर उंच काँक्रिट धरण फोडून पॉवर हाऊस पाण्यात बुडाले. यात ४२ लोकांचा मृत्यू झाला आणि यंत्रणा वाहून गेली.
- **तापमानवाढीचे दुष्टचक्र :** बर्फ वितळला की झाकलेला दगड किंवा माती उघडी पडते. बर्फाच्या तुलनेत दगडांचा रंग गडद असतो. या गडद पृष्ठभागावरून परावर्तित होणारा सूर्यप्रकाश बर्फाच्या तुलनेत कमी असतो, त्यामुळे परिसरातील जमिनीचे तापमान वाढते आणि बर्फ वितळण्याचे प्रमाणही वाढते. क्रायोस्फियर आणि त्यांनी झाकलेल्या मातीत हरितगृह वायूंचा साठा असतो. बर्फ वितळला की हे वायू वातावरणात उत्सर्जित होतात. रशिया खंडातील सायबेरियाचा सुमारे ६५ टक्के भूभाग बर्फाच्छादित आहे. इथल्या पर्माफ्रॉस्टच्या वितळण्यामुळे प्रचंड प्रमाणात मिथेन उत्सर्जित होत आहे. हा अतिधोक्याचा 'मिथेन टाइमबॉम्ब' असल्याचे हवामान शास्त्रज्ञ सांगत आहेत.

क्रायोस्फियर ही पृथ्वीची थंड ढाल आहे, असे म्हटले तर वावगे नाही. हिमनद्या, बर्फ आणि गोठलेली जमीन ही केवळ दूरच्या प्रदेशांची वैशिष्ट्ये नसून, ती आपल्या दैनंदिन जीवनाशी जोडलेली आहेत. हवामान बदलामुळे क्रायोस्फियर झपाट्याने बदलत आहे आणि त्याचे परिणाम पाणी, अन्न, अर्थव्यवस्था व सुरक्षिततेवर स्पष्टपणे दिसत आहेत. म्हणूनच क्रायोस्फियरचे संरक्षण म्हणजे पृथ्वीच्या भविष्यासाठी केलेली जबाबदारीची कृती आहे. आज जरी स्पष्ट दिसत नसले, तरी हिमनद्यांमधील बदलांचे पडसाद निसर्गात आणि मानवी जीवनावर उमटणार हे निश्चित. हिमनद्या काही निर्जंतुक पडीक जमिनी नाहीत. या नैसर्गिक परिसंस्थेचे सजीवसृष्टीत आणि मानवी अर्थकार्यात मोठे योगदान आहे. त्यांचे संवर्धन करणे हे आपल्या दृष्टीने अनिवार्य आहे.

प्रकरण २१

गवताळ प्रदेश

पृथ्वीवरील एक अत्यंत महत्त्वाची, पण दुर्लक्षित असलेली परिसंस्था म्हणजे गवताळ प्रदेश किंव कुरणे. हवामान बदलाच्या काळात या प्रदेशांचे महत्त्व अधिकच वाढले आहे. कुरण ही एक अशी परिसंस्था आहे, जिथे गवतांचे वर्चस्व असते. येथे थोडीफार झाडे-झुडपे असतात, पण प्रामुख्याने गवतच दिसते. गवताळ प्रदेश जैवविविधता जोपासतात, हवामान नियंत्रणात हातभार लावतात, जलव्यवस्थापनात ते महत्त्वाचे असतात आणि पशुपालनात कार्यरत असलेल्या अनेक समुदायांच्या आर्थिक उत्पन्नाचे स्रोत असतात. ज्या परिस्थितीत झाडे उंच वाढणे अवघड असते, मातीत आर्द्रता कमी असते आणि तापमान किंवा पर्यावरणीय घटक प्रतिकूल असतात, तिथे फक्त गवतच तग धरतात.

कुरणे जगात कुठे आहेत?

अंटार्क्टिका वगळता पृथ्वीवरील प्रत्येक खंडात गवताळ प्रदेश आहेत. नैसर्गिक गवताळ प्रदेशाचे जगभरात क्षेत्रफळ सुमारे ४५ दशलक्ष चौरस किलोमीटर असल्याचा अंदाज आहे. म्हणजे पृथ्वीच्या एकूण जमिनीच्या सुमारे २०ते ४० टक्के भाग गवताळ प्रदेशांनी व्यापलेला आहे. हे प्रदेश दोन मुख्य गटांत विभागले जातात. पहिला प्रकार म्हणजे, उष्णकटिबंधीय गवताळ प्रदेश. हे विषुववृत्ताच्या जवळ

सापडतात. आफ्रिकेतील 'सॅव्हाना' हा उष्णकटिबंधीय गवताळ प्रदेश आहे. दुसरा प्रकार म्हणजे समशीतोष्ण गवताळ प्रदेश. हे मध्यम तापमानाच्या भागात असतात. उत्तर अमेरिकेतील प्रेअरीज, रशिया आणि युरोपमधील स्टेप्स, दक्षिण अमेरिकेत असलेले पंपास आणि दक्षिण आफ्रिकेतील वेल्ड्स हे सर्व समशीतोष्ण गवताळ प्रदेश आहेत.

भारतातही अनेक गवताळ प्रदेश आहेत. त्यापैकी काही मुख्य गवताळ प्रदेश -

- **बन्नी गवताळ प्रदेश :** हा गुजरातमधील कच्छ जिल्ह्यातील २,३०० चौरस किलोमीटरचा निमओसाड गवताळ प्रदेश आहे. आशियातील सर्वात मोठ्या गवताळ प्रदेशांपैकी एक बन्नी आहे. मालधारी जमात पशुपालनासाठी पूर्णपणे यावर अवलंबून आहे. येथे काळ्या मातीचे उंचवटे आणि क्षारयुक्त पाण्याचे तलाव आहेत, जे हिवाळ्यात पक्ष्यांसाठी आश्रय ठरतात.
- **शोला गवताळ प्रदेश :** हे पश्चिम घाटातील तमिळनाडू आणि केरळच्या मध्यम उंचीवरील गवताळ प्रदेश आहेत. शोला जंगलांच्या मधे हे सापडतात. येथे दाट गवत, झाडे-झुडपे आणि कंद वनस्पती आहेत. नीलगिरी ताहर, काही विशिष्ट पक्षी आणि दुर्मीळ प्राणी येथे राहतात. गवताळ प्रदेश पाण्याचे स्रोत आहेत आणि मॉन्सून पावसाचे नियंत्रक आहेत. हा प्रदेश अतिशय संवेदनशील आहे.
- **हिमालयीन कुरणे :** बुग्याल हे उत्तराखंडातील हिमालयाच्या भागातील नैसर्गिक आल्पाइन प्रकारचे गवताळ प्रदेश आहेत. सुमारे तीन हजार मीटर उंचीवर आढळणाऱ्या या गवताळ प्रदेशांत थंड हवामान आणि बर्फ आच्छादनामुळे झाडे वाढत नाहीत. येथे गवताबरोबर जंगली फुले आणि अनेक औषधी वनस्पती आहेत. अतिशय सुंदर अशा हिमालयीन मोनाल पक्ष्यांचा हा अधिवास आहे. पर्यटन आणि पारंपरिक चराईसाठी या प्रदेशाचा वापर केला जातो. स्थानिक लोक उन्हाळ्यात आपली गुरे चारण्यासाठी येथे नेतात.
- **दख्खनचे पठार :** दख्खन पठारावर महाराष्ट्र, आंध्र आणि कर्नाटकात हे शुष्क गवताळ प्रदेश काळ्या कापूस मातीच्या क्षेत्रात सापडतात. मराठवाडा आणि विदर्भाचा काही भाग असा आहे. काळवीट, वळू आणि धाविक पक्षी येथे आहेत. माळढोक अर्थात ग्रेट इंडियन बस्टार्ड या पक्ष्याचा हा अधिवास आहे. याचा वापर चराईक्षेत्र म्हणूनही केला जातो.

गवताळ प्रदेशांचे पर्यावरणीय महत्त्व

गवताळ प्रदेशांना पृथ्वीचे 'फुप्फुस' मानले जाते. याचे कारण म्हणजे गवताची वाढ होत असताना अतिशय वेगाने कार्बन शोषण होते. पृथ्वीवरील एकूण कार्बन साठ्याच्या सुमारे एक तृतीयांश साठा गवताळ प्रदेशात असल्याचा अंदाज शास्त्रज्ञ देतात. जंगलांत कार्बन प्रामुख्याने लाकडात आणि पानांत असतो. मात्र, गवताळ प्रदेशात ९० टक्के कार्बन जमिनीच्या खाली, मुळांमध्ये साठवला जातो. जंगलात आग लागली, तर तेथील कार्बन हवेत मिसळतो, पण गवताळ प्रदेशातील कार्बन जमिनीत सुरक्षित राहतो. गवताळ प्रदेशांत दर हेक्टर सुमारे १४५ टन कार्बन साठवला जातो. हा आकडा साधारण उष्णकटिबंधीय वनाच्या जवळ आहे.

- **जैवविविधता :** गवताळ प्रदेश झाडांच्या जंगलांइतकेच महत्त्वाचे आहेत. येथे अनेक वनस्पती, प्राणी, पक्षी आणि सूक्ष्मजीव एकत्र राहतात. मध्यम पावसामुळे गवतांचे वर्चस्व असलेल्या या प्रदेशांत तृणभक्षी प्राणी, शिकारी आणि परागीभवन करणारे कीटक यांचे अन्नजाळे असते. बन्नी, बुग्याल, शोला आणि दख्खन पठार हे प्रदेश जैवविविधतेचे उत्तम नमुने आहेत. गवताळ प्रदेशांत शंभरहून जास्त गवताच्या जाती आढळतात. इथल्या विशिष्ट वनस्पती माती बांधून ठेवतात, कार्बन शोषतात आणि पाणी साठवतात.

तृणभक्षक प्राणी येथील जैवविविधतेचा पाया आहेत. बन्नीमध्ये चिंकारा, रणफडक्या, तर दख्खनमध्ये काळवीट आणि चिंकारा आढळतात. शोलामध्ये नीलगिरी ताहर, दुर्मीळ माकडे; बुग्यालमध्ये याक, हिमालयीन मोनाल पक्षी राहतात. तरस, लांडगा, कोल्हा, चित्ता (आफ्रिका) असे अनेक प्रकारचे शिकारी प्राणीसुद्धा येथे सापडतात. कीटक, मुंग्या आणि सूक्ष्मजीव हे सजीव तर इथल्या अन्नसाखळीचा पाया आहेत.

- **जलचक्र :** गवताळ भागात मुळांचे दाट जाळे असते, त्यामुळे पावसाच्या पाण्याचा वाहण्याचा वेग कमी होतो आणि ते पाणी जमिनीत मुरण्यास मदत होते. यामुळे अशा भागात भूजल पुनर्भरणा होत असतो. गवताळ कुरणांत पृष्ठभागावरील पाण्याचे शोषण आणि प्रवाह नियंत्रित करण्याची क्षमता असते. दख्खन पठारावर गवतांनी अनेक ठिकाणी पाण्याचे स्रोत सुरक्षित ठेवले आहेत. तसेच बुग्यालसारखे दमट गवताळ प्रदेशात बाष्पीभवनावर नियंत्रिण राहते, ज्याचा परिणाम मॉन्सूनवर होऊ शकतो.

जागतिक पर्यावरणीय समतोल राखण्यात, जैवविविधता जोपासण्यात आणि मानवी समूहांना आवश्यक संसाधने पुरविण्यात गवताळ प्रदेशांची महत्त्वाची भूमिका आहे. सजीवसृष्टी पोसण्यासाठी आवश्यक अशा अनेक पर्यावरणीय सेवा गवताळ प्रदेशांतून मिळतात. गवतांचे जीवनचक्र कमी असल्यामुळे त्यांच्या विघटनातून मातीला सतत पोषणद्रव्ये मिळत असतात.

अर्थव्यवस्थेत योगदान

हवामान नियमन, जैवविविधता जोपासणे, मृदा संवर्धन, यात गवताळ प्रदेश मोठी भूमिका बजावतात, पण मानवी अर्थव्यवस्थेतसुद्धा त्यांचे योगदान आहे. गवताळ प्रदेशांवर जगातील कोट्यवधी लोकांचे जीवन अवलंबून आहे.

- **पशुपालन :** पशुपालन करणारे जगभरातील अनेक समुदाय फक्त कुरणांवर अवलंबून आहेत. दूध आणि मांस उत्पादन हे चाऱ्यावर अवलंबून असते, त्यामुळे पारंपरिक पद्धतीने दूध आणि मांस उत्पादन करणाऱ्या समुदायांची उपजीविका कुरणांवर अवलंबून आहे. भारताव्यतिरिक्त मध्य आफ्रिकेतील मसाई, मंगोलियातील नोमॅड्स आणि अमेरिकी काउबॉय हे पारंपरिक पशुपालक आहेत, आणि ते गवताळ प्रदेशांवर अवलंबून आहेत.
- **शेती :** जगातील काही ठिकाणच्या सर्वात सुपीक जमिनी, उदाहरणार्थ अमेरिकेतील प्रेअरी हा गवताळ प्रदेश आहे. हे क्षेत्र अमेरिकेतील सुमारे १० लाख चौरस मैल सपाट गवताळ भूमी आहे. कॅन्सस, नेब्रास्का, ओक्लाहोमा, डकोटा राज्ये या प्रदेशात येतात. येथे ५०० ते एक हजार मिलीमीटर पावसावर गहू, मका, सोयाबीनसारखी धान्ये पिकवली जातात.
- **पर्यटन :** आफ्रिकेतील सफारी पर्यटन दरवर्षी अब्जावधी डॉलर्सची कमाई करून देते. येथील जैवविविधता आणि प्राणी पाहायला जगभरातून पर्यटक येतात आणि आफ्रिकी देशांना त्यातून प्रचंड उत्पन्न मिळते. आफ्रिकेच्या पूर्व भागातील सेरेंगेटी (टांझानिया), मसाई मारा (केनिया) आणि क्रूगर नॅशनल पार्क (दक्षिण आफ्रिका) ही सॅव्हाना गवताळ प्रदेशातील ठिकाणे वन्यजीव सफारीसाठी प्रसिद्ध आहेत. येथे 'ग्रेट मायग्रेशन', म्हणजे २० लाखांहून अधिक जेब्रा, गझेल आणि वील्डबीस्ट्सचे वार्षिक स्थलांतर पाहायला जगभरातून पर्यटक आकर्षित होतात. सिंह, चित्ता, हत्ती, गेंडा, जिराफ, पाणगेंडा असे प्राणी पाहण्यासाठी लाखो पर्यटक येतात. २०२५मध्ये सॅव्हाना पर्यटनाने ४० अब्ज डॉलर उत्पन्न दिले, तसेच अडीच कोटी स्थानिक लोकांना नोकऱ्या मिळाल्या.

अर्जेंटिना आणि उरुग्वेमधील पंपास हा सात लाख चौरस किलोमीटरचा सुपीक गवताळ प्रदेश आहे. येथे गहू, सोयाबीन शेतीबरोबर पशुपालन केले जाते. दरवर्षी सुमारे ५ लाख पर्यटक या प्रदेशाला भेट देतात, आणि स्थानिक अर्थव्यवस्थेला एक अब्ज डॉलरचे उत्पन्न मिळते.

हवामान बदलाचा परिणाम

हवामान बदलामुळे गवताळ प्रदेशांसमोर मोठे संकट उभे राहिले आहे. जागतिक आणि स्थानिक पातळीवर वाढणाऱ्या तापमानामुळे काही क्षेत्रात वाळवंटीकरण वाढत आहे. उष्णता आणि पावसाच्या अनियमिततेमुळे गवताळ प्रदेशांचे रूपांतर वाळवंटात होत आहे. गवताळ प्रदेशांमध्ये ५००-१५०० मिलीमीटर पाऊस असतो, पण आता दुष्काळाचा कालावधी वाढला आहे. त्यामुळे माती कोरडी होते, गवत मरून जाते आणि झाडांची वाढ थांबते. सॅव्हाना, अमेरिकी प्रेअरी आणि मध्य आशियाई स्टेपमध्ये मातीची धूप वाढल्याची नोंद झाली आहे. अशा प्रकारे आफ्रिकेतील सॅव्हानाचा सुमारे २० टक्के क्षेत्राचा आजपर्यंत ऱ्हास झालेल्या असल्यामुळे तिथल्या मसाई समुदायांना स्थलांतर करावे लागत आहे. भारतातील राजस्थानातील कुरणे आणि महाराष्ट्राच्या दख्खन पठारावर चारा टंचाईमुळे अनेक पशू मृत्युमुखी पडल्याची बातमी अलीकडेच आली होती.

- **नव्या प्रजातींचे आक्रमण :** उष्णतेत वाढ होणे ही गोष्ट काही विशिष्टच गवताच्या प्रजातींना अनुकूल ठरते, त्यामुळे कालांतराने गवताळ प्रदेशातील प्रजातींची रचना बदलत चालली आहे. काही ठिकाणी स्थानिक गवत नष्ट होऊन तिथे गाजरगवत किंवा *प्रोसोपिस ज्युलिफ्लोरा*सारख्या अनेक उपद्रवी प्रजातींची वाढ झपाट्याने होत आहे. यामुळे स्थानिक वन्यजीवांना चारा मिळेनासा होतो आणि तिथली जैवविविधता बदलत जाते. काही ठिकाणी जास्त पावसामुळे गवताच्या वाढीचा कालावधी वाढला आहे, तर उष्णता वाढल्याने काही भागांची उत्पादकता कमी झाली आहे.
- **वणवे :** अतिउष्णतेमुळे गवताळ प्रदेशात वणवा लागण्याचे प्रमाण वाढले असल्याची नोंद होत आहे. येथे कोरडे गवत, मातीतील शुष्कपणा, उष्णता आणि वारा यामुळे वणव्यांना वातावरण पोषक असते. आफ्रिकी सॅव्हाना, अमेरिकी प्रेअरी आणि ऑस्ट्रेलियन आउटबॅकमध्ये दरवर्षी पाच लाख चौरस किलोमीटर कुरणे जळतात. त्याचबरोबर शेती सफाई आणि चराईसाठी आग लावली जाते, ती गवताळ प्रदेशात वेगाने पसरते. यामुळे जमिनीत साठलेला कार्बन पुन्हा हवेत सोडला जातो आणि कार्बन शोषण होण्याऐवजी उत्सर्जन होते. तिथले अधिवास नष्ट होत आहेत आणि कीटकांची विविधता कमी होत चालली आहे. अन्नसाखळी कोलमडली, की गवताळ परिसंस्थेचा ऱ्हास होतो.

हवामान बदलाचा परिणाम जैवविविधता आणि पर्यावरणीय सेवांवर तर होईलच, पण अर्थव्यवस्थेवरही याचे पडसाद उमटतील. हे स्पष्ट असले तरी शाश्वत विकास कार्यक्रमांमध्ये गवताळ प्रदेशांकडे मोठ्या प्रमाणात दुर्लक्ष केले जाते.

'फूड अँड ॲग्रीकल्चर ऑर्गनायझेशन'च्या अंदाजानुसार दहा कोटींहून जास्त लोकसंख्या गवताळ प्रदेशांवर अवलंबून आहे. हे प्रदेश निकृष्ट होत गेले, की 'फीडबॅक लूप'मुळे हवामान बदलाचा वेग तर वाढेलच, शिवाय मानवी अर्थव्यवस्थेवरही याचा परिणाम होईल. जगभरात वृक्षारोपणाचे कार्यक्रम होत असतात, पण केरळमध्ये गवताळ प्रदेशाच्या संवर्धनाचे एक उदाहरण आहे. येथे आक्रमक परदेशी झाडांच्या प्रजाती जंगलातील आगीत जळून खाक झाल्यावर स्थानिक लोकांनी वनविभागासह गवताळ प्रदेश पुनरुजीवित करण्याचे प्रयत्न यशस्वीपणे केले आहेत. या मौल्यवान परिसंस्थांना वाचविण्यासाठी यांची भूमिका समजून घेऊन त्यांचे संवर्धन करणे हा एकमेव मार्ग आपल्यासमोर आहे.

प्रकरण २२

बोरियल जंगले

पृथ्वीच्या उत्तर भागात आर्क्टिक प्रदेश आहे. या वृक्षविरहित क्षेत्राच्या दक्षिणेला बोरियल जंगले आढळतात. या बोरियल जंगलांना रशियामध्ये 'तैगा' म्हटले जाते. निसर्गाचा हा हिरवा पट्टा म्हणजे पृथ्वीच्या उत्तर भागातील विस्तीर्ण आणि महत्त्वाची परिसंस्था आहे. 'बोरियल' हा शब्द 'बोरियास' या ग्रीक देवतेच्या नावावरून आला. याचा अर्थ उत्तरेचा वारा. हा पृथ्वीवरील सर्वात मोठा अखंड 'बायोम' (जीवसंहती) आहे. एकूण जंगलाच्या २७ टक्के भूभाग बोरियल जंगलांनी व्यापला आहे. सायबेरियन तैगा हे पश्चिमेकडून पूर्वेकडे सुमारे ५,७०० किलोमीटर आणि उत्तरेकडून दक्षिणेकडे सुमारे एक हजार किलोमीटर पसरलेले जगातील सर्वात मोठे जंगल आहे. या दुर्गम प्रदेशात वृक्षतोड, उत्खनन किंवा पर्यटन सोपे नसल्यामुळे सुदैवाने आज येथे विपुल वनश्री उभी आहे.

बोरियल जंगले कुठे आढळतात?

बोरियल जंगले पृथ्वीच्या उत्तर गोलार्धातील उच्च अक्षांशावर आढळतात. साधारणपणे ५०° उत्तर ते ७०° उत्तर अक्षांशाच्या दरम्यान हा प्रदेश येतो. आर्क्टिक टुंड्रा प्रदेशाच्या दक्षिणेला आणि समशीतोष्ण पानझडी जंगलांच्या उत्तरेला या जंगलांचा एका विशाल पट्टा पसरलेला आहे.

जगातील सर्वात मोठे बोरियल वन क्षेत्र रशियातील सायबेरिया भागात आहे. कॅनडाचा अर्ध्याहून अधिक भूभाग या जंगलांनी व्यापलेला आहे. अमेरिकेतील अलास्का या राज्यात ही जंगले मोठ्या प्रमाणात आहेत. नॉर्वे, स्वीडन आणि फिनलंड या स्कँडेनेव्हियन देशांचा मोठा भाग बोरियाल जंगलांनी व्यापला आहे. याव्यतिरिक्त आइसलँड आणि स्कॉटलंडचे काही भाग आणि चीनच्या उत्तरेकडील भागात ही जंगले आढळतात.

बोरियल जंगलांची वैशिष्ट्ये

बोरियल प्रदेशातील हवामान अत्यंत कठोर असते. येथे साधारण सहा ते आठ महिने हिवाळा असतो. त्यात तापमान उणे ५०° सेल्सियसपर्यंत खाली जाऊ शकते. उन्हाळ्याचा कालावधी अतिशय कमी असतो. अशा परिस्थितीत तग धरण्यासाठी इथल्या वनस्पती आणि प्राण्यांनी स्वतःमध्ये विशेष बदल घडवून आणले आहेत. येथे प्रामुख्याने सूचीपर्णी वृक्ष आढळतात. त्यांची पाने सुईसारखी टोकदार आणि मेणासारख्या थराने झाकलेली असतात, त्यामुळे पानांतून बाष्पीभवन कमी होते आणि बर्फ पानांवर साचून न राहता खाली घसरून पडतो. येथील प्रमुख वृक्ष म्हणजे पाइन, स्प्रूस, लार्च, फर आणि क्वचितच मधून बर्च, एस्पेन आणि पॉप्लरसारखी रुंद पानांची झाडेही असतात. या जंगलांचा एक महत्त्वाचा घटक म्हणजे ब्लूबेरी, हाय-बुश क्रॅनबेरी, क्रॉबेरी, क्लाऊडबेरी यांसारख्या विविध प्रकारच्या बेरींची (बोराच्या आकाराची फळे) झुडपे. येथे मॉस कॅम्पियनसारख्या वनस्पती जमिनीवर उशीसारख्या वाढतात. यामुळे मातीला ऊब मिळते आणि गार बोचरा वारा आत पोहोचत नाही.

येथे राहणाऱ्या प्राण्यांची कातडी जाड आणि केसाळ असते. सायबेरियन वाघ, तपकिरी आणि काळे अस्वल, वूडलँड कॅरिबू, लांडगे, एल्क, रेनडिअर आणि लिंक्स अशा प्राण्यांचा येथे अधिवास आहे. इथल्या झाडांची खोडे दगडफुलांनी (लायकेन - म्हणजे अलगी आणि बुरशी यांचा समूह) भरलेली असतात. हे वूडलँड कॅरिबूंचे आवडते खाद्य आहे. रेनडिअर कुळातील या सस्तन प्राण्याचे येथे कळप असतात.

येथील झुडपांवर येणाऱ्या बेरींवर ताव मारण्यासाठी पक्षी, प्राणी आणि माणसेही येतात. लाखो स्थलांतरित पक्षी उन्हाळ्यात प्रजननासाठी या जंगलांत येतात. बोरियल प्रदेशात ताज्या पाण्याचे तलाव आणि नद्या असतात, ज्यात सॅलमनसारखे मासे आढळतात.

पर्यावरणातील योगदान

ॲमेझॉनच्या पावसाळी जंगलांना आपण 'पृथ्वीचे फुप्फुस' म्हणतो, पण बोरियल जंगलेसुद्धा त्यापेक्षा काही कमी नाहीत. त्यांचे पृथ्वीवर महत्त्वाचे योगदान आहे. त्यापैकी काही येथे पाहू या:

- **कार्बन शोषण :** येथे झाडांची दाटी असल्यामुळे दिवसा प्रकाशसंश्लेषण सुरू असते आणि त्यात वातावरणातील कार्बन डायऑक्साइड शोषून घेतला जातो. या जंगलांचे एक वैशिष्ट्य म्हणजे, झाडांपेक्षा जास्त कार्बन येथील जमिनीत आणि दलदलीच्या प्रदेशात साठवलेला असतो. ही जंगले अब्जावधी टन कार्बन साठवून पृथ्वीला गरम होण्यापासून वाचवतात. परंतु, येथील झाडांपेक्षा जास्त कार्बन शोषून घेण्याची क्षमता पीटलँडमध्ये असते (चौकट पाहा).
- **पाणी शुद्धीकरण आणि व्यवस्थापन :** ही जंगले जगातील गोड्या पाण्याचा साठा नियंत्रित करतात. येथील नद्या आणि तलाव जगाला शुद्ध पाणी पुरवतात. पीटलँड तर स्पंजसारखे काम करतात. ते पावसाचे आणि वितळलेल्या बर्फाचे पाणी शोषून घेतात. यामुळे पूर नियंत्रण होते आणि उन्हाळ्यात नद्यांना पाणी मिळते.

- **जैवविविधता :** अनेक दुर्मीळ पक्षी, कीटक आणि औषधी वनस्पतींसाठी हे हक्काचे घर आहे. येथे त्यांना खाद्य आणि अधिवास मिळतो. त्यांचे अस्तित्व पृथ्वीच्या अन्नजाळ्यात महत्त्वाचे आहे. बोरियल वने त्यांच्या संवर्धनासाठी एक प्रकारची 'जीन बँक'आहे.

कॅनडा आणि रशियामधील आदिवासी जमाती हजारो वर्षांपासून या जंगलांवर अवलंबून आहेत. येथील बेरी आणि मशरूम अतिशय पौष्टिक असतात; आणि स्थानिक लोकांचा हा पोषणाचा स्रोत आहे. अनेक वनौषधींचा उपयोग पारंपरिक उपचारांसाठी केला जातो. या जंगलातून मिळणाऱ्या लाकडाचा वापर घरे बांधण्यासाठी आणि थंडीपासून वाचण्यासाठी जळण म्हणून केला जातो. त्याचबरोबर जगातील मोठे कागद आणि फर्निचर उत्पादक मऊ लाकूड याच जंगलांतून घेतात.

सध्याचे धोके

हवामान बदलामुळे जेव्हा दलदल कोरडी पडते किंवा वणवा लागतो, तेव्हा हजारो वर्षांपासून साठलेला कार्बन डायऑक्साइड आणि मिथेन वातावरणात मुक्त होतो. हे जागतिक तापमानवाढीसाठी अत्यंत घातक ठरते.

- **बर्फ वितळण्याच्या प्रमाणात वाढ :** बोरियल प्रदेशांना जोडून असलेल्या जमिनीवर पर्माफ्रॉस्ट, म्हणजे सदैव गोठलेला बर्फ असतो. तापमान वाढल्याने हा थर वेगाने वितळत आहे. आधीच्या प्रकरणात पाहिल्याप्रमाणे बर्फाचा अ‍ॅल्बेडो इफेक्ट मातीपेक्षा खूप जास्त असतो. बर्फ वितळू लागला, की त्याच्या खालची जमीन सूर्यप्रकाश परावर्तित करण्यात कमी पडते आणि परिसरातले तापमान वाढत जाते; याला पॉझिटिव्ह फीडबॅक असे म्हणतात. म्हणजे अधिक उत्सर्जन झाल्यामुळे तापमान वाढते, आणि तापमान वाढल्यामुळे पर्माफ्रॉस्ट वितळतो आणि अधिक उत्सर्जन होते.
- **स्थलांतर :** कोट्यवधी वर्षांच्या उत्क्रांतीमधून येथील वन्य जीव आणि वनस्पतींनी या भागातील अतिथंड वातावरणाशी अनुकूलन केले आहे.

पीटलँड्स :

बोरियल जंगलांतील एक महत्त्वाची परिसंस्था म्हणजे पीटलँड. बोरियल जंगलांच्या पर्यावरणातील योगदानाचा हा सर्वात महत्त्वाचा घटक आहे.

पीटलँड हा दलदलीचा प्रदेश असतो. येथे अर्धवट कुजलेल्या वनस्पतींचे थर हजारो वर्षांपासून साठत राहतात. थंड हवामान आणि पाण्याची कमतरता यांमुळे वनस्पतींचे पूर्णपणे विघटन होत नाही. या अर्धवट कुजलेल्या सेंद्रिय पदार्थांना 'पीट' म्हटले जाते.

साचलेल्या आम्लयुक्त पाण्यात जैविक माल कुजण्याचा वेग संथ असतो, त्यामुळे पीट तयार होण्यासाठी हजारो वर्षे लागतात. 'पीट-बॉग'मधून विघटनापेक्षा जास्त वेगाने कार्बन शोषण होते.

रशिया आणि कॅनडाच्या बोरियल जंगलांत अशा पीटलँड्सचा प्रचंड मोठा विस्तार आढळतो.

बोरियल पीटलँड्स ही जगातील सर्वात प्रभावी 'कार्बन सिंक' आहेत. पीटलँड्सनी जगाच्या एकूण भूभागाचा केवळ तीन टक्के भाग व्यापला आहे, पण त्यामध्ये जगातील सर्व जंगलांच्या एकत्रित साठ्यापेक्षा जास्त कार्बन साठवलेला आहे. ही जंगले वरच्या झाडांपेक्षा जमिनीखालील 'पीट'मध्ये कित्येक पटींनी जास्त कार्बन सुरक्षित ठेवतात. म्हणूनच याला निसर्गाची 'कार्बन तिजोरी' म्हटले जाते.

स्थानिक पातळीवर तापमानवाढ होत असल्यामुळे काही वनस्पतींचे उत्तरेकडे स्थलांतर होताना दिसते. वाढलेल्या तापमानात त्यांच्या बिया रुजत नाहीत, पण उत्तरेकडे जरा अधिक गार असल्यामुळे तिथे बिया रुजायला लागतात आणि तिथे त्यांची संख्या वाढत जाते. येथील प्रजातींच्या रचनेत आणि संख्येतही बदल होत आहे. थंड हवामानाशी अनुकूलन करणाऱ्या काही सदाहरित प्रजाती कमी होऊन तिथे पानझडी वृक्ष येण्याची शक्यता निर्माण झाली आहे. यामुळे कीटक, पक्षी आणि प्राण्यांचे खाद्य मिळेनासे होते आणि प्रस्थापित जैवविविधतेत झपाट्याने बदल होतो. अन्नसाखळीत असे बदल झाले की काही पर्यावरणीय सेवांची उत्पादनक्षमता बदलते.

- **वणवे लागण्याचे प्रमाण :** बोरियल जंगलात नैसर्गिक आगी लागत असतात; पण तापमानवाढीमुळे आज या वणव्यांची वारंवारिता आणि तीव्रता वाढत असल्याचे स्पष्ट चित्र दिसते. हवामान बदलाचा या 'बायोम'वर हा सर्वात मोठा आघात आहे. शास्त्रज्ञांच्या एका टीमने उपग्रह-आधारित वणव्यांचा अभ्यास केला. त्यात असे दिसते, की २०२१मध्ये वणव्यांपासून होणाऱ्या जागतिक कार्बन उत्सर्जनात बोरियल जंगलाचा वाटा २३ टक्के होता. त्यावर्षी रशियात ५४ लाख हेक्टरवरील जंगलांचे आगीमुळे नुकसान झाले. २०२१मध्ये आलेली उष्णतेची प्रदीर्घ लाट हे आगीचे एक मुख्य कारण होते. वणव्यांमुळे अनेक प्रकारचे कीटक आणि मातीतील सूक्ष्मजीव स्थानिक पातळीवर लुप्त होण्याची शक्यता असते, तर उबदार हवामानामुळे काही वेगळ्या कीटकांची संख्या वाढून त्यांचा उपद्रव होऊ शकतो.
- **कीड आणि रोगप्रसार :** उष्णतेमुळे आणि हंगामी बदलामुळे किडींचा प्रसार वाढू शकतो. उदाहरणार्थ, पाइन बोरर्ससारखी कीड मोठ्या प्रमाणात झाडांवर प्रहार करू शकते.
- **जलवायू चक्रातील बदल :** बर्फ पडण्याची वेळ व कालावधी आणि बर्फ वितळण्याचा वेग या दोन्ही गोष्टीत बदल होत असल्यामुळे येथील नद्यांचे हंगामी प्रवाह बदलू शकतात. याचा प्रभाव स्थानिक शेती, मासेमारी आणि स्थानिक जीवनावर दिसेल अशी भीती आहे.

बोरियल जंगले ही केवळ झाडे नसून ती पृथ्वीच्या उत्तरेकडे असलेले कवच आहे. ही जंगले जर कमी झाली, तर जागतिक तापमानवाढ रोखणे अवघड होत जाईल. या जंगलांचे संवर्धन करणे म्हणजे केवळ तिथल्या प्राण्यांना वाचवणे नव्हे, तर मानवाचे अस्तित्व टिकवून ठेवणे होय. शाश्वत लाकूडतोड, कडक कायदे आणि कार्बन उत्सर्जन कमी करणे हेच या 'हिरव्या सोन्याला' वाचवण्याचे मार्ग आहेत.

थोडक्यात सांगायचे, तर बोरियल जंगलांचे अस्तित्व आणि पृथ्वीचे तापमान स्थिर राखण्यासाठी पीटलँड्सचे संरक्षण करणे ही काळाची गरज आहे. मानवी अर्थव्यवस्थेच्या कार्बन उत्सर्जनात पाच ते दहा टक्के वाटा 'पीट बॉग'चा आहे. हवामानातील बदल रोखण्यात बोरियल जंगले वाचवणे आणि 'पीट बॉग' पुनरुज्जीवित करणे हा महत्त्वाचा मार्ग आहे.

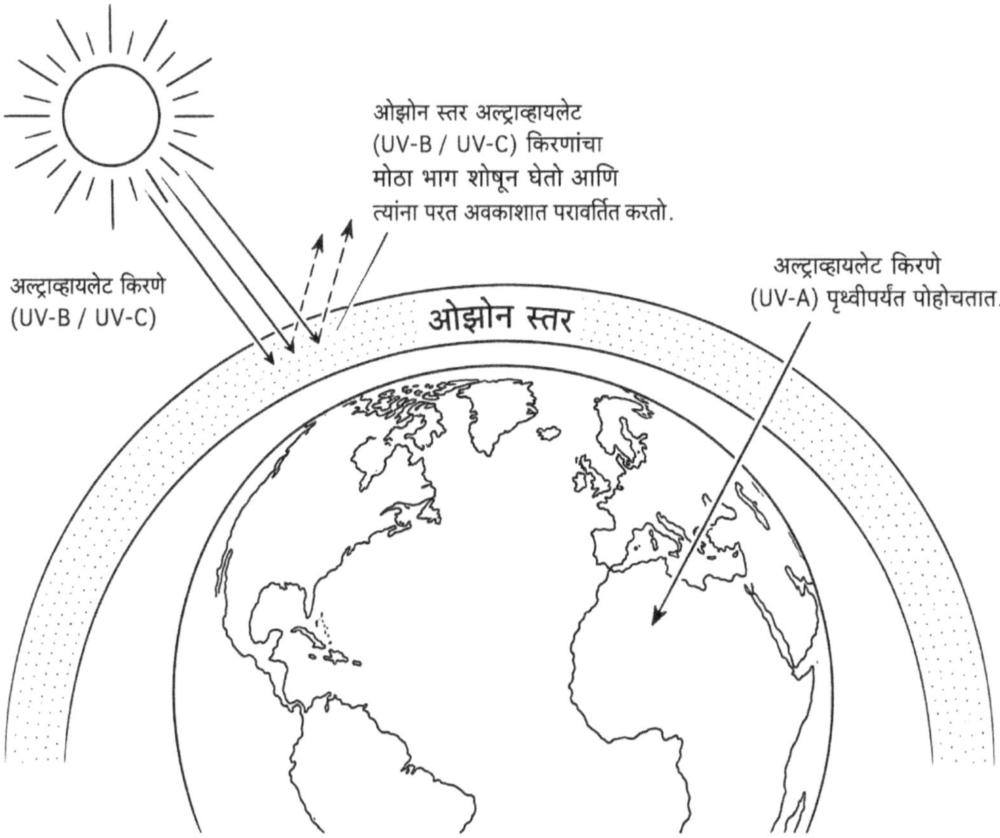

प्रकरण २३

पृथ्वीचे ओझोन कवच

सूर्य हा आपला ऊर्जेचा एकमेव स्रोत आहे आणि ऑक्सिजन हा आपला प्राणवायू आहे. या दोन्ही गोष्टी आपल्याला सर्वांना नक्कीच माहीत असतात. पण सूर्यप्रकाशातून पृथ्वीवरच्या सजीवांसाठी धोकादायक असलेले अत्यंत हानिकारक असे अतिनील-बी आणि सी (अल्ट्राव्हायोलेट) किरण पृथ्वीवर पडू शकतात, हे कदाचित आपल्याला माहीत नसेल. आणि हेही माहीत नसेल, की ऑक्सिजनचे आणखी एक वेगळेच रूप आहे, जे या धोकादायक किरणांपासून सतत आपला बचाव करीत असतात.

ऑक्सिजनच्या या संरक्षक रूपाला 'ओझोन' म्हटले जाते. कोट्यवधी वर्षे हा वायू उंच स्ट्रॅटोस्फियरमध्ये जमा होत गेला आणि त्याचा एक जाड थर तयार झाला आहे. पृथ्वीचे आणि सर्व सजीवसृष्टीचे महाभयंकर संकटापासून रक्षण करणारा हाच तो 'ओझोन थर'!

ओझोनचा थर म्हणजे काय आणि तो कुठे असतो?

आपल्या पृथ्वीभोवती हवेचे विविध थर आहेत. आपण ज्या थरात श्वास घेतो, त्याला 'ट्रोपोस्फियर' (तपांबर) म्हणतात. याच्या वर, जमिनीपासून साधारण १५ ते ३५ किलोमीटर उंचीवर एक दुसरा थर असतो, ज्याला 'स्ट्रॅटोस्फियर' (स्थितांबर) म्हणतात. या थरात ओझोन वायूचे प्रमाण सर्वाधिक असते. शास्त्रीय भाषेत सांगायचे,

तर आपण जो ऑक्सिजन श्वास घेण्यासाठी वापरतो तो ऑक्सिजन दोन अणूंनी तयार झालेला असतो. पण जेव्हा सूर्याची अतिनील किरणे या ऑक्सिजनवर पडतात, तेव्हा त्याचे रूपांतर तीन अणू असलेल्या ओझोनमध्ये होते. हा ओझोन वायू जमिनीवर आपल्यासाठी विषारी असला, तरी आकाशात तो एका आच्छादनासारखे काम करतो.

पृथ्वीचे नैसर्गिक सनस्क्रीन : ओझोन थराचे महत्त्व

सूर्यापासून निघणारी किरणे आपल्याला प्रकाश आणि उष्णता देतात, पण त्यात अतिनील किरणे म्हणजे अल्ट्राव्हायोलेट किंवा यूव्ही किरणेसुद्धा असतात. ही किरणे अत्यंत घातक असतात. ओझोनचा थर यापैकी ९७ ते ९९ टक्के घातक किरणे शोषून घेतो आणि पृथ्वीवर फक्त उपयुक्त प्रकाश पोहोचू देतो.

ओझोनचा थर नसता तर?

मानवी आरोग्यावर याचे अनेक हानिकारक परिणाम होऊ शकतात. मानवामध्ये त्वचेचा कर्करोग, डोळ्यांचे विकार (मोतीबिंदू) आणि रोगप्रतिकारशक्ती कमी होण्याचे प्रमाण वाढले असते. त्याचबरोबर वनस्पतींचे नुकसानसुद्धा होऊ शकते. अतिनील किरणांमुळे झाडांच्या वाढीवर परिणाम होतो. पिकांचे उत्पादन घटते आणि अन्नसाखळी विस्कळीत होते. समुद्रातील सूक्ष्मजीव, विशेष करून फायटोप्लॅन्कटन, म्हणजे एकपेशीय शैवाल नष्ट होतात. हे सजीव समुद्रातील अन्नसाखळीचा पाया असतात, यांची संख्या घटली की मासे आणि इतर समुद्रीजीवांचे अस्तित्व धोक्यात येते. त्यामुळे ओझोनचा थर शाबूत असणे हे पृथ्वीवरील प्रत्येक सजीवाच्या दृष्टीने अत्यंत महत्त्वाचे आहे.

आर्थिक क्रिया आणि ओझोनला निर्माण झालेला धोका

गेल्या ५०-६० वर्षांत मानवाने केलेली आर्थिक प्रगती ओझोनच्या थरासाठी शाप ठरली आहे. आपल्या सुखसोयींसाठी आपण अशा काही रसायनांचा वापर सुरू केला, ज्यांनी थेट ओझोनवर हल्ला चढवला आहे. याची जाणीव आपल्याला खूपच उशिरा झाली. ओझोन थर नष्ट होण्याचा थेट संबंध आर्थिक क्रियांशी आहे, याचा शोध १९७४मध्ये शास्त्रज्ञ एफ. शेरवूड रोलँड आणि मारिओ मोलिना यांना लागला आणि त्यांनी तो सिद्ध केला. क्लोरोफ्लुरोकार्बन या रासायनाचा वापर वाढत असल्यामुळे हे रसायन वातावरणात राहते आणि त्याचा परिणाम म्हणजे ओझोन थर नष्ट होत जातो, हे त्यांनी दाखवून दिले.

ओझोनला धोका कशाचा?

- **क्लोरोफ्लुरोकार्बन्स :** हा ओझोनचा सर्वात मोठा शत्रू आहे. फ्रीज (Refrigerators), एअर कंडिशनर्स, अत्तराचे किंवा रंगांचे स्प्रे कॅन्स आणि फोम तयार करण्याच्या उद्योगांमध्ये या रसायनाचा मोठ्या प्रमाणावर वापर केला गेला. जेव्हा हे वायू वातावरणात सोडले जातात, तेव्हा ते वर जाऊन ओझोनच्या रेणूंना तोडतात. मानवी जीवनशैली जसजशी सुखसोयींनी समृद्ध होत गेली, तसतसा क्लोरोफ्लुरोकार्बन्सचा वापर वाढत गेला.
- **औद्योगिक उत्सर्जन :** कारखान्यांमधून बाहेर पडणारे नायट्रोजन ऑक्साइड, सल्फर डायऑक्साइड आणि इतर रासायनिक वायूसुद्धा ओझोन थर विरळ करण्यास कारणीभूत आहेत. हे प्रदूषक वातावरणात रासायनिक अभिक्रिया घडवून ओझोन नष्ट करतात. यावर उपाय म्हणून कारखान्यांनी स्क्रबर, प्रदूषण नियंत्रक आणि कमी प्रदूषणकारी तंत्रज्ञान वापरणे, यासाठी कायदे कठोर केले गेले.

- **आधुनिक शेती :** हो! आधुनिक तीव्र पद्धतीच्या शेतीमधूनसुद्धा ओझोनला धोका आहे. शेतीमध्ये वापरली जाणारी काही कीटकनाशके, उदाहरणार्थ मिथिल ब्रोमाइड, हवेत मिसळून ओझोन थराचे नुकसान करतात.

ऑस्ट्रेलियाचे उदाहरण

ओझोन थराच्या ऱ्हासाचे परिणाम सर्वात जास्त कुठे दिसत असतील, तर ते ऑस्ट्रेलिया आणि न्यूझीलंडमध्ये. ऑस्ट्रेलिया हा अंटार्क्टिकाच्या जवळ असलेला देश आहे. तिथे ओझोनचा थर विरळ झाल्यामुळे अतिनील किरणांचा प्रभाव खूप जास्त आहे. जगात त्वचेच्या कर्करोगाचे सर्वाधिक प्रमाण ऑस्ट्रेलियात आहे. तिथे दर तीनपैकी दोन व्यक्तींना वयाच्या ७०व्या वर्षापर्यंत त्वचेच्या कर्करोगाचे निदान होण्याची शक्यता असते. तिथे सरकारने नागरिकांच्या जनजगरुतीसाठी 'स्लिप, स्लॉप, स्लॅप'सारख्या मोहिमा राबविल्या आहेत. म्हणजे शर्ट घालणे, सनस्क्रीन लावणे आणि हॅट घालणे, यासाठी नागरिकांना आठवण करून दिली जाते. कालांतराने ऑस्ट्रेलियाच्या सनस्क्रीन मोहिमेमुळे, यूव्ही इंडेक्स अलर्टमुळे आणि मॉन्ट्रियल प्रोटोकॉलला पूर्ण पाठिंबा दिल्यामुळे हे छिद्र कमी होण्यास मदत झाली.

मॉन्ट्रियल प्रोटोकॉल : ओझोन थराचे संरक्षण

अखेरीस जगाला या धोक्याची जाणीव झाली आणि १९८७मध्ये 'मॉन्ट्रियल प्रोटोकॉल' नावाचा जागतिक करार झाला. ओझोन थराच्या संरक्षणासाठी मॉन्ट्रियल प्रोटोकॉल हा एक ऐतिहासिक आणि यशस्वी जागतिक करार आहे. १९८५मध्ये व्हिएन्ना परिषदेनंतर सप्टेंबर १९८७मध्ये कॅनडाच्या मॉन्ट्रियल शहरात हा प्रोटोकॉल स्वाक्षरीसाठी मांडला गेला. १ जानेवारी १९८९पासून त्याची अंमलबजावणी सुरू झाली. या कराराचा मुख्य उद्देश ओझोन थर नष्ट करणाऱ्या पदार्थांचे उत्पादन आणि वापर हळूहळू बंद करणे, हा होता. यात क्लोरोफ्लुरोकार्बन्स, हॅलॉन्स, मिथाइल ब्रोमाइडसारख्या रसायनांचा समावेश होता, ज्यांचा वापर रेफ्रिजरेशन, एअर कंडिशनिंग, स्प्रे कॅन, फोम उत्पादन आणि शेतीत होत होता.

या प्रोटोकॉलने विकसनशील देशांना या रासायनांचे उत्पादन बंद करण्यासाठी अधिक वेळ दिला. भारताला २०१०पर्यंत क्लोरोफ्लुरोकार्बन्स बंद करण्याची मुदत होती. आज १९७हून अधिक देश या करारात सहभागी आहेत आणि ९९ टक्के उत्पादन बंद झाले आहे. याचा थेट परिणाम म्हणजे अंटार्क्टिकावरचे ओझोन छिद्र कमी झाले आहे आणि जागतिक ओझोन थर २०६०-७०पर्यंत पूर्वपदावर येईल, असा अंदाज आहे.

भारताने १९९२मध्ये हा प्रोटोकॉल स्वीकारला. पर्यावरण मंत्रालयामध्ये ओझोन सेल स्थापले गेले आणि राष्ट्रीय धोरणे आखली गेली. फ्लुरोकार्बन फेज-आऊट हा उपक्रम सुरू झाला. वैज्ञानिक पुराव्यावर आधारित जागतिक सहकार्याचे मॉन्ट्रियल प्रोटोकॉल हे उत्तम उदाहरण आहे. अनेक विकसित आणि विकसनशील

ओझोन थराला 'छिद्र' पडणे म्हणजे काय?

ओझोन थराला छिद्र पडणे म्हणजे तिथे खरोखरच एखादे मोठे भगदाड पडणे असे नाही, तर त्या भागातील ओझोनचे प्रमाण अत्यंत कमी होणे. १९८०च्या दशकात शास्त्रज्ञांना असे दिसले, की अंटार्क्टिका खंडावर असलेल्या ओझोनचा थर अत्यंत विरळ झाला आहे, जणू तिथे एक छिद्रच तयार झाले आहे. असे जेव्हा होते तेव्हा सूर्याची अतिनील किरणे त्यातून थेट जमिनीवर पडतात.

देशांनी ठरवलेल्या वेळेआधीच हानिकारक वायूंचा वापर थांबवून या कराराचे पालन केले आहे. युरोपमधील देशांनी अत्यंत कडक नियम लावून क्लोरोफ्लुरोकार्बन्सचा वापर सर्वात वेगाने बंद केला. यासाठी त्यांनी पर्यायी तंत्रज्ञानासाठी मोठी गुंतवणूक केली. अमेरिकेने सुरुवातीला या कराराचे नेतृत्व केले आणि त्यांच्या उद्योगांना ओझोन-फ्रेंडली उत्पादने तयार करण्यासाठी प्रोत्साहन दिले. भारताने हा करार उशिरा स्वीकारला, पण तरीही विकसनशील देशांसाठी असलेल्या सवलतीनुसार अत्यंत प्रभावी कामगिरी केली आहे. भारताने १ जानेवारी २०१०पर्यंत क्लोरोफ्लुरोकार्बन्स वायूचा वापर पूर्णपणे थांबवण्याचे उद्दिष्ट वेळेत पूर्ण केले. सध्या भारत हायड्रोक्लोरोफ्लुरोकार्बन्स टप्प्याटप्प्याने बंद करण्याच्या मार्गावर आहे.

असा कोणताही देश नाही ज्याने या कराराचे पालन करण्यास पूर्णपणे नकार दिला आहे, पण काही ठिकाणी बेकायदेशीर उत्पादनामुळे कराराला तडा गेला होता. २०१८मध्ये एका वैज्ञानिक संशोधनातून असे समोर आले, की ओझोनला घातक असलेल्या सीएफसी-११ या वायूचे उत्सर्जन अचानक वाढले आहे. तपासाअंती पूर्व चीनमधील काही स्थानिक कारखाने बेकायदेशीरपणे या वायूचा वापर फोम इन्सुलेशन तयार करण्यासाठी करत असल्याचे स्पष्ट झाले. हे मॉन्ट्रियल प्रोटोकॉलचे मोठे उल्लंघन होते, पण आंतरराष्ट्रीय दबावानंतर चीन सरकारने या कारखान्यांवर कारवाई केली आणि आता ते उत्सर्जन पुन्हा कमी झाले आहे. आफ्रिका आणि आशियातील काही गरीब देशांना जुन्या तंत्रज्ञानाकडून नवीन तंत्रज्ञानाकडे वळताना आर्थिक अडचणी येतात. तिथे आजही जुन्या फ्रीज आणि एसींचा वापर मोठ्या प्रमाणावर होतो, जे ओझोनसाठी घातक आहेत.

आपण वैयक्तिक पातळीवर काय करू शकतो ?

जुने फ्रीज किंवा एसी वापरणे टाळणे, हे प्रथम केले पाहिजे. या उपकरणात क्लोरोफ्लुरोकार्बन वायू असू शकतो. त्याऐवजी नवीन 'ओझोन फ्रेंडली' उपकरणे वापरणे पर्यावरणसाठी योग्य आहे. गाड्यांचा वापर कमी करून सार्वजनिक वाहतुकीचा वापर केला तर नायट्रोजन ऑक्साइडचे उत्सर्जन कमी होईल. जास्तीत जास्त झाडे लावल्याने पर्यावरणाचे संतुलन राखण्यास मदत होते.

ओझोनचा थर ही निसर्गाने आपल्याला दिलेली एक अमूल्य भेट आहे. आपल्या आर्थिक वृद्धीच्या अग्रहापोटी आपण या थराला इजा पोहोचवली आहे. पण अजूनही वेळ गेलेली नाही. गेल्या काही वर्षांत ओझोनचा थर हळूहळू पूर्वपदावर येत असल्याचे सकारात्मक चित्र दिसत आहे.

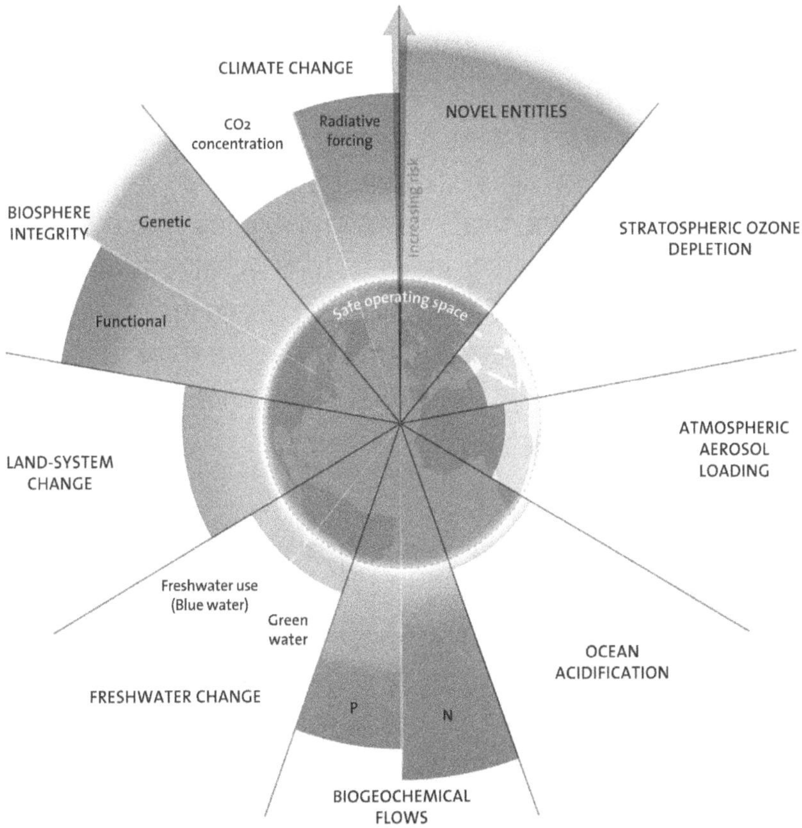

प्रकरण २४

पृथ्वीच्या नैसर्गिक सीमा : प्लॅनेटरी बाउंड्रीज

औद्योगिक क्रांतीनंतर जोमाने सुरू झालेल्या आर्थिक वृद्धीच्या जागतिक स्पर्धेत आपण पृथ्वीच्या वातावरणात प्रदूषणाच्या मार्गातून नवनवीन गोष्टींची भर घालत आहोत, याचे आपल्याला अवधान राहिलेच नाही. औद्योगिक उत्पादनात वस्तू आणि सेवांची निर्मिती होते, पण त्यातून अनेक घटक बाहेर पडतात आणि निसर्गात प्रदूषण करतात. उदाहरणार्थ, इंधनाच्या धुरातून उत्सर्जित होणारे विषारी वायू आणि उत्पादनात वापरलेल्या रसायने यांमुळे हवा, पाणी आणि माती प्रदूषित होते. प्रदूषणावर प्रक्रिया करणाऱ्या तंत्रज्ञानाने प्रदूषण कमी होते; पूर्ण बंद होत नाही. कालांतराने प्रदूषकांचे प्रमाण वाढत गेले आणि नैसर्गिक परिसंस्थेवर त्यांचे वेगवेगळे परिणाम दिसू लागले. सुरुवातीच्या प्रकरणांमध्ये त्यापैकी काही आपण पाहिले आहेत. या विविध प्रकारच्या प्रदूषणांतून पृथ्वीच्या काही नैसर्गिक सीमा ओलांडल्या गेल्या आहेत, त्याची या प्रकरणात चर्चा करू.

पृथ्वीची सजीवसृष्टी पोसण्याची क्षमता निरंतर टिकवण्यासाठी काही विशिष्ट सीमा ओलांडून चालणार नाही, असे २००९मध्ये स्टॉकहोम रेझिलियन्स सेंटरचे जोहान रॉकस्ट्रॉम आणि त्यांच्या सहकाऱ्यांनी 'प्लॅनेटरी बाउंड्रीज' नावाने संकल्पना मांडली. यात पृथ्वीच्या नऊ नैसर्गिक सीमा निश्चित केल्या आहेत, ज्या

ओलांडल्या गेल्या तर पृथ्वीवर मानवी जीवनासाठी आवश्यक असलेली परिस्थिती कायमची बदलू शकते. योहान रॉकस्ट्रॉम यांच्या नेतृत्वाखाली अनेक आंतरराष्ट्रीय शास्त्रज्ञांनी या अभ्यासात योगदान दिले. त्यात हवामानशास्त्र, जैवविविधता, भूगर्भशास्त्र, समुद्रविज्ञान आणि पर्यावरणशास्त्र आशा अनेक क्षेत्रातील तज्ज्ञांचा समावेश आहे. ऐतिहासिक आकडेवारी, वर्तमान परिस्थितीचे मूल्यांकन आणि भविष्यातील धोक्यांचे अंदाज घेऊन त्यांनी एक प्रारूप तयार केले. पृथ्वीची नैसर्गिक कार्यपद्धती टिकवण्यासाठी कोणत्या मर्यादा ओलांडून चालणार नाहीत, याची शास्त्रोक्त मांडणी करून नऊ सीमा मिळाल्या. यांची सुरक्षित मर्यादा ठरवली आणि आज त्या नऊही मर्यादा ओलांडल्या गेल्या आहेत का, याची आकडेवारी नोंदवली. या नऊ सीमा आणि आजची परिस्थिती पाहू या.

आपल्या ग्रहाच्या नऊ सीमा

१. **हवामान बदल :** ही सर्वांत महत्त्वाची सीमा मानली जाते. वातावरणातील कार्बन डायऑक्साइडचे प्रमाण आणि 'रेडिएटिव्ह फोर्सिंग' याद्वारे याचे मापन होते.

रेडिएटिव्ह फोर्सिंग म्हणजे पृथ्वीच्या वातावरणात येणाऱ्या आणि बाहेर जाणाऱ्या ऊष्णतेच्या संतुलनात झालेला बदल. म्हणजे, पृथ्वीवर सूर्याची जी ऊर्जा येते त्यापैकी काही ऊर्जा परत अवकाशात पाठवली जाते. येणाऱ्या आणि जाणाऱ्या ऊर्जेच्या ताळेबंदात जो बदल होतो त्याला रेडिएटिव्ह फोर्सिंग म्हणतात. पृथ्वी किती उष्ण किंवा थंड होणार हे ठरवणारा ऊर्जेचा बदल म्हणजे रेडिएटिव्ह फोर्सिंग.

सद्यःस्थिती : ही सीमा आपण ओलांडली आहे. याची सुरक्षित मर्यादा ३५० पीपीएम आहे, पण सध्या आपण ४२० पीपीमहून जास्त पुढे गेलो आहोत. याचे परिणाम आपण आधीच्या प्रकरणांत पहिलेच आहेत.

परिणाम : हरितगृह वायूच्या उत्सर्जनामुळे पृथ्वीवर येणाऱ्या आणि बाहेर पडणाऱ्या ऊर्जेत बदल होतो.

२. **वातावरणात नवीन (अनैसर्गिक) घटक :** यात प्लॅस्टिक, रासायनिक कचरा, मायक्रोप्लॅस्टिक्स, एंडोक्राईन डिस्रप्टर्स, सेंद्रिय प्रदूषके, आण्विक कचरा, जनुकीय बदल केलेले वाण यांचा यात समावेश आहे. तसेच कृत्रिम जीवसृष्टीचाही या समावेश होतो.

सद्यःस्थिती : ही सीमा आपण ओलांडलेली आहे. मानवनिर्मित रसायने आणि प्लॅस्टिक आता पृथ्वीच्या कानाकोपऱ्यांत, अगदी मानवी रक्तातही सापडत आहे.

परिणाम : जनुकीय बदल, वंध्यत्व आणि परिसंस्थेचे कायमस्वरूपी नुकसान होत आहे.

३. **ओझोन थर कमी होणे :** सूर्याची घातक अतिनील किरणे ओझोन थरामुळे रोखली जातात, यावर आपण आधीच्या प्रकरणात विस्तृत चर्चा केली.

सद्यःस्थिती : साध्या आपण सुरक्षित मर्यादेत आहोत. 'मॉन्ट्रियल प्रोटोकॉल'मुळे ओझोनचा थर पुन्हा भरून येत आहे. हे जागतिक सहकार्याचे उत्तम उदाहरण आहे.

परिणाम : उल्लंघन झाल्यास त्वचेच्या कर्करोगाचे प्रमाण आणि पिकांचे नुकसान वाढते.

४. **वातावरणातील एरोसोलचे (अतिसूक्ष्म कण) प्रमाण :** हवामान आणि पावसावर परिणाम करणारे हवेतील अतिसूक्ष्म कण, धुळीचे कण आणि धूर यांचे प्रमाण.

सद्यःस्थिती : याची आपल्याला निश्चित माहिती नाही. प्रादेशिक पातळीवर, उदाहरणार्थ दक्षिण आशियात, याचे गंभीर परिणाम दिसत आहेत, पण जागतिक सीमा अजून मोजली जात आहे.

परिणाम : मानवी श्वसनाचे आजार वाढतात आणि मॉन्सूनच्या पद्धतीत बदल होतो.

५. **महासागराचे आम्लीकरण :** वातावरणातील कार्बन डायऑक्साइड वाढल्यामुळे महासागरात त्याचे शोषण वाढले आणि पाण्याची आम्लता वाढली. यामुळे जलचर धोक्यात येतात आणि सागरांची कार्बन शोषण्याची क्षमता घटते.

सद्यःस्थिती : ही सीमा आपण अद्याप ओलांडलेली नसली, तरी ती ओलांडण्याच्या अगदी जवळ पोहोचलो आहोत. आपण धोक्याच्या पातळीवर आहोत.

परिणाम : प्रवाळ नष्ट होतात आणि शंख-शिंपल्यांमधील जीवांचे अस्तित्व धोक्यात येते (हे आपण आधीच्या प्रकरणात पहिले आहे).

६. **जैवभूरासायनिक (बायोजिओकेमिकल) प्रवाहात बदल :** शेतीमध्ये वापरली जाणारी खते, नायट्रोजन आणि फॉस्फरसचे नैसर्गिक चक्र बिघडवतात. फॉस्फरसचा महासागरातील प्रवाह, म्हणजे जमीन, नद्या आणि समुद्र यांच्यात फॉस्फरस कसा फिरतो आणि त्याचा सजीवांना कसा उपयोगी होतो, ती प्रक्रिया, आणि औद्योगिक प्रक्रियेत वातावरणातील नायट्रोजन काढून घेणे या दोन्ही गोष्टी सुरक्षित पातळीच्या पलीकडे गेल्या आहेत.

सद्यःस्थिती : अत्यंत गंभीर प्रमाणात ही सीमा ओलांडली गेली आहे.

परिणाम : नद्या आणि समुद्रात खते वाहून गेल्यामुळे 'डेड झोन्स' तयार होतात, जिथे ऑक्सिजन नसल्यामुळे मासे मरतात.

७. **जलचक्रात बदल :** नद्या, तलाव आणि भूगर्भातील पाण्याचा वापर किती होतो, याचा यात विचार केला जातो. शेतीसाठी आणि औद्योगिक प्रक्रियेत गोड्या पाण्याचा वापर झपाट्याने वाढत आहे.

सद्यःस्थिती : ही सीमा ओलांडलेली आहे. विशेषतः 'ब्लू वॉटर' (नद्यांचे पाणी) आणि 'ग्रीन वॉटर' (जमिनीत मुरलेले पाणी) या दोन्ही पातळ्यांवर आपण सीमा ओलांडली आहे. पाणथळ स्रोत आणि मातीतील आर्द्रता हेसुद्धा धोक्यात आहे.

परिणाम : पाणी टंचाई, शेतीवर परिणाम आणि वाळवंटीकरण यांसारखे परिणाम दिसत आहेत. तसेच याचा परिणाम कार्बन शोषणक्षमतेवर आणि जैवविविधतेच्या कार्यांवर होतो.

८. **जमिनीच्या वापरात बदल :** प्रामुख्याने जंगलांचे आणि नैसर्गिक भुरूपांचे शेतीत किंवा शहरात होत असलेल्या रूपांतराचे मापन यात होते. विशेषतः उष्णकटिबंधीय पर्जन्यवने वाचवणे महत्त्वाचे आहे. जगभरात शहर आणि शेतीचा विस्तार होत आहे, जंगलतोड वाढत आहे आणि त्यामुळे नैसर्गिक भूरूप बदलत चालले आहे. यामुळे कार्बन शोषणक्षमता, जैवविविधतेसाठी अधिवास आणि पृथ्वीवरचे प्राथमिक उत्पादन घटत आहे. जागतिक वनक्षेत्राचे क्षेत्रफळ सुरक्षित पातळीच्या खाली गेले आहे.

या मर्यादेचे उल्लंघन दाखविण्यासाठी भारतातील अनेक उदाहरणे आहेत. पश्चिम घाट हा जगातील जैवविविधतेचा 'हॉटस्पॉट' आहे. पण गेल्या काही वर्षांत येथे चहा, कॉफी आणि रबराच्या लागवडीसाठी जंगले तोडली गेली आहेत. तसेच, पर्यटनासाठी रिसॉर्ट्स बांधल्यामुळे जमिनीचे मूळ रूप बदलले आहे. याचा परिणाम म्हणजे अवेळी येणारे पूर आणि दरडी कोसळण्याच्या घटना वाढल्या आहेत. मुंबईसारख्या महानगरात जमिनीची कमतरता असल्याने खारफुटीच्या खाडीची जागा बुजवून बांधकामे केली गेली आहेत. 'आरे'सारख्या वनक्षेत्रात काही प्रकल्पांसाठी होणारी वृक्षतोड हे जमिनीच्या वापराच्या बदलाचे एक ज्वलंत उदाहरण आहे. यामुळे मुंबईतील उष्णता वाढत आहे. हरितक्रांतीनंतर पंजाब आणि हरियाणा या राज्यांमध्ये गवताळ प्रदेश आणि लहान जंगलांचे रूपांतर सलग शेतजमिनीत झाले. अतिसिंचनामुळे जमिनीतील क्षार

वाढले असून, भूगर्भातील पाणीपातळी खालावली आहे. ही जमिनीच्या गुणधर्मात झालेली मानवनिर्मित हानी आहे. हिमालयातील चारधाम महामार्ग प्रकल्पात डोंगराळ भागात रस्ते रुंदीकरणासाठी मोठ्या प्रमाणात डोंगर कापले जात आहेत. यामुळे जमिनीचे स्थैर्य धोक्यात आली असून, जोशीमठसारख्या शहरांमध्ये जमीन खचण्याच्या घटना घडत आहेत.

सद्यःस्थिती : ही सीमा ओलांडली गेली आहे. पृथ्वीवर ७५ टक्के जंगले शिल्लक असणे आवश्यक आहे, पण ती आता कमी झाली आहेत.

परिणाम : जलवायू चक्रात पावसात बदल होणे आणि पृथ्वीची कार्बन शोषण्याची क्षमता कमी होणे, हे परिणाम स्पष्ट दिसत आहेत.

९. **बायोस्फीअरची एकात्मता :** यात पृथ्वीवरील सजीवसृष्टीची आणि परिसंस्थांची विविधता मोजली जाते. प्रजाती नष्ट होण्याचे प्रमाण विचारात घेतले जाते. अनेक ठिकाणी अन्नसाखळी सुस्थितीत नाही आणि परिसंस्थांची उत्पादकता घटत चालली आहे. यामुळे पृथ्वीची एकात्मता (इन्टेग्रिटी) कमी होत आहे.

सद्यःस्थिती : ही सीमा ओलांडली गेली आहे, आणि परिस्थिती गंभीर आहे. नैसर्गिक दरापेक्षा शंभर ते एक हजारपट वेगाने प्रजाती नष्ट होत असल्याची भीती आहे.

परिणाम : अन्नसाखळी विस्कळीत होणे, परागीभवन थांबणे आणि नैसर्गिक आपत्तींना तोंड देण्याची पृथ्वीची क्षमता कमी होणे.

या नऊ सीमा एकमेकांशी जोडलेल्या असल्यामुळे एक सीमा ओलांडली गेली की त्याचा परिणाम इतर सीमांवर होऊ शकतो. पृथ्वीची उत्पादकता राखण्यासाठी या नऊ ग्रहीय सीमा समजून घेऊन त्यांचे पालन करणे अनिवार्य आहे. आज आपण नऊपैकी सहा सीमा आपण ओलांडल्या आहेत. यातून, आपण पृथ्वीच्या 'सेफ ऑपरेटिंग स्पेस'च्या बाहेर जात आहोत, हे स्पष्ट दिसते. आपण जर तातडीने शाश्वत जीवनशैली, ऊर्जेचे नूतनीकरणक्षम स्रोत आणि जंगलांचे संवर्धन केले नाही, तर पृथ्वीवरील मानवी जीवन धोक्यात येईल. 'प्लॅनेटरी बाउंड्रीज'ची संकल्पना आपल्याला इशारा देते - विकास करताना निसर्गाच्या मर्यादा ओलांडणे आत्मघातकी ठरू शकते.

प्रकरण २५

धगधगती शहरे

मोठ्या शहरांच्या तापमानात आसपासच्या ग्रामीण भागांच्या तुलनेत लक्षणीय वाढ दिसते. याला 'अर्बन हीट आयलंड इफेक्ट' म्हणतात; सोप्या शब्दांत सांगायचे, तर शहरे म्हणजे उष्णतेची बेटेच होतात. दिल्ली, हैदराबाद, चेन्नई यांसारख्या शहरांमध्ये हा प्रश्न गंभीर आहे. भारतातील बहुतांश शहरांत दिवसाचे सरासरी तापमान २° सेल्सियसपर्यंत जास्त वाढले आहे, असे उपग्रहांकडून मिळालेल्या सतरा वर्षांच्या आकडेवारीतून संशोधकांना दिसले. उदाहरणार्थ, गेल्या दोन ते तीन दशकांत चेन्नई शहराचा विस्तार वाढत चालला आहे. येथे निवासी, व्यावसायिक आणि औद्योगिक क्षेत्र पसरत आहे. १९८८मध्ये चेन्नईभोवती सुमारे ४२ टक्के शेतजमीन होती, ती २०१७मध्ये १९ टक्केच शिल्लक असल्याचे दिसले. तसेच, येथे हरित क्षेत्र १५ टक्क्यांवरून सहा टक्क्यांपर्यंत कमी झाले. आता चेन्नईत हीट आयलंड इफेक्ट स्पष्टपणाने जाणवतो. हीच परिस्थिती बंगळुरू आणि पुण्याचीसुद्धा आहे.

भारतातील हीट आयलंडची मुख्य कारणे

हीट आयलंडची तीव्रता अनेक घटकांमुळे ठरते. हवामान, लोकसंख्येची घनता, ऊर्जेचा वापर, हरित आच्छादन, जमिनीचा वापर, वाहतूक आणि शहरांची रचना हे त्यापैकी काही मुख्य घटक आहेत. शहरातील इमारतींचा आकार, घनता आणि वाऱ्याचा प्रवाह यावर सौरऊर्जा शोषून घेण्याच्या आणि सोडण्याच्या क्षमतेवर परिणाम

होतो. परिसराचे हवामान, भूगोल आणि वनश्री यांचीही महत्त्वाची भूमिका आहे. मुंबईत पुण्यापेक्षा जास्त वाहने आणि दाटी असली, तरी मुंबईला सागरी वारे लाभल्यामुळे तिथे तुलनेने उष्णता लवकर पांगते.

- **काँक्रिटीकरण आणि डांबरी रस्ते :** काँक्रीटचे आणि डांबरी रस्ते, इमारती, पार्किंगच्या जागा अशा रखरखीत पृष्ठभागांत आर्द्रता नसते, आणि दिवसभराच्या उन्हातून उष्णता शोषली जाते. काँक्रीट, पेव्हर ब्लॉक्स, डांबर अशा पृष्ठभागांवर पडणार प्रकाश कमी प्रमाणात परावर्तित होतो. म्हणजे त्यांचा 'अल्बेडो इफेक्ट' कमी असल्यामुळे नैसर्गिक जमिनीपेक्षा हे पृष्ठभाग जास्त तापतात. सूर्यास्तानंतर अशा बांधकामांतून हळूहळू उष्णतेचे उत्सर्जन सुरू होते. मातीचे आच्छादन असलेली नैसर्गिक रूपातील जमीन सूर्याची किरणे परावर्तित करते किंवा बाष्पीभवनाद्वारे थंड राहते, पण काँक्रीट उष्णता साठवून ठेवते.
- **हिरवळीचा अभाव :** झाडे केवळ सावली देत नाहीत, तर ती बाष्पोत्सर्जन प्रक्रियेने वातावरणातील तापमान कमी करतात. भारताच्या अनेक शहरांत मेट्रो, रस्ते रुंदीकरण आणि गृहप्रकल्पांसाठी हजारो झाडे तोडली गेली आहेत. संत तुकाराम महाराज त्यांच्या एका अभंगात म्हणतात, 'वृक्षवल्ली आम्हा सोयरे वनचरे...' आज आपण आपल्या या 'सोयऱ्यांची' साथ सोडल्यामुळे शहरांच्या तापमानात वाढ होत आहे.
- **उंच इमारतींची रचना :** शहरांमध्ये दाटीवाटीने बांधलेल्या उंच इमारती, म्हणजे कृत्रिमरित्या तयार झालेल्या खोल दऱ्या असतात. यामुळे हवेच्या प्रवाहाला अडथळा निर्माण होतो आणि शहरात तयार होणारी उष्ण हवा शहराबाहेर जाऊ शकत नाही. ती या इमारतींच्या दरीतच अडकून राहते. याला 'अर्बन कॅनन' म्हणतात.
- **मानवनिर्मित उष्णता :** उद्योगधंदे चालवायला ऊर्जेचा वापर होतो आणि त्यातून उष्णता बाहेर पडत राहते. वाहनांची दाटी वाढल्याने वातावरणात उष्णता टिकून राहते. लाखो वाहने, वातानुकूलित यंत्रे आणि कारखान्यांमधून बाहेर पडणारी उष्णता शहराचे तापमान आणखी वाढवते. विशेष म्हणजे, घराला थंड ठेवण्यासाठी आपण जे एसी वापरतो, ते बाहेरच्या वातावरणात प्रचंड उष्णता सोडतात. हे एक दुष्टचक्रच नाही का?

हीट आयलंडचे परिणाम : आरोग्यापासून अर्थव्यवस्थेपर्यंत!

वाढत्या तापमानाचे परिणाम केवळ घामापुरते मर्यादित नाहीत. त्याचे दूरगामी परिणाम खालीलप्रमाणे आहेत -

- **आरोग्यावर होणारा परिणाम :** अतिउष्णतेमुळे उष्माघात म्हणजे हीट स्ट्रोक, शरीराला पाण्याची कमतरता भासणे म्हणजे डीहायड्रेशन आणि श्वसनाचे विकार यांमध्ये वाढ होते. रात्रीचे तापमान जास्त असल्याने झोपेवर परिणाम होतो, आणि अपुऱ्या झोपेमुळे मानसिक ताण वाढण्याची शक्यता अधिक असते. हे झाले मनुष्यप्राण्यावरील परिणाम. पण याहीपेक्षा जास्त धोकादायक परिणाम छोट्या पक्ष्यांवर, कीटकांवर, सरपटणाऱ्या प्राण्यांवर आणि जलचरांवर होत असतात. त्यांच्याकडे पंखा किंवा वातावरण अनुकूलन यंत्रणेची सुविधा नसते. उष्णतेला तोंड देण्याशिवाय त्यांच्याकडे पर्याय नसतो आणि त्यामुळे शहरांमधली जैवविविधता स्थलांतर करू लागते.
- **विजेचा वाढता वापर :** शहरात उष्णता वाढल्यामुळे पंखे, कुलर आणि एसीचा वापर वाढतो. यामुळे विजेची मागणी प्रचंड वाढते, कोळशावर चालणारी विद्युतनिर्मिती केंद्रे अधिक उत्सर्जन करू लागतात आणि या दुष्टचक्रामध्ये भर पडत जाते. विजेची मागणी वाढल्यावर वीज जाण्याचे प्रमाणसुद्धा वाढते आणि अशा वेळेस मात्र शहरातल्या लोकांचा जीव कासावीस होतो.
- **जलसुरक्षेला धोका :** तापमान वाढल्यामुळे जलाशयातील पाण्याचे बाष्पीभवन वेगाने होते. मातीतील आर्द्रता निघून जाऊन माती शुष्क होऊ लागते. तसेच, काँक्रिटीकरणामुळे पावसाचे पाणी जमिनीत मुरत

नाही आणि भूजल पातळी खालावते. या सर्वांचा परिणाम म्हणजे शहरातील पाणी समस्या बिकट होत जाते. चेन्नईला २०१९मध्ये याचा भीषण अनुभव आला. त्यावर्षी चेन्नईमध्ये पाऊस कमी पडला, भूजल आटून गेले आणि सुमारे एक कोटी लोकांना दूर दूरवरून टँकरने पाणी आणून पुरवठा झाला. दिल्ली आणि बंगळुरूमध्ये अशीच परिस्थिती येण्याची शक्यता वर्तवली जाते. सिटीज रेडिनेस रिपोर्टनुसार, भारतातील २१ शहरांच्या भूजलाची पातळी अतिधोक्याची आहे. बंगळुरूमधले ७० टक्के तलाव नष्ट झाले असून, वेळोवेळी पाणी कपात होत आहे. पुण्याची परिस्थिती काही वेगळी नाही. एका बाजूला तीव्र पाऊस आणि दुसऱ्या बाजूला घटता भूजल साठा यामुळे पुणे शहराचे जलव्यवस्थापन अवघड होत चालले आहे.

जागतिक बँकेच्या एका अहवालात म्हटले आहे, की भारताला लवकरच मानवी सहनशक्ती पलीकडच्या उष्णतेच्या लाटांचा सामना करावा लागेल.

उपाययोजना : आपण काय करू शकतो ?

शहरातील हीट आयलंड इफेक्ट कमी करण्यासाठी अनेक सोप्या आणि निसर्गावर अवलंबून असलेल्या गोष्टी शक्य आहेत. उदाहरणार्थ, 'कूल रूफ'. घरांच्या छतावर पांढरा रंग किंवा उष्णता परावर्तित करणारे साहित्य लावल्यास घरातील तापमान ३° ते ५° कमी होऊ शकते. अहमदाबाद आणि हैदराबादसारख्या शहरांनी ही 'कूल रूफ पॉलिसी' राबवण्यास सुरुवात केली आहे. तसेच घराच्या छतावर वनस्पतींची लागवड केली, तर घर अधिक गार राहते. डेन्मार्कची राजधानी कोपनहेगन येथे सुमारे २५ टक्के घरांवर अशा पद्धतीचे ग्रीन रूफ आहे. छतांवर मातीच्या थरात वनस्पती लावल्यामुळे बाष्पोत्सर्जन वाढून तापमान कमी होते. परिणामी, घरे उन्हाळ्यात गार आणि थंडीत उबदार राहतात.

शहरी वनीकरण हा एक सहज सोपा मार्ग आहे. आपल्या शहरांमधल्या अनेक भागांत रानवा तयार करता येतो. म्हणजे काय करायचे? तर, तो भाग सुरक्षित ठेवून तिथे थोडीफार वनस्पतींची लागवड करून त्यांची झपाट्याने वाढ होण्यासाठी योग्य ते उपाय करायचे. अशा कमी जागेत चांगल्या पद्धतीने केलेल्या रानव्याचा फायदा शहराच्या तापमानासाठी होतो. सिंगापूर देश एक बेट असल्याने त्याचे क्षेत्रफळ मर्यादित आहे. येथे ग्रीन कनेक्टर उपक्रम सुरू करण्यात आला. शहरातील विविध ठिकाणी हरित पदपथ एकमेकांशी जोडून सिंगापूरने ३६ किलोमीटरचे हिरवे जाळे केले. यामुळे शहरातील जैवविविधता वाढली आणि नागरिकांना जास्त हरित क्षेत्र मिळाले. इमारतीच्या भिंतींवर व्हर्टिकल गार्डन केल्यानेही भिंती कमी तापतात.

पाणी साठवण आणि पाझर तलावानेसुद्धा शहराचे तापमान कमी होण्यास मदत होते. शहरात पाऊस पडल्यावर पाणी जमिनीत मुरेल याची व्यवस्था करणे आवश्यक आहे. पाण्याचे साठे शहराचे तापमान नैसर्गिकरित्या कमी ठेवतात. पण शहरी तापमान कमी करण्यासाठी सर्वात उपायकारक ठरणारी गोष्ट म्हणजे सार्वजनिक वाहतूकीचा जास्तीतजास्त वापर. खासगी वाहनांची संख्या कमी झाल्यास रस्त्यावरील उष्णता आणि प्रदूषण कमी होईल.

भारतासारख्या उष्ण देशातील शहरांत हे सर्व उपाय सहज करता येतील.

शहरे ही आर्थिक वृद्धीची केंद्रे आहेत खरी, पण ती राहण्यायोग्यच नसतील तर त्या प्रगतीला काही अर्थ राहणार नाही. त्यामुळे शाश्वत शहरीकरणाचा मार्ग स्वीकारण्याशिवाय अन्य पर्याय आपल्याकडे उरलेला नाही. निसर्ग आणि तंत्रज्ञान यांचा समतोल साधल्याशिवाय आपण हीट आयलंडच्या समस्येतून बाहेर पडू शकणार नाही. शहरे पुन्हा एकदा श्वास घेण्यालायक आणि थंड करण्यासाठी आपल्याला आजच पावले उचलणे आवश्यक आहे.

प्रकरण २६

विश्वशांतीला धोका

नैसर्गिक परिसंस्था आणि संसाधनांवर हवामान बदलाचे काय परिणाम होऊ शकतात, हे आपण आधीच्या प्रकरणांतून समजून घेतले. समाजव्यवस्था, देशांतर्गत ताणतणाव, भू-राजकीय स्थैर्य आणि जागतिक शांततेवरही याचा परिणाम होऊ शकतो. तो कोणता आणि कसा हे आपण या प्रकरणात पाहू.

हवामान बदलाला 'थ्रेट मल्टिप्लायर' म्हणजे 'धोका वाढवणारा घटक' असे म्हटले जाते. याची अनेक कारणे आहेत. पण महत्त्वाचे कारण म्हणजे, हवामान बदलातून उद्भवणाऱ्या संकटामुळे आज समाजात असलेल्या समस्या अधिक तीव्र होऊ शकतात.

हवामान बदल : जागतिक शांततेपुढील संकट

कोणत्याही समाजाचा पाया हा तिथल्या अन्न, पाणी आणि निवारा या मूलभूत गरजांवर आधारित असतो. हवामान बदलामुळे या पायालाच तडे जात आहेत.

- **अन्नसुरक्षेचा प्रश्न :** वाढते तापमान आणि अनिश्चित पाऊस यांमुळे शेती उत्पादनावर परिणाम होत आहेत. काही ठिकाणी उत्पादनात घट झाल्यामुळे अन्नाचे भाव वाढत आहेत, काही ठिकाणी गरीब

जनतेला अन्न परवडू शकत नाही. पोटं रिकामी असतात, तेव्हा समाजात गुन्हेगारी आणि असंतोष वाढतो. पश्चिम बंगालमधील सुंदरबन प्रदेशात २०२० आणि २०२१मध्ये आलेल्या मोठ्या चक्रीवादळांमुळे खारे पाणी शेतजमिनीत घुसले आणि मातीची सुपीकता कमी झाली. भाताचे उत्पादन सुमारे ५० टक्क्यांनी कमी झाले. मासेमारीवर अवलंबून असलेल्या मच्छीमारांच्या हाती काहीच लागत नव्हते. २०१४ ते २०१६ या काळात मराठवाड्यात दुष्काळी परिस्थिती होती. एल निनोमुळे पाऊस सुमारे ६० टक्के कमी झाला आणि भात, कापूस व ज्वारीची शेते नष्ट झाली. २०२१मध्ये बिहारमध्ये अतिवृष्टीत १० लाख हेक्टर पिके वाहून गेली. यात गहू आणि मक्याचे उत्पादन ३० टक्क्यांनी घटले. राजस्थान व गुजरातमधील उष्णतेच्या लाटांमुळे गहू उत्पादन ५ ते १० टक्के कमी झाले आणि २०२२मध्ये रब्बी हंगामावर मोठा परिणाम झाला. हवामान बदलामुळे २०५०पर्यंत भारताचे अन्न उत्पादन सुमारे ६० टक्क्यांपर्यंत घटण्याची भीती व्यक्त होत आहे. दक्षिण आशियात ६५ दशलक्ष नागरिकांना उपासमारीचा धोका संभवतो.

मध्य अमेरिकेतील ग्वाटेमाला, होंडुरास आणि एल साल्वादोर हे देश शुष्क आहेत. अनिश्चित पाऊस आणि वारंवार दुष्काळामुळे ग्वाटेमालाची जवळजवळ अर्धी लोकसंख्या अन्नाचा तुटवडा आणि कुपोषणाच्या संकटाला तोंड देत आहे. गुंडगिरी, हिंसा आणि आर्थिक अस्थिरतेमुळे त्या देशांतून स्थलांतर होत असले, तरी आज हवामान बदल हे एक मुख्य कारण आहे. याचा अमेरिकेवर वाढता ताण येतो. संयुक्त राष्ट्रांच्या अंदाजानुसार, केवळ हवामान बदलामुळे २०५०पर्यंत २० कोटी लोकसंख्या विस्थापित होऊ शकते.

पाण्याचा तुटवडा आणि शेतीच्या घटत्या उत्पादकतेला तोंड देणाऱ्या प्रदेशांत संघर्षाची स्थिती उद्‌भवते. सीरियात २००६ ते १०मध्ये तीव्र दुष्काळ पडला होता. ग्रामीण भागांतून सुमारे पंधरा लाख लोकांनी कामाच्या शोधात शहरांकडे धाव घेतली. शहरांत आधीच बेरोजगारी होती, त्यामुळे तिथला ताण वाढला. सरकार पुरेशी मदत देऊ शकले नाही आणि बेरोजगार जनतेचा संताप वाढला आणि तिथे गृहयुद्धच सुरू झाले.

- **हवामान निर्वासित, स्थलांतरितांचे वाढते प्रमाण :** हवामान बदलामुळे नैसर्गिक आपत्तींचे प्रमाण वाढले आहे. पाण्याचा तुटवडा, उपजीविकेची साधने कमी असलेल्या ठिकाणी जेव्हा उष्णतेची लाट, महापूर, दुष्काळ, चक्रीवादळे येतात तेव्हा स्थलांतराशिवाय गत्यंतर नसते. देशांतर्गत आणि आंतरराष्ट्रीय पातळीवर यामुळे तणाव निर्माण झाले आहेत. समुद्रपातळी वाढल्यामुळे किनारपट्टीवरील शहरे आणि गावे पाण्याखाली जाण्याचा धोका वाढला आहे. समुद्राच्या वाढत्या पातळीमुळे लहान बेट-राष्ट्रांच्या गोड्या पाण्याच्या स्रोतांचे आणि शेतीचे नुकसान होत असल्यामुळे त्यांचे स्थलांतर अनिवार्य आहे. तसेच, वारंवार येणाऱ्या दुष्काळामुळे लाखो लोक आपली घरे सोडून सुरक्षित ठिकाणी स्थलांतर करत आहेत. जागतिक बँकेच्या अंदाजानुसार, २०५०पर्यंत जगभरात सुमारे २१ कोटींहून अधिक लोक 'हवामान निर्वासित' म्हणून ओळखले जातील. या मोठ्या प्रमाणावरील स्थलांतरामुळे यजमान शहरांवर आणि देशांवर ताण येतो, परिणामी स्थानिक आणि स्थलांतरित लोकांमध्ये संघर्ष निर्माण होतात. स्थलांतर म्हणजे केवळ निवासस्थान बदलणे नाही. या लोकांना स्वतःची सांस्कृतिक ओळख आणि सार्वभौमत्व सोडून नवीन ठिकाणी उपजीविका शोधण्याची वेळ येते.
- **आरोग्य आणि सामाजिक विषमता :** उष्णतेच्या लाटा आणि नवीन प्रकारचे संसर्गजन्य रोग वाढल्यामुळे सार्वजनिक आरोग्य धोक्यात आले आहे. ज्यांच्याकडे आर्थिक बळ आहे, ते या संकटाचा सामना करू शकतात, परंतु गरीब वर्ग मात्र भरडला जातो. यामुळे समाजातील दरी अधिक रुंदावत आहे. देशांतर्गत प्रशासकीय आणि राजकीय स्थिरतेसाठी हवामान बदल हे एक मोठे आव्हान होऊन बसले आहे.

- **संसाधनांची टंचाई आणि स्पर्धा :** पाणी आणि सुपीक जमीन या मर्यादित संसाधनांसाठी देशांतर्गत संघर्ष सुरू होतात. भारतातील काही राज्यांमध्ये पाणी वाटपावरून असलेले वाद हवामान बदलामुळे अधिक तीव्र होऊ शकतात. काही वर्षांपूर्वी कर्नाटक आणि तमिळनाडूमध्ये कावेरीच्या पाण्यावरून झालेल्या वादात दोन्ही राज्यांचे नुकसान झाले. हे जरी थेट हवामान बदलामुळे झाले नसले, तरी पाण्याचा प्रश्न उद्‌भवल्यावर काय होऊ शकते हे यातून दिसते.

सामाजिक शांततेवर आघात होण्याचे एक मुख्य कारण म्हणजे हवामान बदलाचे परिणाम सर्व ठिकाणी समान नाहीत. 'ग्लोबल साऊथ'मधील राष्ट्रांवर हे परिणाम जास्त होत आहेत. ग्लोबल साऊथ म्हणजे आफ्रिका, आशियाचा काही भाग आणि दक्षिण अमेरिकेतील गरीब आणि विकसनशील देशांचा भाग. या राष्ट्रांचा बहुतांश भाग उष्णकटिबंधीय प्रदेशात आहे. येथे तापमानवाढीचा सर्वात मोठा धोका जाणवतो. त्यामुळे तिथल्या विकसनशील अर्थव्यवस्थेला बाधा येत आहेतच, पण सरकारी तिजोरीतील मोठी रक्कम या नैसर्गिक आपत्तींचा सामना करण्यात खर्ची पडत आहे.

हवामान बदलाचा नैसर्गिक संसाधनांवर परिणाम झाला, की आदिवासी आणि निसर्गावर अवलंबून असलेल्या अर्थव्यवस्थेवर त्याचा ताण पडतो. नायजेरिया, सुदान आणि उप-सहारा आफ्रिकेतील देशांत शेती उत्पादनावर हवामानाचे आघात होत असल्यामुळे सुपीक जमीन आणि जलस्रोत काबीज करण्याची स्पर्धा सुरू झाली. काही विशिष्ट जातींच्या पारंपरिक निवासांवर सावट आल्यामुळे येथे जातीय वाद उफाळले. मराठवाड्याच्या काही भागांत पाणीटंचाईमुळे दलित आणि काही अल्पसंख्याकांना सार्वजनिक विहिरी आणि जलस्रोतांमध्ये प्रवेश नाकारला गेल्यावर तेथेही जातीय वाद निर्माण झाल्याच्या घटना नोंदल्या गेल्या आहेत.

'ग्लोबल नॉर्थ'मधील श्रीमंत देशांच्या तुलनेत गरीब आणि विकसनशील देशांना हवामान बदलाचा सामना करण्यात मोठा आर्थिक बोजा उचलावा लागतो. आपत्ती निर्मूलन आणि नुकसान भरपाईसाठीच्या खर्चाचा पैसा या देशांना विकासकामांतून बाजूला काढावा लागतो. याचे पडसाद सामाजिक अस्थिरता किंवा बंडाच्या रूपात उमटू शकतात, जसे सीरियात घडले.

सुदैवाने हवामान बदलामुळे थेट युद्धे तरी होत नाहीत! पण सामाजिक स्थैर्य आणि जागतिक शांततेवर जे परिणाम होत आहेत, त्यावर हवामान परिषदेत चर्चा होते. हवामानाचे आघात जागतिक शांततेवर होऊ नयेत, म्हणून हवामान करार, हरित तंत्रज्ञानाचा विकास आणि पर्यावरण संवर्धन यासाठी आंतरराष्ट्रीय पातळीवर नियोजन केले जाते.

सिरिया गृहयुद्ध २००६-२०११: हवामान बदलामुळे सिरियात तीव्र दुष्काळ पडला. फर्टाइल क्रेसेंट क्षेत्रात पाऊस निम्मा पडला आणि तापमान १-२° वाढले. यामुळे शेतीची ६० टक्के जमीन शुष्क पडली, गव्हाचे पीक नष्ट झाले, ८० टक्के गुरे मेली. सुमारे ७५ टक्के शेतकऱ्यांचे उत्पन्न गेले. याचा परिणाम म्हणजे १५ लाख ग्रामीण लोक दमास्कस आणि अलेप्पो शहरांत स्थलांतर करून आले. या शहरात दारिद्र्य, बेरोजगारी आणि सामाजिक तणाव वाढला.

नासाच्या अभ्यासानुसार हा दुष्काळ निसर्गचक्रापेक्षा दोन ते तीन ३ पट अधिक तीव्र होता. या स्थलांतराने २०११ च्या विद्रोहाची ठिणगी उडाली — अन्न असुरक्षा व असंतोषाने गृहयुद्धाला हातभार लावला.

भाग ४

या संकटातून बाहेर कसे पडायचे?

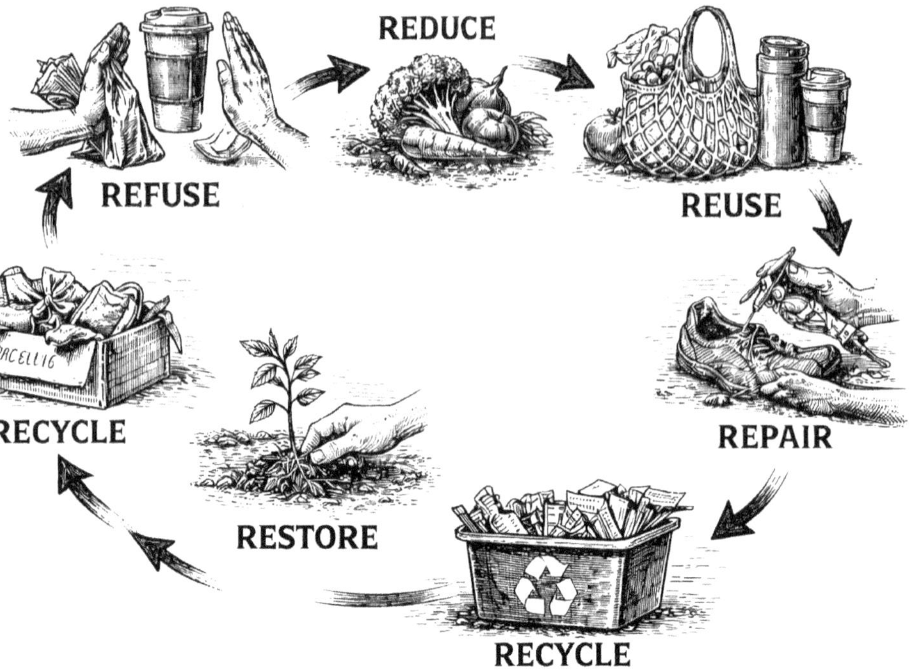

प्रकरण २७

उपाययोजना

आत्तापर्यंतच्या प्रकरणांतून वाचकांसमोप जर निराशाजनक चित्र मांडले गेले असेल, तर या प्रकरणातून नक्कीच आशा निर्माण होईल. सारे काही संपलेले नाही. मानवी नवकल्पकता जोपर्यंत टिकून आहे, जोपर्यंत आपल्या प्रत्येकाला सद्सद्विवेक बुद्धी आहे, तोपर्यंत हवामान बदलाच्या संकटातून बाहेर पडण्याची क्षमता आपल्याकडे आहे, यात शंकाच नाही!

जागतिक हवामान बदलाचे संकट ही मानवी आर्थिक कृतीची उत्पत्ती आहे, यात आता दुमत असण्याचे कारण नाही. आर्थिक वृद्धीच्या रेट्यात प्रत्येक राष्ट्राकडून हरितगृह वायू उत्सर्जन, जंगलतोड, हवा-माती-पाण्याचे प्रदूषण असे घाव सजीवसृष्टीला पोसणाऱ्या निसर्गसंपत्तीवर घातले गेले. वारंवार आणि तीव्रपणे होणाऱ्या नैसर्गिक आपत्तीमुळे हे संकट आता प्रत्येक घराच्या उंबरठ्यावर येऊन ठेपले आहे. प्रश्न फक्त काही राष्ट्रांचा किंवा फक्त उद्योगधंद्यांचा नाही, तर पृथ्वीवरील प्रत्येक मनुष्याचा आहे. अशा स्थितीत आपण मानवी अर्थव्यवस्था 'जैसे थे' चालवायची की यात आमूलाग्र बदल करून समोर ठेपलेल्या संकटातून सुटका करून घ्यायची, हा प्रश्न सोडवण्यात फक्त अर्थतज्ज्ञ किंवा प्रशासक नव्हे, तर प्रत्येक नागरिकाचे यात योगदान असायला हवे.

काही गोष्टी सरकारच्या हातात आहेत, तर काही संयुक्त राष्ट्रांच्या. पण नागरिकांच्या हातात खूप मोठी ताकद असते, हे विसरून चालणार नाही. पुढे आपण सरकारी भूमिका आणि नागरिकांची भूमिका यावर चर्चा करू या.

सरकारी भूमिका

राष्ट्रीय सकल उत्पन्नामधून आर्थिक वृद्धीचे मापन केले जाते. पण यात युद्ध, दहशतवाद, रोगराई असे अनिष्ट खर्चही गणले जातात. आर्थिक वृद्धीतून सरकारी तिजोरीत कर जमा होतो आणि त्यातूनच विकासकामे होत असतात. भारतातील विषमता आणि गरिबी निवारणासाठी आरोग्य सेवा, शिक्षण, दळणवळण अशा अनेक सुविधा उभ्या करायला हव्या आहेत. त्यासाठी सरकारी महसूल वाढणे अनिवार्य आहे. म्हणजेच अर्थव्यवस्थेत हवामान बदलाचे भान ठेवून आणि निसर्ग संवर्धनाची जबाबदारी जाणून आर्थिक वृद्धीचा पाठपुरावा करावा लागेल. शाश्वत विकासाचा हाच एकमेव मार्ग आपल्यासमोर आहे. अशा अर्थव्यवस्थेत तीन गोष्टींची दखल घेतली पाहिजे :

- **नैसर्गिक संसाधनांचा वापर कमी करणे :** अर्थव्यवस्थेची वृद्धी ही नैसर्गिक संसाधनांच्या वापरावर ठरते. जितकी जास्त संसाधने वापरू तितकी अधिक वृद्धी. शाश्वत विकासात हे समीकरण मोडणे अनिवार्य आहे. अर्थव्यवस्थेत नैसर्गिक संसाधनांचा वापर कमी करण्याचे तीन मार्ग आहेत. **पहिला मार्ग**, नैसर्गिक संसाधनाचा वापर अधिक कार्यक्षम करणे. उदाहरणार्थ, विजेच्या वितरण व्यवस्थेत होणारी १० ते २० टक्के तूट कमी करणे शक्य आहे. लघु उद्योगांतून अकार्यक्षम उपकरणे आणि अवजारे बदलून सुमारे २० टक्के वीज बचत होऊ शकते. यामुळे देशाचा कोळसा वापर कमी होऊ शकतो. भारतात बहुतांश ठिकाणी शेतीमध्ये पाण्याचा अतिवापर होतो. शेतीतील पाण्याची उत्पादकता वाढवण्यासाठी ठिबक सिंचन किंवा फवारासिंचक असे अतिशय परिणामकारक मार्ग आहेत. ते मार्ग अवलंबले तर विजेची आणि पाण्याची बचत होते.

  संसाधनांच्या प्रत्येक वापरातून मूल्यवर्धन करणे हा **दुसरा मार्ग**. उदाहरणार्थ, भारतातून मोठ्या प्रमाणात कच्चा माल आणि यंत्रणेचे सुटे भाग निर्यात होतात आणि त्यापासून तयार झालेल्या वस्तू मात्र आयात होतात. अशा वस्तूंचे उत्पादन भारतात झाल्यास संसाधनांचा वापर न वाढवता जीडीपीत भर पडेल. हळकुंड उत्पादन करणाऱ्या खेड्याच्या उदाहरणातून हे सहज दिसून येईल. आज शहरात तयार झालेली हळद गावकऱ्यांना विकत घ्यावी लागते. हळद पावडर तयार करण्याची यंत्रणा खेड्यांतच सहकारी तत्त्वावर बसवली, तर त्या गावाचे उत्पन्न वाढते आणि त्याचा जीडीपी वाढू शकतो. यात वीज वगळता इतर नैसर्गिक संसाधनांचा वापर वाढत नाही.

  तिसरा मार्ग म्हणजे, एक नैसर्गिक संसाधन अनेक वेळा वापरणे. हीच 'सर्क्युलर इकॉनॉमी' म्हणजे 'चक्रीय अर्थव्यवस्था'. उदाहरणार्थ, प्लॅस्टिक कचऱ्यावर प्रक्रिया करून त्यापासून इतर गोष्टी तयार करणे, निरुपयोगी वस्तूंमधून धातू आणि खनिजे काढून इतर वस्तूंच्या उत्पादनात वापरणे. आज काही मोठे ब्रँड्स 'रिसायकल्ड पॉलिस्टर' टी-शर्ट्स तयार करतात. अशा प्रक्रियेमध्ये संसाधनांचा पुनर्वापर होतो. करप्रणालीमध्ये बदल करून सर्क्युलर इकॉनॉमीला उत्तेजन देता येईल. 'ग्रीन इकॉनॉमिक झोन'सारखे उपक्रम राबविता येतील, आणि हरित उद्योजकांना कर्ज प्राधान्य देण्यास बँकांना प्रवृत्त करता येईल.
- **आर्थिक वृद्धीतून पर्यावरणीय हानी कमी करणे :** सध्या अर्थव्यवस्थेच्या प्रत्येक टप्प्यात पर्यावरणीय हानी होत आहे. यात सर्वात मोठा बदल हा जीवाश्म इंधनाचा वापर कमी करणे हाच असेल. त्यासाठी देशाची अक्षय्य ऊर्जेकडे वाटचाल झपाट्याने होणे आवश्यक आहे. भारताला सौरऊर्जेचे वरदान आहे. या ऊर्जेचा सर्वात कार्यक्षम वापर म्हणजे 'हीटिंग' अर्थात पाणी गरम करणे. प्रत्येक उद्योग क्षेत्रात हा वापर झालाच पाहिजे. फोटोव्होल्टेक सेल वापरून सौरऊर्जेची निर्मिती आता खर्चिक राहिलेली नाही. हे तंत्रज्ञान झपाट्याने विकसित होत आहे. मोठ्या उद्योगसमूहांनी दरवर्षी अक्षय्य ऊर्जेच्या वापराचे ध्येय वाढवले पाहिजे. सरकारने

लघु उद्योगांसाठी 'ग्रीन पॉवर पर्चेस ॲग्रिमेंट' म्हणजे अक्षय्य ऊर्जा उत्पादन करणाऱ्या कंपन्यांकडून वीज विकत घेण्याचे प्रयोजन केले पाहिजे. आज भारतात 'प्रदूषण न करणे ही उत्पादकाची जबाबदारी' आहे, असे मानणारा कायदा नाही. पाकीटबंद खाऊ तयार करणाऱ्या उत्पादकांसाठी असा कायदा प्रायोगिक तत्त्वावर करता येईल. एखादी कंपनी वर्षाला जितके प्लॅस्टिक वापरते, तितक्या प्लॅस्टिक कचऱ्यावर पुनर्प्रक्रिया करणे त्यांना बंधनकारक केले, तर घनकचरा प्रदूषण कमी होईल. आपल्या देशात इतर प्रदूषण कायदे चांगले आहेत, पण अंमलबजावणी कमकुवत आहे. यात तातडीने सुधारणा होणे अनिवार्य आहे. अशा गोष्टी करून आर्थिक वृद्धीतून पर्यावरणीय हानी कमी होणे सहज शक्य आहे.

- **नूतनीकरणयोग्य संसाधनांची अर्थव्यवस्था वाढविणे :** याचे सर्वांत मोठे क्षेत्र म्हणजे शेती व्यवसाय. यात नूतनीकरणयोग्य संसाधनांचा वापर होतो. भारताची सुमारे ५८ टक्के जनता याच व्यवसायात आहे, परंतु देशाच्या जीडीपीमध्ये त्यांचे फक्त सोळा टक्के योगदान आहे. म्हणजे या व्यवसायात मोठी आर्थिक वृद्धी होण्याचा वाव आहे. हे साध्य झाल्यास देश विकसित होण्याकडे मार्गस्थ होईल. आज शेतमालाला इतका कमी भाव मिळतो, की काही शेतकऱ्यांचे खर्चही निघत नाहीत. देशातील शेती व्यवसायात वीज आणि पाण्याचे समान वाटप होते. सर्वांना हमीभाव मिळत नाही, कानाकोपऱ्यातील शेतकऱ्यांना कृषीउत्पन्न केंद्रापर्यंत पोहोचता येत नाही, दीर्घकालीन दुष्काळामुळे शेतकऱ्यांचे नुकसान होते. ही आणि अशी अनेक कारणामुळे शेतीच्या व्यवसायाचे जीडीपीमध्ये अत्यल्प योगदान आहे.

नागरिकांची भूमिका

बाजारपेठेतील मागणी हे अर्थनिर्मितीचे इंधन आहे आणि मागणी वाढवणारे ग्राहक असतात. आपल्या मागण्या संयमी आणि आपला उपभोग विवेकी ठेवला, तर नैसर्गिक सांसाधनांचा उपसा आणि प्रदूषण या दोन्ही गोष्टी संयमित होतात आणि पर्यावरणीय ऱ्हासावर नियंत्रण ठेवण्यात ग्राहकांचा हातभार लागतो. येणाऱ्या पिढ्यांना त्यांच्या गरजा भागवण्यासाठी लागणारी नैसर्गिक संसाधने राखून ठेवण्याची मोठी जबाबदारी आपल्या पिढीवर असते. ती पार पाडायची असेल, तर आपल्याला त्यांच्यासाठी विपुल निसर्ग आणि सशक्त परिसंस्था ठेवायला हव्यात. निसर्ग संवर्धनात कितीही पैसा ओतला, तरी त्यामधून पुन्हा संसाधने निर्माण होत नाहीत. अर्थनिर्मितीची प्रक्रिया पुन्हा उलटवता येत नाही, याची दखल ग्राहकांनीच घेतली पाहिजे.

आधुनिक जीवनशैली सुखसोयीयुक्त आहे, पण अशा जीवनशैलीचा निसर्गावर मोठा भार पडतो. आपल्या गरजा कमी करून वस्तूंचा उपभोग संयमी ठेवला, तर संसाधनांचा वापर आणि निसर्गाला घातक असलेल्या वस्तूंची बाजारमागणी कमी होऊन त्यांचे उत्पादन कमी होईल. सातासमुद्रापलीकडून आयात केलेल्या वस्तूंपेक्षा स्थानिक उत्पादनांची निवड पर्यावरणासाठी अधिक योग्य असते. ज्या वस्तू पूर्णपणे नाकारता येत नाहीत, त्यांचा वापर कमी करता येतो.

कार्बन फूटप्रिंट : निसर्ग ऱ्हास आणि हवामान बदल रोखण्याचे एक प्रभावी साधन

प्रत्येक माणूस आपल्या दैनंदिन जीवनात कळत-नकळत प्रदूषण करत असतो, नैसर्गिक संसाधनांचा वापर करत असतो, आणि हवामान बदलामध्ये हातभार लावत असतो. 'कार्बन फूटप्रिंट' या संकल्पनेचा वापर करून आपण हवामान बदलात किती हातभार लावत आहोत हे समजू शकते. कार्बन फूटप्रिंटची संकल्पना सोप्या भाषेत समजून घेऊ या आणि आपण निसर्गाचा ऱ्हास कसा कमी करू शकतो, यावर सविस्तर विचार करू या.

- **कार्बन फूटप्रिंट म्हणजे नक्की काय? :** 'फूटप्रिंट' म्हणजे आपल्या पावलांचे ठसे. जेव्हा ओल्या

मातीवरून किंवा वाळूवरून आपण चालतो, तेव्हा मागे आपल्या पावलांच्या खुणा उमटतात. अगदी तशाच प्रकारे आपण पृथ्वीवर वावरताना आपल्या विविध कृतींतून पर्यावरणावर जे 'ठसे' उमटवतो, त्यांना 'कार्बन फूटप्रिंट' म्हणतात. सोप्या भाषेत सांगायचे, तर एखादी व्यक्ती, संस्था, उत्पादन किंवा देश आपल्या दैनंदिन गरजा पूर्ण करण्यासाठी प्रत्यक्ष किंवा अप्रत्यक्षपणे किती प्रमाणात हरितगृह वायू वातावरणात सोडतो, त्याचे मोजमाप म्हणजे कार्बन फूटप्रिंट.

आपण जेव्हा गाडी चालवतो, तेव्हा इंधन जळल्यामुळे धूर निघतो. हे प्रत्यक्ष उत्सर्जन आहे. पण आपण जेव्हा बाजारातून एखादी प्लॅस्टिकची बाटली विकत घेतो, तेव्हा ती तयार करण्यासाठी कारखान्यात जी ऊर्जा लागली आणि जे प्रदूषण झाले, तेदेखील आपल्याच कार्बन फूटप्रिंटचा भाग असते, पण हे अप्रत्यक्ष उत्सर्जन असते, जे आपल्याला दिसत नाही किंवा जाणवतही नाही.

विकत घेतलेली प्रत्येक गोष्ट, ताटातील अन्न, घरातील वस्तू, आपला प्रवास किंवा मनोरंजन या सर्वांना कार्बन फूटप्रिंट असते. काही वस्तूंचे कार्बन फूटप्रिंट इतर वस्तूंपेक्षा कमी असते. उदाहरणार्थ, अतिशय साधा मोबाईल फोन आणि एकदम भारीतला मोबाईल फोन या दोघांच्या कार्बन फूटप्रिंटमध्ये प्रचंड मोठा फरक असतो. किंवा सायकल वापरून प्रवास करणे आणि गाडी वापरून प्रवास करणे, याच्याही कार्बन फूटप्रिंटमध्ये मोठे फरक असतात. खादीचा कुर्ता आणि परदेशातून आयात केलेले कपडे यांच्यातही मोठा फरक असतो.

म्हणजे कार्बन फूटप्रिंट संकल्पनेची माहिती घेऊन आपल्याला उत्सर्जन कमी करण्यावर निश्चितच प्रभाव टाकता येतो.

- **आपण कार्बन फूटप्रिंट कसा कमी करू शकतो ? :** कार्बन फूटप्रिंट कमी करणे म्हणजे केवळ झाडे लावणे नव्हे, तर आपल्या जीवनशैलीत आमूलाग्र बदल करणे होय. याचे आपण काही महत्त्वाच्या विभागांत वर्गीकरण करू शकतो -
- **ऊर्जेचा वापर :** आपल्या घरातील वीजनिर्मितीसाठी मोठ्या प्रमाणावर कोळसा जाळला जातो. सर्वात महत्त्वाची गोष्ट म्हणजे आपली विजेची गरज कमी करणे हाच आहे. हे काही सोपे नाही, पण गरज नसताना दिवे आणि पंखे बंद ठेवणे, हे तर अगदीच सोपे असते. काही गोष्टी सहज करता येतात. घरात एलईडी बल्बचा वापर करून किंवा नवीन प्रकारचे बीएलडीसी पंखे बसवून आपला विजेचा वापर कमी करता येतो. शक्य असल्यास सौरऊर्जेचा वापर वाढवून आपले कार्बन फूटप्रिंट कमी करता येते. मोबाईल फोनवर मनोरंजनात घालवलेला वेळ जर कमी केला, तर खूप मोठ्या प्रमाणात उत्सर्जन कमी होते, हे आपण आधीच्या प्रकरणात पाहिले आहेच.
- **वाहतूक :** पेट्रोल आणि डिझेलवर चालणारी वाहने कार्बन उत्सर्जनाचा मोठा स्रोत आहेत. जवळच्या अंतरासाठी चालत जाणे किंवा सायकलचा वापर करणे यात काहीच अवघड नाही. लांबच्या प्रवासासाठी खासगी गाडीऐवजी सार्वजनिक वाहतुकीचा वापर करून आपल्याला उत्सर्जन कमी ठेवता येते. शहरांमधून बस किंवा मेट्रोचा वापर करता येतो. इलेक्ट्रिक वाहने हा एक पर्याय आहे, पण त्याचेही कार्बन फूटप्रिंट असतेच.
- **आहार :** जीवनशैलीवर एक पूर्ण प्रकरण या पुस्तकात आहे. तसेच, आपण काय खातो याचाही पर्यावरणावर परिणाम होतो. प्रक्रिया केलेले अन्न आणि मांसाहार करण्यासाठी लागणारी ऊर्जा शाकाहारापेक्षा कितीतरी जास्त असते. स्थानिक पातळीवर पिकवलेली फळे आणि भाज्या आपल्या आहारात आणल्या, तर वाहतूक कमी होते आणि परिणामी प्रदूषण कमी होते. अन्नाची नासाडी टाळणे हादेखील कार्बन फूटप्रिंट कमी करण्याचा मार्ग आहे. रासायनिक खतांचे कार्बन फूटप्रिंट खूप जास्त असते. त्याऐवजी सेंद्रिय शेतीचा वापर

केल्यास जमिनीचा पोत सुधारतो आणि निसर्गाचा ऱ्हास थांबतो.

- **कचरा व्यवस्थापन :** शहरी कचऱ्यातून उत्सर्जन कसे होते हे आपण एका प्रकरणात पाहिले. कचरा डेपोमध्ये जेव्हा कचरा कुजतो, तेव्हा त्यातून 'मिथेन' हा घातक वायू बाहेर पडतो, जो कार्बन डायऑक्साईडपेक्षा पंचवीसपटीने अधिक उष्णता शोषतो. रिड्युस, रियूज आणि रिसायकल, म्हणजे वापर कमी करणे, पुनर्वापर करणे आणि पुनःप्रक्रिया करणे या सूत्राचा अवलंब करून आपण उत्सर्जन कमी करू शकतो. ओला कचरा घरीच जिरवून त्याचे उत्तम खत तयार होते. त्यात कार्बनही साठवला जातो. प्लॅस्टिकचा वापर पूर्णपणे थांबवता येत नसला, तरी निश्चितपणे कमी करता येतो. प्लॅस्टिक उत्पादनात प्रचंड उत्सर्जन होत असते.

निसर्गाचा ऱ्हास टाळण्यासाठी कार्बन फूटप्रिंटचे महत्त्व

निसर्ग ऱ्हास म्हणजे केवळ जंगलतोड नव्हे, तर नद्यांचे प्रदूषण, जमिनीची धूप आणि जैवविविधतेचा नाश होय. कार्बन फूटप्रिंट कमी केल्याने निसर्गाला खालील प्रकारे फायदा होतो -

- **नद्यांचे संरक्षण :** जेव्हा आपण वस्तूंचा वापर कमी करतो, तेव्हा त्या वस्तूंचे उत्पादन कमी होते. त्यामुळे त्या वस्तूच्या उत्पादनातून तयार होणारे सांडपाणी किंवा बाहेर पडणारी रसायने आपल्या पाण्याच्या स्रोतात सोडली जात नाहीत. पुणे शहराच्या मुळा-मुठा नद्यांच्या संवर्धनासाठी ही विचारसरणी अत्यंत आवश्यक आहे.
- **जैवविविधता टिकवणे :** हवामान बदलामुळे अनेक प्राण्यांच्या आणि पक्ष्यांच्या प्रजाती नष्ट होत आहेत. जर आपण कार्बन उत्सर्जन नियंत्रित केले, तर तापमानातील बदल मर्यादित राहतील आणि प्राण्यांना त्यांच्या नैसर्गिक अधिवासात जगणे सुसह्य होईल. घराघरांतून फुलपाखरांची उद्याने करणे, पक्ष्यांसाठी आडोसे करणे अशा प्रकारे शहरी जैवविविधता संवर्धन करता येते.
- **विकत घेतलेल्या वस्तूंचा पुरेपूर वापर करणे, योग्य वस्तूंची मागणी वाढविणे :** नैसर्गिक संसाधनांची जाणीव ठेवून प्रत्येक वस्तू त्याचे जीवनचक्र पूर्ण होईपर्यंत वापरली, तर वस्तूंची बाजार-मागणी कमी होईल आणि त्याचे उत्पादन कमी होईल. दरवर्षी नवीन फोन घेणे किंवा दर चार वर्षांनी आपली गाडी बदलणे हे पर्यावरणीयदृष्ट्या आणि हवामान बदलासाठी योग्य नाही. त्यामुळे विचारपूर्वक वस्तू विकत घेणे आणि त्यांचा वापर करणे हाच शाश्वत मार्ग आहे.

मागणी कमी करण्यासाठी सात 'आर' फ्रेमवर्क :

आपण रियूज आणि रिसायकल याबद्दल नेहमीच ऐकतो. पण त्याचबरोबर इतर गोष्टीही केल्या, तर रिसायकलिंगवर असलेला ताण कमी होईल. ते कोणते 'आर' आहेत ते पाहू :

१. **रिफ्यूझ, म्हणजे नाकारणे :** काही वस्तूंचा वापर आपल्याला सहज नाकारता येतो, आणि त्या नाकारल्याने आपल्या जीवनात काहीच फरक पडणार नसतो. उदाहरणार्थ, प्लॅस्टिकच्या पिशव्या, डिस्पोझेबल – म्हणजे एकदा वापरुन फेकून देण्याचे - प्लेट, चमचे, या वस्तू नाकारता येतात. त्यांना उत्तम पर्याय आहेत आणि या गोष्टी न वापरल्याने आपल्या आयुष्यात काहीच फरक पडत नाही. त्याच प्रमाणे अनेक घातक वस्तूंना चांगले पर्याय असतात. रसायनयुक्त साबण, शाम्पू आणि कपडे धुण्याची पावडर, प्लॅस्टिक पिशव्या, बाटलीबंद पाणी, पाम तेलात केलेले पाकीटबंद खाद्यपदार्थ, फटाके अशा गोष्टी नक्कीच नाकारता येतात. परदेशी उत्पादनांनापेक्षा स्थानिक उद्योजकांना प्रोत्साहन देणे, असे पर्याय निवडून आपण वस्तूंची वाहतूक कमी करू शकतो आणि त्या प्रमाणात कार्बनचे उत्सर्जन कमी होऊ शकते.

२. **रिड्यूस, म्हणजे वापर कमी करणे :** ज्या वस्तू पूर्णपणे नाकारता येत नाहीत त्यांचा वापर कमी करता येतो. पाणी, कागद, वीज, पेट्रोल, शीतपेये, साफसफाई करण्यासाठी रासायनिक वस्तू यांचा वापर ठरवून कमी करता येतो. आठवड्यातील एक-दोन दिवस तरी बस किंवा सायकलने प्रवास करणे, एका घरात एक टीव्ही असणे, गार पाण्यासाठी माठाचा वापर, अंघोळीसाठी सोलर हिटर वापरणे अशा काही गोष्टी शक्य असतात. आधी म्हटल्याप्रमाणे कॉम्प्युटर, मोबाईल फोन, गाड्या, टीव्ही अशा वस्तू वरचेवर न बदलता, आहे त्याच अधिक काळ वापरून त्यांची मागणी कमी करता येते. काही पर्यावरणपूरक गोष्टींचा वापर वाढवून त्यांच्या उत्पादनास प्रोत्साहन देता येते. सेंद्रिय अन्नधान्य, घरगुती वापरातील रसायनविरहित वस्तू, स्थानिक खाद्यपदार्थ अशा वस्तूंची निवड योग्य ठरेल. घरातील घनकचऱ्याचे व्यवस्थापन, सेंद्रिय कचऱ्याचे कम्पोस्टिंग, प्लॅस्टिक कचरा पुनर्प्रक्रियेस पाठवणे, इलेक्ट्रॉनिक कचरा वेगळा साठवणे हे काहीच अवघड नसते. आज आपल्या अवतीभोवती अनेक कुटुंबे आपल्या जीवनशैलीत असे विधायक बदल करत आहेत. सगळ्यांना सगळे एकदम शक्य नसते; पण छोटी सुरुवात केली तर पुढला मार्ग सोपा होत जातो.

३. **रियूज, म्हणजे पुनर्वापर :** अनेक गोष्टी पुन्हा वापरात आणता येतात. पाण्याच्या बाटल्या स्वच्छ धुऊन त्यात छोटी रोपे लावता येतात. जुन्या वर्तमानपत्रांपासून पिशव्या करता येतात. जुने किंवा फाटके कपडे कापून त्याचे अनेक घरगुती वापर करता येतात. काही कंपन्या जुन्या जीन्सपासून पिशव्या करतात. स्वयंपाकघरातील भाजी धुण्याचे पाणी आपल्या बागेमध्ये सिंचनासाठी वापरता येते. अशा नावीन्यपूर्ण गोष्टी करून वस्तू कचऱ्यात जाण्यापासून थांबवता येतात.

४. **रिपेअर आणि रीडिस्ट्रीब्यूट, म्हणजे वस्तू दुरुस्त करून इतरांना देणे :** अनेकांच्या घरात जुन्या सायकली, रेडिओ, छत्र्या किंवा घरगुती उपकरणे बंद पडलेल्या अवस्थात असतात. त्या रिपेअर करून गरजू लोकांना देऊन टाकता येतात. पुण्यामध्ये फ्री सायकल, फ्री स्पेस नावाने अनेक व्हॉट्सॲप गट आहेत. तिथे अशा पद्धतीचे देवाणघेवाण सुरू असते. या गटांमुळे अनेकांकडून वस्तूंचा पुनर्वापर होतो आणि त्यांची बाजार मागणी कमी होते. इतर शहरांतही असे गट असतील किंवा आपल्याला सुरू करता येतील.

५. **रिसायकल, म्हणजे पुनर्चक्रण :** आज आपण प्लॅस्टिक रिसायकलवर खूप भर देतो. पण आपण लक्षात ठेवले पाहिजे, की रिसायकल ही एक औद्योगिक प्रक्रिया आहे. त्यामध्ये ऊर्जेचा वापर होतो आणि उत्सर्जनही होते. त्यामुळे रिसायकल करणे अत्यंत गरजेचे जरी असले आणि त्यातून उत्सर्जन कमी होत असले, तरी फक्त रिसायकल करून गोष्टी सुधारणार नाहीत. त्यासाठी आधीचे 'आर' गरजेचे आहेत. रिसायकल करण्यासाठी कचऱ्याचे विलगीकरण होणे अत्यंत महत्त्वाचे आहे. आणि नेमके आपल्या शहरातील कचऱ्याचे आज विलगीकरणच होत नाही. त्यामुळे जे रिसायकल होणे शक्य आहे, तेसुद्धा पुनर्चक्रण प्रणालीतून बाहेर पडते. आपला कचरा आपण वेगळा करून देणे ही जबाबदारी खरेतर प्रत्येक घराने उचलली पाहिजे. असे झाले तरच प्रशासन योग्यरितीने रिसायकलिंग करू शकेल.

६. **रिस्टोअर, म्हणजे निसर्गसंवर्धन :** एकीकडे आपल्याला आपले हरितगृह वायू उत्सर्जन कमी करणे अनिवार्य आहे, आणि दुसरीकडे निसर्ग संवर्धन करणे हेही तितकेच महत्त्वाचे आहे. फक्त 'झाडे लावा, झाडे जगवा' म्हणून काही उपयोग नाही. फावल्या वेळात निसर्ग संवर्धनात काम करणाऱ्या संस्थेबरोबर जोडून घेणे, आपल्या घरातल्या मुलांना निसर्ग संस्कार देणे आणि आपण स्वतः आपल्या हाताने निसर्गामध्ये काहीतरी संवर्धनाचे कार्य करणे या गोष्टी महत्त्वाच्या आहेत. यातून मानवाचे निसर्गाशी

संबंध घनिष्ठ होत जातील आणि आपोआप आपण निसर्गाची काळजी घेत राहू. नाहीतर आपण निसर्गकडे फक्त विरंगुळा म्हणून बघतो.

आपल्या घरांमधूनसुद्धा संवर्धन सुरू करता येते. बंगला असो किंवा फ्लॅट, सेंद्रिय कचऱ्याचे विघटन करून त्याच्यापासून उत्तमप्रतीची माती, म्हणजे खत करता येते. घरामध्ये झाडांच्या कुंड्या ठेवणे, बागेत फुलपाखरांसाठी काही विशिष्ट झुडपे लावणे या गोष्टी करणे सहज शक्य असते.

७. **रुपये :** वर मांडलेल्या 'आर' फ्रेमवर्कचे आपण जेव्हा पालन करू, तेव्हा आपले कार्बन फूटप्रिंटही कमी होईल, उत्सर्जन कमी होईल आणि मुख्य म्हणजे बचत होईल. म्हणजेच 'सात आर' फ्रेमवर्क वापरून रुपये वाचतील!

अशा पद्धतीचा विचार करणारे आज समाजात अनेक सुजाण नागरिक आहेत. निसर्गाची काळजी घेऊन तयार केलेली उत्पादने वापरण्याची त्यांना इच्छा आहे; पण केवळ वस्तूच्या उत्पादनाची संपूर्ण माहिती नसल्यामुळे ते शक्य होत नाही. एखादी वस्तू निर्माण होताना आजूबाजूच्या पर्यावरणावर आक्रमण होऊन तेथील परिसंस्था नष्ट होऊ शकते. अशी वस्तू विकत घेताना त्याची आपल्याला जाणीव असेलच असे नाही, म्हणजे अनवधानाने पर्यावरणाला हानिकारक वस्तूंची मागणी आपण वाढवत राहतो. प्रत्येक उत्पादनाचे कार्बन फूटप्रिंट काढून त्याची माहिती वस्तूच्या लेबलवर छापणे बंधनकारक केले, तर ग्राहकांना पर्यावरणपूरक पर्याय दिसू शकतील. निसर्गाची कमीतकमी हानी करून तयार झालेल्या वस्तू ग्राहकांना घेता न येण्याचे मूळ कारण बाजारपेठेमध्ये माहितीची असमान रचना हेच आहे. ही रचना बदलण्याची जबाबदारी सरकारने घेणे आवश्यक आहे.

निसर्गात कुठलाही निश्चित आकृतिबंध नाही, हे पृथ्वीच्या इतिहासाने आपल्याला शिकविले आहे. उत्क्रांतीच्या अभ्यासातून असे दिसते, की ज्या प्रजाती वातावरणाशी आणि बदलणाऱ्या परिस्थितीशी सर्वाधिक जुळवून घेतील, त्या प्रजातींचे भविष्य काही प्रमाणात तरी सुरक्षित राहू शकते. आजच्या परिस्थितीत कोरोना विषाणूने तग धरला आणि त्याचा झपाट्याने प्रसार झाला. येणाऱ्या काळात मानवावर मात करण्याची क्षमता असलेले जीवजंतू निश्चितच असतील. याचे मुख्य कारण म्हणजे निसर्गात झालेले बदल, आणि या बदलांचा शिल्पकार मानवच आहे. आपल्या उपभोगात आणि आर्थिक आचरणात तत्काळ आणि मोठे बदल केले नाहीत, तर येणाऱ्या काळात आपल्याला आजच्यापेक्षाही जास्त हाल सोसावे लागतील, याची शक्यता नाकारता येत नाही.

पृथ्वी ही आपल्याला आपल्या पूर्वजांकडून मिळालेली मालमत्ता नसून, ती आपण आपल्या मुलांकडून घेतलेले कर्ज आहे, हे लक्षात ठेवून आपण आपले कार्बन फूटप्रिंट कमी करण्याचा निश्चय करायला हवा.

स्पर्धात्मक अर्थव्यवस्थेमुळे उद्‌भवलेला निसर्ग ऱ्हास जर आपल्या पिढीने तत्काळ आणि मोठ्या प्रमाणात निस्तरला नाही, तर येणाऱ्या पिढ्यांना भयंकर जीवन जगावे लागेल, यात शंका नाही. यासाठी प्रत्येकाला थोडी गैरसोय पत्करून जीवनशैली बदलावी लागेल, फक्त सरकारी प्रयत्नांनी हे साध्य होणे नाही. या पुरातन पृथ्वीवर आपण फक्त काही क्षणांचे पाहुणे आहोत. एखाद्या जबाबदार पाहुण्यासारखे आपले आचरण नसेल, तर पुढच्या पिढ्यांना येथे प्रवेश नाकारला जाऊ शकतो, हे विसरता कामा नये.

प्रकरण २८

जागतिक प्रयत्न आणि भारताची भूमिका

जागतिक हवामान बदलाच्या जाणिवेचा उदय : स्टॉकहोम परिषद, १९७२

संयुक्त राष्ट्रांच्या पर्यावरण परिषदेने जून १९७२मध्ये स्टॉकहोम येथे पर्यावरणीय मुद्द्यांवर पहिली जागतिक चर्चा घडवली. यात २६ तत्त्वांचे स्टॉकहोम घोषणापत्र स्वीकारला गेले. त्यात प्रदूषण, जैवविविधता आणि विकास यांच्यातील संतुलनावर भर दिला होता. या परिषदेतून युनायटेड नेशन्स एन्व्हायर्न्मेंटल प्रोग्रॅम, म्हणजे यूनेपची (UNEP) स्थापना झाली. आजही जागतिक पर्यावरण संरक्षणाचे नेतृत्व याच संस्थेकडे आहे.

यूनेप आणि जागतिक हवामान संघटनेने (वर्ल्ड मिटिरिओलॉजिकल ऑर्गनायझेशन) मिळून हवामान बदलावर काम करण्यासाठी आंतरसरकारी पॅनेल (इंटरगव्हर्न्मेंटल पॅनेल ऑन क्लायमेट चेंज - Intergovernmental Panel on Climate Change) म्हणजेच आयपीसीसी या संस्थेची स्थापन केली. या संस्थेतून हवामान बदलाच्या वैज्ञानिक मूल्यमापनाला चालना मिळाली.

हवामान राजनीतीचा जन्म : रिओ वसुंधरा परिषद

जून १९९२मध्ये ब्राझीलच्या रिओ दि जानेरो शहरात संयुक्त राष्ट्र पर्यावरण आणि विकास परिषद भरवण्यात आली. या परिषदेला 'अर्थ समिट' म्हणजे वसुंधरा परिषद असेही म्हटले जाते. यामध्ये १७२ देश सहभागी झाले होते.

या परिषदेत हवामान बदलासंबंधी संयुक्त राष्ट्रांची अधिसंस्था स्वीकारण्यात आली. संयुक्त राष्ट्र हवामान बदल आराखडा करार (युनायटेड नेशन्स फ्रेमवर्क कन्व्हेंशन ऑन क्लायमेट चेंज - United Nations Framework Convention on Climate Change) हा महत्त्वाचा करार या परिषदेत स्वीकृत झाला. जैवविविधतेचा करार, म्हणजे Convention on Biological Diversity आणि वाळवंटीकरण नियंत्रणासाठी संयुक्त राष्ट्रांची अधिवेशन, म्हणजे United Nations Convention to Combat Desertification यांचेही बीजारोपण येथेच झाले. शाश्वत विकासाची संकल्पना जागतिक पातळीवर याच परिषदेत मान्य करण्यात आली. एजेंडा २१ म्हणजे पर्यावरण संरक्षणासाठी एकविसाव्या शतकाचा कृती आराखडाही मंजूर करण्यात आला.

म्हणजे खऱ्या अर्थाने जगाला हवामान बदलाची जाणीव झाली आणि त्यावर जागतिक पातळीवर काम होण्यासाठी संस्थात्मक निर्णय घेतले गेले.

क्योटो प्रोटोकॉल

डिसेंबर १९९७मध्ये जपानच्या क्योटो शहरात यूएनएफसीसीसीच्या (UNFCCC) तिसऱ्या हवामान परिषदेमध्ये, कॉपमध्ये (कॉन्फरन्स ऑफ पार्टीज - COP) एक ऐतिहासिक करार मंजूर झाला. पुढे तो क्योटो प्रोटोकॉल म्हणून प्रसिद्ध झाला. हा असा पहिला आंतरराष्ट्रीय करार आहे, ज्यामधून उत्सर्जन कपातीचे कायदेशीरदृष्ट्या बंधनकारक लक्ष्य ठरविले गेले. 'क्लीन डेव्हलपमेंट मेकॅनिझम'सुद्धा क्योटोमध्येच स्वीकृत झाले. यामध्ये विकसनशील देशांमध्ये उत्सर्जन कमी करणारे प्रकल्प राबवले जातात, आणि त्या प्रकल्पांमुळे निर्माण होणारे क्रेडिट्स (सर्टिफाईड कमिशन रिडक्शन) विकसित देशांना मिळू शकतात. याचा दोन्ही देशांना फायदा होतो. विकसनशील देशाला शाश्वत विकास कार्यात तंत्रज्ञान आणि भांडवल उपलब्ध होते, तर पैसे देणाऱ्यांना म्हणजेच विकसित देशाला उत्सर्जन कमी केल्याची मोजमाप-आधारित क्रेडिट्स मिळतात.

कोपनहेगन करार

पंधरावी कॉन्फरन्स ऑफ पार्टी, कॉप-१५ परिषद डेन्मार्कच्या राजधानीत म्हणजे कोपनहेगनमध्ये २००९मध्ये झाली. जागतिक तापमानवाढ २° सेल्सियसपर्यंत मर्यादित ठेवण्याचे ध्येय याच परिषदेत निश्चित केले गेले. पण हा करार कायदेशीरदृष्ट्या बंधनकारक नव्हता. विकसित देशांनी विकसनशील देशांसाठी २०२०पर्यंत दरवर्षी १०० अब्ज डॉलर निधी देण्याचे आश्वासन दिले. पुढे जाऊन हे आश्वासन पूर्ण झालेच नाही.

दोहा दुरुस्ती

अठरावी कॉप परिषद कतारच्या दोहामध्ये झाली. या परिषदेत विकसनशील देशांचा हवामान बदलाशी सामना करण्यासाठी दीर्घकालीन सहकार्य करार बाद ठरवून नवा ढाचा तयार करण्यात आला. याच परिषदेत दोहा संशोधन अहवाल स्वीकारला गेला, ज्यात ग्रीन क्लायमेट फंडच्या स्थापनेसाठी पावले उचलली गेली. एकूण १९५ देशांच्या प्रतिनिधींनी हवामान वित्त, तंत्रज्ञान हस्तांतरण आणि अनुकूलन यांवर चर्चा केल्यानंतर 'दोहा अमेंडमेंट्स' स्वीकारले गेले. पण कॅनडाने क्योटो प्रोटोकॉलमधून माघार घेतली.

पॅरिस करार

एकविसावी कॉप परिषद पॅरिसमध्ये डिसेंबर २०१५मध्ये झाली. या करारास 'पॅरिस करार' म्हणतात. हा सर्वात महत्त्वाचा आणि सर्वसमावेशक हवामान करार आहे. याचे काही ठळक मुद्दे असे आहेत - जागतिक सरासरी

तापमान पूर्व-औद्योगिक पातळीपेक्षा २° सेल्सियसपेक्षा कमी ठेवणे आणि १.५° सेल्सियसपर्यंत मर्यादित ठेवण्याचा प्रयत्न जगातील प्रत्येक राष्ट्राने करणे. प्रत्येक देशाने उत्सर्जन कपातीचे लक्ष्य स्वतःचे स्वतः ठरविणे, याला नॅशनल डिटर्मिन्ड कॉन्ट्रिब्युशन म्हटले जाते. विकसित देशांनी विकसनशील देशांना वार्षिक १०० अब्ज डॉलर देण्याची मागणी पुन्हा झाली. प्रत्येक देशाने हवामान बदलाच्या प्रगतीचा अहवाल सादर करण्याचे ठरले आणि त्याचा स्वीकार झाला.अनुकूलन (Adaptation) आणि हानी व नुकसान (Loss & Damage) यासाठी निधी जमाविण्याची मान्यता मिळाली. पण ट्रम्प यांच्या काळात २०१७मध्ये अमेरिकेने या करारातून माघार घेतली. नंतर जो बायडेन यांनी २०२१मध्ये पुन्हा सहभाग घेतला. भारताने पॅरिस करारावर ०२ ऑक्टोबर २०१६ रोजी सही केली.

कॉन्फरन्स ऑफ पार्टीजमधील (CoP) प्रमुख घडामोडी

कॉप वर्ष आणि ठिकाण	**महत्त्वाचा निर्णय**
कॉप-१, १९१९५, बर्लिन	बर्लिन मँडेट — विकसित देशांना बंधने
कॉप-३, १९९७, क्योटो	क्योटो प्रोटोकॉल स्वीकृती
कॉप-७, २००१, माराकेश	माराकेश करार — सीडीएम नियम निश्चित
कॉप-१३, २००७, बाली	बाली कृती योजना — विकसनशील देशांचा सहभाग
कॉप-१५, २००९, कोपनहेगन	२° सेल्सियस उद्दिष्ट, पण बंधनकारक करार नाही
कॉप-१७, २०११, डर्बन	२०२०नंतरच्या करारासाठी डर्बन प्लॅटफॉर्म
कॉप-२१, २०१५, पॅरिस	पॅरिस करार — सर्वात महत्त्वाचा
कॉप-२४, २०१८, कटोविस	रूलबुक — पॅरिस कराराच्या अंमलबजावणीचे नियम
कॉप-२६, २०२१, ग्लासगो	ग्लास्गो क्लायमेट पॅक्ट — कोळशाबाबत निर्णय
कॉप-२७, २०२२, शर्म-अल-शेख	लॉस अँड डॅमेज फंडची स्थापना
कॉप-२८, २०२३, दुबई	जीवाश्म इंधनापासून दूर जाण्याचे आवाहन, ग्लोबल शॉकटेक
कॉप-२९, २०२४, बाकू	नवीन हवामान वित्त उद्दिष्ट (NCQG) — $३०० अब्ज/वर्ष

जागतिक पातळीवर महत्त्वाचे आंतरराष्ट्रीय करार

- **बियॉन्ड ऑइल अँड गॅस अलायन्स (Beyond Oil and Gas Alliance: BOGA):** डेन्मार्क आणि कोस्टा रिकाने २०२१च्या कॉप-२६मध्ये स्थापन केलेली ही आघाडी आता डेन्मार्क आणि क्युबेकच्या नेतृत्वाखाली काम करते. याचे सदस्य देश नवीन तेल-वायू भूखंडाची मंजुरी ठरवतात आणि पॅरिस करारानुसार उत्पादन समाप्तीची तारीख निश्चित करतात. बोगाची २०२३पर्यंत सदस्य संख्या २४पर्यंत गेली असून, यामुळे उत्पादक-ग्राहक देशांमधील संवाद वाढत आहे. यात ग्लोबल साऊथसाठी १० दशलक्ष डॉलरचा फंड स्थापन झाला, हा फंड न्याय्य संक्रमणाला चालना देतो. फ्रान्स, आयर्लंड, वेल्ससह अनेक प्रदेश यात सहभागी आहेत. ही संघटना खनिज इंधनाच्या जागतिक चर्चांना गती देते आणि एनडीसीसारख्या राष्ट्रीय योगदानांना आधार देते.

- **पॉवरिंग पास्ट कोल अलायन्स (Powering Past Coal Alliance : PPCA):** कोळसा-आधारित वीज उत्पादन संपवण्यासाठी कार्यरत असलेली ही जागतिक भागीदारी आहे. २०१७मध्ये ब्रिटन आणि कॅनडाने स्थापन केलेल्या या आघाडीत आता ५०हून अधिक देश आणि संस्था आहेत. २०३०पर्यंत विकसनशील देशांमध्ये आणि २०२५पर्यंत विकसित देशांमध्ये कोळसा वीज प्रकल्प बंद करण्यासाठी पीपीसीए सदस्य वचनबद्ध आहेत. नवीकरणीय ऊर्जेच्या वाटचालीला यातून चालना मिळते.
- **ग्लोबल मिथेन प्लेज (Global Methane Pledge):** २०२१च्या कॉप-२६ ग्लास्गो परिषदेत सुरू झालेली ही जागतिक मोहीम आहे. मिथेन उत्सर्जन २०३०पर्यंत ३० टक्क्यांनी कमी करण्याचे उद्दिष्ट यात ठेवले आहे. यामध्ये १५०हून अधिक देश सहभागी असून, अमेरिका आणि युरोपीय संघाचे नेतृत्व आहे. भारतासारख्या देशांसाठी शेती आणि तेल-वायू क्षेत्रातील उपाययोजना महत्त्वाच्या आहेत. ही मोहीम १.५° सेल्सियस तापमानवाढ रोखण्यासाठी परिणामकारक ठरते.
- **जस्ट एनर्जी ट्रान्झिशन पार्टनरशिप (Just Energy Transition Partnerships: JETPs):** विकसनशील देशांना कोळसा वीज उत्पादन संपवून स्वच्छ ऊर्जा संक्रमणासाठी वित्तीय साहाय्य देणारी ही जागतिक यंत्रणा आहे. २०२१च्या कॉप-२६मध्ये दक्षिण आफ्रिकेसाठी सुरू झालेली ही भागीदारी जी-७ देश आणि इतर विकसित राष्ट्रांनी इंडोनेशिया, व्हिएतनाम यांच्यासह विस्तारली आहे. जेईटीपीअंतर्गत अनुदान, कर्ज आणि खासगी गुंतवणूक मिळते. यातून बंद पडलेल्या कारखान्यांच्या कामगारांचे पुनर्वसन आणि नवीकरणीय ऊर्जा प्रकल्पांना चालना मिळते.
- **हरित हवामान निधी (Green Climate Fund):** हा फंड २०१०मध्ये यूएनएफसीसीसीअंतर्गत स्थापित झाला. यातून विकसनशील देशांना हवामान अनुकूलन आणि शमन (Mitigation) यासाठी निधी दिला जातो. याचे मुख्यालय इंचियॉन, दक्षिण कोरियामध्ये आहे.
- **हवामान वित्त (Climate Finance):** सन २०२०पासून विकसित देशांनी विकसनशील देशांना दर वर्षी १०० अब्ज डॉलर देण्याचे वचन देण्यात आले होते, मात्र हे लक्ष्य २०२३मध्येच पूर्ण झाले असल्याचा दावा ऑर्गनायझेशन फॉर इकॉनॉमिक को-ऑपरेशन अँड डेव्हलपमेंटने (OECD) केला.कॉप-२९मध्ये नवीन लक्ष्य ठेवले गेले. दरवर्षी ३०० अब्ज डॉलर मंजूर करण्यात आले. यात खासगी क्षेत्राचा समावेश करून एकूण १.३ ट्रिलियन डॉलर दर वर्षी उभारण्याचे उद्दिष्ट आहे.
- **हानी व नुकसान फंड (Loss and Damage Fund):** हवामान बदलामुळे ज्या देशांचे भरून न येणारे नुकसान होते त्यांना भरपाई देण्यासाठी कॉप-२७मध्ये हा ऐतिहासिक निर्णय घेण्यात आला आणि याच परिषदेत निधीची रचना ठरली. हा फंड वर्ल्ड बँकमध्ये ठेवण्यात आला आहे.
- **कार्बन बाजारपेठ (Carbon Markets):** पॅरिस कराराच्या कलम ६प्रमाणे आंतरराष्ट्रीय कार्बन बाजारपेठ नियम कॉप-२६ निश्चित करण्यात आले. यानुसार दोन देशांमधील देवाणघेवाण म्हणजेच जागतिक कार्बन क्रेडिट बाजारपेठ यंत्रणा (Internationally Transferred Mitigation Outcomes) ठरवली गेली.

संयुक्त राष्ट्रांचे उपक्रम

संयुक्त राष्ट्र हवामान बदल करार – United Nations Framework Convention on Climate Change (UNFCCC) : यूएनएफसीसीसी ही हवामान बदलावरील सर्व आंतरराष्ट्रीय वाटाघाटींचे केंद्र आहे. याचे मुख्यालय जर्मनीतील बॉन येथे आहे. यांचे सचिवालय कॉप बैठका आयोजित करते, देशांचे अहवाल संकलित करते आणि करारांची अंमलबजावणी तपासते.

यूएन क्लायमेट ॲक्शन (UN Climate Action) - सेक्रेटरी जनरल आन्तोनियो गुतेरेस यांनी हवामान बदलास 'मानवतेसाठी कोड रेड' म्हटले.

UN Future Summit - Pact for the Future २०२३ मध्ये हवामान कृतीचा समावेश केला गेला.

शाश्वत विकास उद्दिष्ट १३ (Sustainable Development Goal 13) : हवामान कृती

शाश्वत विकास उद्दिष्ट क्रमांक १३ म्हणजेच 'क्लायमेट ॲक्शन'. यात तीन प्रमुख उद्दिष्टे आहेत - एक, हवामान संबंधित धोके आणि नैसर्गिक आपत्तींचा प्रतिकार व अनुकूलन क्षमता वाढवणे. दोन, राष्ट्रीय धोरणे, धोरणे आणि नियोजनात हवामान उपाय एकात्मिक करणे. तीन, हवामान बदलाबाबत जागरूकता, शिक्षण आणि संस्थात्मक क्षमता वाढवणे.

- **युनायटेड नेशन्स डेव्हलपमेंट प्रोग्रॅम :** याचे मुख्यालय केनियातील नैरोबीमध्ये आहे. ही संस्था एमिशन्स गॅप रिपोर्ट म्हणजे उद्दिष्ट आणि प्रत्यक्ष उत्सर्जन यामधील फरकाचा अहवाल दरवर्षी प्रकाशित करते. त्याच बरोबर प्रत्येक देशांने उत्सर्जन कमी करण्याचे स्वतः घोषित केलेले योगदान (NDC) पुरेसे आहे की नाही याचा तपास घेते. २०२३च्या अहवालानुसार सध्याची एनडीसी उद्दिष्टे फक्त पाच-दहा टक्के उत्सर्जन कमी करू शकतील, ज्यामुळे तीन डिग्री सेल्सियस वाढ रोखता येणार नाही. तसेच ॲडाप्टेशन गॅप रिपोर्ट म्हणजे अनुकूलनातील तफावत मांडणारा अहवालसुद्धा प्रकाशित केला जातो.
- **जागतिक हवामान संस्था (World Meteorological Organization) :** ही संयुक्त राष्ट्र संघाची विशेष संस्था आहे. ही संस्था हवामानशास्त्र क्षेत्रात जागतिक पातळीवर काम करते. येथून जागतिक हवामान अहवाल दरवर्षी प्रकाशित केला जातो.

आंतरशासकीय हवामान बदल समिती (Intergovernmental Panel on Climate Change)

या संस्थेची स्थापना१९८८मध्ये यूएनईपी आणि जागतिक हवामान संघटना यांनी संयुक्तपणे केली. याचे मुख्यालय स्वित्झर्लंडमधील जिनिव्हामध्ये आहे आणि १९५ देश या संस्थेचे सदस्य आहेत. २००७मध्ये अल गोरसोबत आयपीसीसीला त्यावर्षीचा नोबेल शांतता पुरस्कार प्राप्त झाला. या संस्थेत संशोधन होत नाही, पण जगभरातील हजारो शास्त्रज्ञांच्या संशोधनाचे मूल्यांकन आणि संश्लेषण केले जाते. येथे तीन कार्यगट (Working Groups) आहेत :

- Working Group I : हवामान बदलाचे भौतिक विज्ञान - तापमानवाढीची कारणे, हरितगृह वायू
- Working Group II : परिणाम, अनुकूलन आणि असुरक्षितता - पूर, दुष्काळ, आरोग्य, शेती
- Working Group III : हवामान बदल शमन - उत्सर्जन कपातीचे मार्ग, नवीकरणीय ऊर्जा
- याशिवाय टास्क फोर्स ऑन नॅशनल ग्रीन हाऊस गॅसेस इन्व्हेंटरीज (Task Force on National GHG Inventories) हे देशांना हरितगृह वायू लेखा पद्धती देते.

आयपीसीसीने आतापर्यंत हवामान बदलाचे मूल्यांकन करणारे सहा अहवाल प्रकाशित केले आहेत. याला ॲसेसमेंट रिपोर्ट्स (Assessment Reports) किंवा एआर (AR) म्हटले जाते. हे अहवाल काय सांगतात ते पाहू -

- FAR: पहिला अहवाल (१९९०) - हवामान बदलाची पुष्टी, रिओ परिषदेचा आधार
- SAR: दुसरा अहवाल (१९९५) - मानवी प्रभावाचा 'आभास'
- TAR: तिसरा अहवाल (२००१) - मानवी क्रियाकलाप हे मुख्य कारण
- AR4: चौथा अहवाल (२००७): अत्यंत शक्यता (>९० टक्के), मानव जबाबदार; नोबेल पुरस्कार

- AR5: पाचवा अहवाल (२०१३-१४): मानव जबाबदार असल्याची ९५ टक्के खात्री
- AR6: सहावा अहवाल (२०२१-२३): १.५° सेल्सियस लक्ष्य धोक्यात; 'अपरिवर्तनीय' (Code Red)

AR6 – सहाव्या मूल्यांकन अहवालामधील (२०२१–२०२३) काही विशेष नोंदी :

- जागतिक तापमान आता पूर्व-औद्योगिक पातळीपेक्षा १.१° सेल्सियसने वाढले आहे. १.५° सेल्सियस लक्ष्य सध्याच्या गतीने २०३०-२०५२दरम्यान ओलांडले जाईल.
- उष्णतेच्या लाटा, अतिवृष्टी, समुद्र पातळीत वाढ हे आता अधिक सामान्य झाले आहेत.
- जागतिक तापमान स्थिर ठेवण्यासाठी कार्बन डायऑक्साइड उत्सर्जन शून्यावर आणणे आवश्यक. ३.५ अब्ज लोक हवामान बदलामुळे असुरक्षित होऊ लागलेल्या क्षेत्रात राहतात.

भारतासारख्या देशांना उष्णतेच्या लाटा, मोसमी पर्जन्यातील बदल आणि हिमालयातील हिमनदी वितळण्याचा धोका.

भारताची हवामान धोरणे आणि योजना

भारताची उत्सर्जन स्थिती

अमेरिका आणि चीननंतर भारत हा जगातील तिसरा सर्वात मोठा कार्बन उत्सर्जक देश आहे. मात्र दरडोई उत्सर्जन जागतिक सरासरीपेक्षा खूपच कमी आहे. हवामान बदलाच्या समस्येत भारताची ऐतिहासिक भूमिका अत्यल्प असली, तरी आपण त्याचे तीव्र परिणाम भोगणाऱ्या देशांपैकी एक आहोत.

भारताचे स्वतः ठरवलेले योगदान (Nationally Determined Contributions)

भारताचे अद्ययावत एनडीसी – २०२२ :

१) वर्ष २०३०पर्यंत राष्ट्रीय सकल उत्पन्नाची उत्सर्जन तीव्रता २००५च्या तुलनेत ४५ टक्के कमी करणे. सुरुवातीला हे उद्दिष्ट ३३-३५ टक्के होते.
२) २०३०पर्यंत बिगर-जीवाश्म इंधन स्रोतांतून ५० टक्के विजेची क्षमता निर्माण करणे.
३) २०३०पर्यंत कार्बन सिंक (कार्बन शोषण करणाऱ्या नैसर्गिक परिसंस्था) २.५ ते ३ अब्ज टन कार्बन डायऑक्साइड समतुल्य वाढवणे.
४) दीर्घकालीन उद्दिष्ट : २०७०पर्यंत नेट झीरो उत्सर्जन

राष्ट्रीय हवामान बदल कृती आराखडा :२००८ (National Action Plan on Climate Change) या आराखड्यात पंतप्रधान परिषदेने मंजूर केलेले आठ राष्ट्रीय अभियाने आहेत :

१) राष्ट्रीय सौरऊर्जा अभियान : सौरऊर्जा विस्तार
२) ऊर्जा कार्यक्षमता वर्धन अभियान : ऊर्जा बचत
३) शाश्वत निवास अभियान : हरित इमारती
४) राष्ट्रीय जल अभियान : जल संवर्धन
५) शाश्वत हिमालय परिसंस्था अभियान : हिमालयाचे संरक्षण
६) हरित भारत अभियान : वनक्षेत्र वाढ
७) शाश्वत शेती अभियान : हवामान-अनुकूल शेती

८) हवामान बदल ज्ञान धोरण अभियान : संशोधन व जागरूकता

पंचामृत (Panchamrit) - ग्लास्गोच्या कॉप २६मध्ये भारताने दिलेले वचन

१) २०३०पर्यंत ५०० GW नवीकरणीय ऊर्जा क्षमता.
२) २०३०पर्यंत ५० टक्के ऊर्जा नवीकरणीय स्रोतांतून.
३) २०३०पर्यंत उत्सर्जन तीव्रता ४५ टक्के कमी करणे.
४) २०३०पर्यंत एक अब्ज टन कार्बन डायऑक्साइड उत्सर्जन कमी करणे.
५) २०७०पर्यंत Net Zero उद्दिष्ट.

भारताची सौरऊर्जा क्षेत्रातील प्रगती

- आंतरराष्ट्रीय सौर आघाडी (ISA): भारत आणि फ्रान्सने कॉप-२१मध्ये सुरू केले. याचे मुख्यालय हरियाणामधील गुरुग्राममध्ये आहे आणि १२० देश सदस्य आहेत.
- पंतप्रधान-कुसुम (PM-KUSUM) योजना - शेतकऱ्यांसाठी सौरपंप योजना राबविली जात आहे.
- पंतप्रधान सूर्य घर मुफ्त बिजली योजना (PM Surya Ghar Muft Bijli Yojana) २०२४: छतावरील सौरऊर्जेसाठी अनुदान दिले जात आहे.
- आज भारत जगातील चौथा सर्वात मोठा सौरऊर्जा देश आहे.

LiFE अभियान (Lifestyle for Environment)

- पंतप्रधान नरेंद्र मोदी यांनी ग्लास्गोच्या कॉप-२६मध्ये LiFEची संकल्पना मांडली. ही 'प्रो-प्लॅनेट पीपल' चळवळ आहे. यात जनसामान्यांनी पर्यावरणपूरक जीवनशैली स्वीकारण्यावर भर दिला जातो. यूएन सेक्रेटरी-जनरल यांनी या संकल्पनेचे स्वागत केले.
- यात बाजारपेठेतील ग्राहकांच्या मागणीवर भर दिला जातो.

राष्ट्रीय हरित हायड्रोजन अभियान

जानेवारी २०२३मध्ये हे अभियान मंजूर झाले. त्याची उद्दिष्टे -

- १२५ गिगावॅट नवीकरणीय ऊर्जा क्षमता हायड्रोजनमधून निर्माण करणे.
- विजेचे क्षेत्र, स्टील, खते इत्यादींमध्ये हायड्रॉजनचा वापर करणे.
- भारत हरित हायड्रोजन निर्यात केंद्र होण्याचे ध्येय.

वनीकरण आणि REDD+

- भारतात २०३०पर्यंत वन आच्छादन ३३ टक्के करण्याचे उद्दिष्ट.
- नुकसानभरपाई वनीकरण निधी (Compensatory Afforestation Fund) - यामध्ये ४७,४०० कोटी रुपयांचा निधी आहे. यातून सामाजिक वनीकरण करण्यास निधी उपलब्ध करून दिला जातो.
- रिड्युसिंग एमिशन्स फ्रॉम डिफॉरेस्टेशन अँड फॉरेस्ट डिग्रेडेशन (Reducing Emissions from Deforestation and Forest Degradation) RED+ यामध्ये भारत सहभागी आहे.
- ग्रीन इंडिया मिशन (Green India Mission) - १० दशलक्ष हेक्टर वनीकरण करण्याचे ध्येय ठेवले आहे.

इलेक्ट्रिक वाहने आणि FAME योजना

- फास्टर अॅडॉप्शन अँड मॅन्युफॅक्चिरिंग ऑफ इलेक्ट्रिक व्हेईकल्स (Faster Adoption and Manufacturing of Electric Vehicles - FAME-II) - १०,००० कोटी रुपये.
- पीएम-ईबस सेवा (PM-eBus Seva) - शहरी सार्वजनिक वाहतुकीत ई-बस.
- पीएलआय (PLI) योजना - देशांतर्गत ईव्ही मॅन्युफॅक्चरिंगसाठी.
- २०३०पर्यंत ३० टक्के ईव्ही विक्री उद्दिष्ट.

भारतातील हवामान वित्त

- राष्ट्रीय अनुकूलन निधी (NAFCC) - राज्यांतील अनुकूलन प्रकल्पांसाठी.
- क्लायमेट फायनान्स इनिशिएटिव्ह (Climate Finance Initiative) - हरित पायाभूत सुविधांसाठी खासगी गुंतवणूक आकर्षण.
- सार्वभौम हरित रोखे (सॉव्हरिन ग्रीन बॉण्ड्स - Sovereign Green Bonds) - भारताने पहिल्यांदा २०२३मध्ये याची सुरुवात केली.

कार्बन कर आणि कार्बन बाजार

- ईयू कार्बन बॉर्डर अॅडस्मेंट मेकॅनिझम (EU Carbon Border Adjustment Mechanism: CBAM) युरोपमध्ये आयात होणाऱ्या मालावर कार्बन कर अकरला जातो, याचा भारतीय निर्यातीवर परिणाम होतो.
- कार्बन ऑफसेटिंग अँड रिडक्शन स्कीम फॉर इंटरनॅशन एव्हिएशन (Carbon Offsetting and Reduction Scheme for International Aviation - CORSIA) - ही योजना व्यावसायिक विमान वाहतूक क्षेत्रासाठी आहे.
- कार्बन क्रेडिट ट्रेडिंग स्कीम (Carbon Credit Trading Scheme - CCTS) - ही भारत सरकारने सुरू केलेली योजना आहे.

हवामान बदल आणि अन्नसुरक्षा

- कन्सल्टिव्ह ग्रुप ऑन इंटरनॅशनल अॅग्रिकल्चरल रिसर्च (Consultative Group on International Agricultural Research) - हवामान-अनुकूल पिके.
- पीक वैविध्य, दुष्काळ-प्रतिरोधक वाण (Crop diversification, drought-resistant varieties).
- नॅशनल इनोव्हेशन्स इन क्लायमेट रेझिलियन्ट अॅग्रिकल्चर (National Innovations in Climate Resilient Agriculture)

जागतिक तापमानवाढीचे विक्रम

- २०२३ - इतिहासातील सर्वाधिक उष्ण वर्ष (जागतिक हवामान संस्था).
- २०२४ - पहिल्यांदाच एका वर्षात १.५° सेल्सियसची मर्यादा ओलांडली.
- आर्कटिक बर्फ : उन्हाळ्यात किमान विस्तार विक्रमी कमी.
- ग्रीनलँड हिमनदी : वितळण्याचा वेग वाढला.

Adaptation Technology आणि Innovation

- CGTI (Climate and Green Technology Initiative) — UN Framework.
- TEC (Technology Executive Committee) — UNFCCC अंतर्गत.
- Climate Resilient Infrastructure — बांधकामाचे नवीन निकष.
- Early Warning Systems — जगातील सर्व देशांना २०२७ पर्यंत देणे UN चे उद्दिष्ट.

महत्त्वाचे टप्पे

वर्ष / घटना	महत्त्व
१९८८ — IPCC स्थापना	हवामान बदलावरील पहिली वैज्ञानिक संस्था
१९९२ — रिओ पृथ्वी परिषद	UNFCCC, शाश्वत विकास, अजेंडा-२१
१९९४ — UNFCCC अंमलात	हवामान बदल चौकट करार लागू
१९९७ — क्योटो प्रोटोकॉल	पहिला बंधनकारक उत्सर्जन कपात करार
२००५ — क्योटो अंमलात	रशियाच्या मान्यतेनंतर
२००७ — IPCC ला नोबेल पुरस्कार	अल गोर यांच्यासोबत
२०१५ — पॅरिस करार	कॉप-२१, सर्वात महत्त्वाचा करार
२०१५ — ISA स्थापना	भारत-फ्रान्स पुढाकार
२०२१ — कॉप-२६, Glasgow	Panchamrit, LiFE, Coal Phase-down
२०२२ — Loss & Damage Fund (CoP-27)	ऐतिहासिक निर्णय
२०२३ — कॉप-२८, Dubai	जीवाश्म इंधनापासून 'transition away'
२०२४ — कॉप-२९, Baku	NCQG — $३०० अब्ज/वर्ष
२०७० — भारताचे Net Zero	भारताचे दीर्घकालीन उद्दिष्ट

महत्त्वाचे संक्षेप (Abbreviations)

संक्षेप	अर्थ
UNFCCC	United Nations Framework Convention on Climate Change — हवामान बदल चौकट करार
CoP	Conference of Parties — UNFCCC च्या सदस्य देशांची परिषद
IPCC	Intergovernmental Panel on Climate Change — आंतरशासकीय हवामान बदल समिती
NDC	Nationally Determined Contributions — राष्ट्रीय निर्धारित योगदान
GCF	Green Climate Fund — हरित हवामान निधी
ISA	International Solar Alliance — आंतरराष्ट्रीय सौर आघाडी
CDM	Clean Development Mechanism — स्वच्छ विकास यंत्रणा
REDD+	Reducing Emissions from Deforestation and Forest Degradation
LiFE	Lifestyle for Environment — पर्यावरणासाठी जीवनशैली
NAPCC	National Action Plan on Climate Change — राष्ट्रीय हवामान बदल कृती आराखडा
CBAM	Carbon Border Adjustment Mechanism — EU कार्बन सीमा शुल्क
ITMOs	Internationally Transferred Mitigation Outcomes — Art. ६.२ अंतर्गत
WMO	World Meteorological Organization — जागतिक हवामानशास्त्र संघटना
UNEP	United Nations Environment Programme — संयुक्त राष्ट्र पर्यावरण कार्यक्रम

लेखक परिचय

डॉ. गुरुदास नूलकर

प्राध्यापक आणि संचालक

शाश्वत विकास केंद्र, गोखले राज्यशास्त्र आणि अर्थशास्त्र संस्था, पुणे

संपर्क

ईमेल - gurudas.n@gmail.com | फोन - 9822034579

शाश्वत विकास, पर्यायी अर्थव्यवस्था, निसर्ग संवर्धन, नैसर्गिक संसाधने आणि उपजीविका अशा विषयात अभ्यास आणि लेखन.

- ९ पुस्तके प्रकाशित.
- 'अनर्थशास्त्र' या पुस्तकाला २०१९चा 'महाराष्ट्र राज्य वाङ्मय पुरस्कार'.
- 'शेतापासून ताटापर्यंत' या पुस्तकाला २०२२चा 'महाराष्ट्र साहित्य परिषद पुरस्कार'.
- इकॉलॉजिकल सोसायटीचे विश्वस्त.
- राज्य सरकारच्या नदी संवर्धन समितीचे सदस्य.
- केंद्र सरकारच्या बायोमास हायड्रोजन समितीचे सदस्य

सकाळ प्रकाशनाची इतर पुस्तके